U0898992

镁质和镁基复相耐火材料

孙宇飞　王雪梅
王成训　孙培秋　编著

北京
冶金工业出版社
2010

内容提要

本书首先概述了镁质耐火材料的技术现状，然后介绍了 MgO 和其他耐火氧化物组成的各类镁基复相耐火材料的分类、物相组合、显微结构、主要性能以及组方设计、生产工艺和应用理论。内容编排按镁基二元复相耐火材料、镁基三元复相耐火材料和镁基四元复相耐火材料的顺序，分章节进行叙述，力求简明、实用。

本书可供从事镁质和镁基复相耐火材料研究、开发、设计、生产和应用的工程技术人员使用，也可供大专院校有关专业的师生参考。

图书在版编目(CIP)数据

镁质和镁基复相耐火材料/孙宇飞等编著．—北京：冶金工业出版社，2010.7

ISBN 978-7-5024-5284-1

Ⅰ.①镁…　Ⅱ.①孙…　Ⅲ.①镁质耐火材料　②镁基合金—复相—耐火材料　Ⅳ.①TQ175.71

中国版本图书馆 CIP 数据核字(2010)第 101464 号

出 版 人　曹胜利

地　　址　北京北河沿大街嵩祝院北巷 39 号，邮编 100009

电　　话　(010)64027926　电子信箱　yjcbs@cnmip.com.cn

责任编辑　王之光　美术编辑　张媛媛　版式设计　孙跃红

责任校对　侯　瑂　责任印制　牛晓波

ISBN 978-7-5024-5284-1

北京百善印刷厂印刷；冶金工业出版社发行；各地新华书店经销

2010 年 7 月第 1 版，2010 年 7 月第 1 次印刷

148mm×210mm；8 印张；233 千字；242 页

28.00 元

冶金工业出版社发行部　电话：(010)64044283　传真：(010)64027893

冶金书店　地址：北京东四西大街 46 号(100711)　电话：(010)65289081

（本书如有印装质量问题，本社发行部负责退换）

前　言

镁质耐火材料是碱性耐火材料中最重要、应用最广泛的耐火材料。传统的镁质耐火制品存在的问题是对温度急变十分敏感，因而容易产生剥落，导致过快损坏。其解决的办法有：

(1) 通过控制组成以避免形成低熔点共熔物，减少在使用前和使用时形成的液相量。

(2) 通过控制液相的几何分布以减轻其危害，从而开发出抗热震性高、高温强度大、抗渣性强的优质镁质耐火材料。

现在，镁质耐火材料的研究已很透彻，其技术已达到很高的水平，基础理论已经较完善，高性能镁质耐火材料的应用也很广泛，镁基复相耐火材料的发展也很迅速。

早期的镁基复相耐火材料包括在采用碱性炼钢方法后使用的白云石砖和在20世纪30年代才开始使用的 $MgO-Cr_2O_3$ 砖，以及广泛应用于平炉炉顶的 $MgO-Al_2O_3$ 砖三大类型。

以白云石为中心的 MgO-CaO 质耐火材料已使用了一个半世纪。其中20世纪50年代到70年代转炉用白云石砖是 MgO-CaO 质耐火材料使用的全盛时期。在这一时期，MgO-CaO 系统的各种基础理论也都积累了起来。只是到了1978年，MgO-C 砖在转炉上试用成功之后，由于它们具有比 MgO-CaO 质耐火材料高得多的使用寿命，导致 MgO-CaO 质耐火材料退出了在转炉上的应用阵地，而限于在钢包、二次精炼炉和水泥回转窑烧成带使用。这是因为钢包特别是二次精炼炉里衬往往是在钢水强烈搅拌和高温下经受金属氧化物以及熔渣碱度变动（如冶炼不锈钢等）的条件下使用，MgO-CaO 质耐火材料能与这样的操作条件相适应。不过，它们的性能已有很大的改进。

铬砖同镁砖的历史一样长。铬砖的应用是由于它们对钢渣的惰性和与其他耐火材料不起反应，但它们与镁砖一样，对温度急变很敏感，而且高温荷重性能也很差。于是，曾有人将二者搭配起来制成了 MgO-Cr_2O_3 砖。当时（20 世纪 30 年代初）生产的 MgO-Cr_2O_3 砖，主要是 50∶50 的镁砂-铬矿混合材料，并于平炉上应用获得成功。在全碱性平炉炉顶上应用成功之后，便极大地推动了 MgO-Cr_2O_3 砖的发展。不过，在 1935 年到 1960 年一个相当长的时期，MgO-Cr_2O_3 质耐火材料的性能和使用效果却无实际的变化，原因是在 1960 年以后，MgO-Cr_2O_3 砖的烧成温度很少超过 1600℃（往往低于 1500℃）。MgO-Cr_2O_3 砖的破坏，都是由于工作面剥落的结果。

1960 年以后，直接结合（B · D）MgO-Cr_2O_3 砖被研制出来了，其特点是高温强度大，抗渣性好，在高达 1800℃ 的温度下尺寸稳定。因而可大大提高使用寿命，从而推动了 MgO-Cr_2O_3 质耐火材料的发展和应用领域。

不过，自 20 世纪 80 年代以后，MgO-Cr_2O_3 质耐火材料的使用开始下降。目前，除了一些特殊应用之外，都取消了 MgO-Cr_2O_3 砖筑衬。产生这一现象的直接原因是生态上有害 CrO_3 形成于耐火材料的相界，在铬矿与碱、CaO、BaO、SiO_2 等氧化物接触时，$Cr^{3+} \rightarrow Cr^{6+}$ 的转变在空气中加快，它对人们的健康有危害。因此，各国都主张限制甚至取消 MgO-Cr_2O_3 质耐火材料的生产和应用。

MgO-Spinel（Al_2O_3）质耐火材料是另一类重要的镁基复相氧化

物耐火材料。这类耐火材料的研制和开发始于1939年。当时采用工业Al_2O_3和活性MgO合成Spinel砂，然后制砖，主要用于水泥窑。后来，除了白水泥之外，都被MgO-Al_2O_3砖取代了。

MgO-Spinel(Al_2O_3)质耐火材料的发展则始于（我国）20世纪50年代在平炉上的应用。当时是采用镁砂和天然烧结矾土熟料搭配生产的MgO-Al_2O_3砖。由于这种耐火材料替代硅砖大幅度提高了平炉炉顶的寿命，而促进了MgO-Al_2O_3砖的快速增加。然而，随着平炉的退役，MgO-Al_2O_3砖便失去了巨大的服务市场。不过，随着MgO-Cr_2O_3砖被取消，人们又想起了MgO-Spinel砖在水泥窑上应用的往事。随之掀起了MgO-Al_2O_3系统的深入研究，推动了MgO-Spinel(Al_2O_3)质耐火材料技术的深入发展，许多MgO-Spinel(Al_2O_3)质新产品也被开发出来。

1980年，开发了烧结Spinel，推动了MgO-Spinel(Al_2O_3)质耐火材料的巨大发展，它不仅价格低，比电熔Spinel更经济，而且由于其质能较佳，使MgO-Spinel(Al_2O_3)质耐火材料性能得到提高。这类MgO-Spinel(Al_2O_3)质耐火砖用于水泥窑即可获得高寿命。

用于水泥窑的MgO-Spinel(Al_2O_3)砖中，Spinel是以粗颗粒的形式配入的。因而Spinel受到镁砂的保护以避免Spinel被CaO所侵蚀，同时给予材料较佳的非线形性以适应回转窑的操作条件。为了克服MgO-Spinel(Al_2O_3)质耐火砖挂层性差的缺点，研究了添加SiO_2、FeO_n、TiO_2和ZrO_2微粉的效果。为了适应使用废油不断增加的燃料条件，采用Spinel结合的加强技术生产的优质MgO-Spinel(Al_2O_3)砖，因为这种MgO-Spinel(Al_2O_3)砖的基质中细结晶Spinel具有较强的保护易损基质不受酸性物质（硫和氯的化合物）

侵蚀的能力，解决了水泥回转窑内衬侵蚀加快的问题。使用大部分或全部电熔镁砂和电熔 Spinel 所获得的特殊 MgO-Spinel(Al_2O_3)砖，由于这类特种 MgO-Spinel(Al_2O_3)砖可提高内衬由于过热部位所引起的液相侵蚀，即可延长由于废油燃烧值波动时水泥窑（下部）过渡带上边沿的局部蚀损部位的寿命。

特种 MgO-Spinel(Al_2O_3)砖的另一个重要应用领域是取代特种 MgO-Cr_2O_3 砖作为二次精炼用耐火材料。

现在，镁基碱性耐火材料的新发展主要是围绕填充 MgO-Cr_2O_3 砖退役领域而进行镁基耐火材料的研究、开发工作。本书较系统地介绍了替代不同应用环境的 MgO-Cr_2O_3 砖的各种镁基氧化物复相耐火材料。

在本书编写过程中，参阅了全国历届耐火材料学术资料和有关耐火材料的报刊，特向有关作者致谢。同时，在本书的编写过程中也曾得到薛庆君、姚普杰、郭大宏、曹克新、李伟、杨晓峰、佟晓军等以及海城市飞池耐火材料有限公司等朋友的热情支持和帮助，借本书出版之际谨向他们表示最诚挚的感谢。

限于作者水平，书中不足之处，敬请读者不吝赐教。

作　者

2010 年 4 月

目　　录

1　镁质及镁基耐火材料的起源和发展 ………………………………… 1

2　镁质耐火材料的技术现状 ………………………………………… 4

2.1　镁质耐火材料的相组成 ………………………………………… 4

2.2　镁质耐火材料的显微结构……………………………………… 12

2.3　镁质耐火材料的高温强度……………………………………… 14

2.4　镁质耐火材料的发展…………………………………………… 18

3　镁基二元复相耐火材料 ……………………………………………… 19

3.1　MgO-SiO_2 质耐火材料 ……………………………………… 19

3.2　MgO-CaO 质耐火材料 ………………………………………… 22

3.2.1　MgO-CaO 质耐火材料的相平衡 ……………………………… 23

3.2.2　MgO-CaO 质原料的水化倾向及其抑制 ……………………… 30

3.2.3　MgO-CaO 质耐火浇注料的设计 ……………………………… 35

3.3　MgO-FeO_n 质耐火材料 ……………………………………… 40

3.3.1　MgO-FeO_n 质耐火材料的相组成 …………………………… 40

3.3.2　MgO-FeO_n 质耐火材料的应用 ……………………………… 47

3.4　MgO-Spinel(Al_2O_3)质耐火材料 ………………………… 50

3.4.1　概述………………………………………………………………… 50

3.4.2　相关相图…………………………………………………………… 52

3.4.3　MgO-Spinel(Al_2O_3)质耐火材料的分类 ………………… 63

3.4.4　MgO-Spinel(Al_2O_3)质耐火材料的结构和性能 ……… 64

3.4.5　MgO-Spinel（Al_2O_3）质耐火材料的应用 ……………… 71

3.5　MgO-ZrO_2 质耐火材料 ……………………………………… 81

3.5.1　概述………………………………………………………………… 81

3.5.2　MgO-ZrO_2 质耐火材料的相平衡 …………………………… 82

3.5.3 $MgO-ZrO_2$ 质耐火材料的相组合 …… 87
3.5.4 $MgO-ZrO_2$ 质耐火材料的组成和性能 …… 87
3.5.5 $MgO-ZrO_2$ 砂的合成 …… 91
3.6 $MgO-TiO_2$ 质耐火材料 …… 98
3.6.1 概述 …… 98
3.6.2 $MgO-TiO_2$ 质耐火材料中的固相关系 …… 99
3.6.3 关于 TiO_2 促进 MgO 的烧结 …… 101
3.6.4 MgO-Spinel（TiO_2）质耐火材料的结构和性能 …… 108
3.6.5 MgO-Spinel（TiO_2）质耐火材料的应用 …… 113

4 镁基三元复相耐火材料 …… 115
4.1 $MgO-ZrO_2-SiO_2$ 质耐火材料 …… 115
4.2 $MgO-CaO-Fe_2O_3$ 质耐火材料 …… 124
4.2.1 氧化铁和 C_2F 的稳定性 …… 124
4.2.2 $MgO-CaO-2CaO \cdot Fe_2O_3$ 质耐火材料组成 …… 132
4.2.3 电炉炉底用碱性混合料 …… 133
4.3 $MgO-CaO-Al_2O_3$ 质耐火材料 …… 145
4.3.1 $MgO-CaO-Al_2O_3$ 质耐火材料的分类 …… 145
4.3.2 $MgO-CaO-C_3A$ 质耐火材料 …… 146
4.3.3 MgO-CaO-Spinel 质耐火材料 …… 147
4.3.4 $MgO-Spinel-CA_6$ 质耐火材料 …… 148
4.4 $MgO-CaO-ZrO_2$ 质耐火材料 …… 152
4.4.1 $MgO-CaO-ZrO_2$ 质耐火材料的分类 …… 153
4.4.2 相关相图 …… 153
4.4.3 $MgO-CaO-ZrO_2$ 质耐火材料的结构和性能 …… 156
4.4.4 $MgO-CaO-ZrO_2$ 质耐火材料的应用 …… 160
4.5 $MgO-CaO-TiO_2$ 质耐火材料 …… 166
4.5.1 相关相图 …… 167
4.5.2 TiO_2 改进 MgO-CaO 质耐火材料抗水化性的效果及其途径 …… 168
4.5.3 高抗水化性的 MgO-CaO(TiO_2)质耐火材料 …… 171

4.5.4 MgO-CaO(TiO_2)质耐火浇注料 ………… 172
4.5.5 TiO_2 稳定的 MgO-CaO 质耐火材料 ………… 173
4.6 MgO-Spinel (Al_2O_3) -ZrO_2 质耐火材料 ………… 175
4.6.1 相关相图 ………… 175
4.6.2 MgO-Spinel(Al_2O_3)-ZrO_2 质耐火材料的配方构思 … 177
4.6.3 MgO-Spinel (Al_2O_3) -ZrO_2 质耐火材料的应用 …… 179
4.7 MgO-Al_2O_3-TiO_2 质耐火材料 ………… 192
4.7.1 相关相图 ………… 193
4.7.2 TiO_2 对 MgO-Spinel (Al_2O_3) 质耐火材料性能的改进 ………… 196
4.7.3 MgO-Al_2O_3-TiO_2 质耐火材料的组成、结构和应用 … 205
4.8 MgO-Al_2O_3-Cr_2O_3 质耐火材料简介 ………… 216
4.8.1 相关相图 ………… 217
4.8.2 MgO-Al_2O_3-Cr_2O_3 质耐火材料分类 ………… 218
4.8.3 MgO 基 MgO-Al_2O_3-Cr_2O_3 质耐火材料 ………… 219

5 镁基四元复相耐火材料 ………… 221
5.1 MgO-CaO-ZrO_2-SiO_2 质耐火材料 ………… 221
5.1.1 相关相图 ………… 221
5.1.2 MgO-CaO · ZrO_2-2CaO · SiO_2-3CaO · SiO_2 质耐火材料的设计和制造 ………… 224
5.1.3 (MgO-CaO)-(ZrO_2 · SiO_2)质耐火材料结构和应用 ………… 225
5.2 MgO-Al_2O_3-ZrO_2-SiO_2 质耐火材料 ………… 226

后　记 ………… 236

参考文献 ………… 239

1 镁质及镁基耐火材料的起源和发展

早在1868年，卡伦（Caron）就对镁质耐火砖的制造方法作了介绍，1880~1882年，奥地利则采用斯蒂尔（Styrian）菱镁矿制成了世界上第一块镁砖。从此以后，镁砖的应用便迅速增加。1900~1930年，镁砖已广泛应用于转炉、平炉、混铁炉和水泥窑上。20世纪30年代后期从海水、盐湖等人工提取MgO制造镁砖也开始实施了。那时，镁质耐火材料虽然解决了当时冶金的迫切问题，但由于它们对温度急变十分敏感，因而不能在突出的部位使用。否则易于产生剥落，导致过快损坏。此外，那时镁砖存在的另一个问题，是长时间在高温下收缩大，往往导致事故发生。

从20世纪60年代初开始，由于需要提高氧气转炉炉衬寿命（当时转炉炼钢已占较大比例），研制镁砖的改良品种便成为一个迫切的课题。此外，由于冶炼条件的强化，操作温度达到1800~1900℃，认为只有镁质或者镁基耐火材料才能与之相适应。

虽然认为提高耐火材料抗侵蚀性的一个十分普遍的方法是降低耐火材料的气孔率，特别是显气孔率，以便阻止熔渣向耐火材料内部的气孔中渗透。正是基于这一点，所以耐火材料生产工艺过程历来总是将注意力放在谋取材料最大密度上。为了达到这一目标，可通过选用最理想的颗粒组成、提高成型压力和烧成温度（对于烧成耐火制品）或通过优化颗粒分布（PSD），正确选用结合系统以及超细粉的应用等（对于耐火浇注料），以便能使材料获得更好的综合性能，从而达到限制熔渣向耐火材料内部的气孔中渗透和减少有害介质与耐火材料表面反应之目的。

然而，MgO质耐火材料是由镁砂颗粒构成的，因而存在较高的气孔率，即使选用最好级别的镁砂原料并按上述工艺进行生产，其显气孔率也仍然在10%~20%之间。显然，在操作温度下，熔渣和有害气体都将渗透进入其内部的气孔中。何况，组成镁质耐火材料的主晶相，往往被硅酸盐相或铁铝酸盐（例如 CMS、C_3MS_2 或 C_2F、CA 或 C_3A、C_4AF）等所包覆着，由于它们都是低熔点物相，在高温条件下，它们往往成为熔渣入侵的通道，结果则加速了材料的蚀损。

由此可见，镁质耐火材料的改良，首先是尽可能使用纯净原料，但这与成本有关。因而其研究的重点是如何减少低熔点成分的有害程度。在 Al_2O_3 和 Fe_2O_3 的含量相当低的情况下，则应将高纯镁砂中的 CaO/SiO_2 调整到 3∶1，因为 MgO-CaO-C_3S 的分解熔融温度为1800℃，可减少低于此温度的液相含量。其次，假定有液相存在，为了减少其影响，就应当控制其分布状态。在这种情况下，就是使液相孤立存在，不润湿方镁石晶体。

现在，镁质耐火材料的技术水平已经达到了很高的程度，镁基复相碱性耐火材料也由过去的 MgO 质、MgO-CaO 质、MgO-Cr_2O_3 质和 MgO-Al_2O_3 质四大系列，发展到许多品种系列。如表 1-1 和图 1-1 所示。

表 1-1 镁质和镁基耐火材料系列

单元耐火材料	二元耐火材料	三元耐火材料	四元耐火材料
MgO	MgO-Cr_2O_3（CP）	MgO-Al_2O_3-Cr_2O_3	MgO-Al_2O_3-Cr_2O_3-SiO_2
	MgO-CaO	MgO-CaO-Al_2O_3	
	MgO-Al_2O_3（Spinel）	MgO-Al_2O_3-ZrO_2	
	MgO-ZrO_2	MgO-Cr_2O_3-ZrO_2	
	MgO-TiO_2（M_2T）	MgO-Al_2O_3-TiO_2	
	MgO-SiO_2（M_2S）	MgO-ZrO_2-SiO_2	
	MgO-Fe_2O_3（Fe_nO）	MgO-CaO-Fe_2O_3	
	MgO-Y_2O_3	MgO-Al_2O_3-AlN	
	MgO-La_2O_3（REO）	MgO-CaO-ZrO_2	

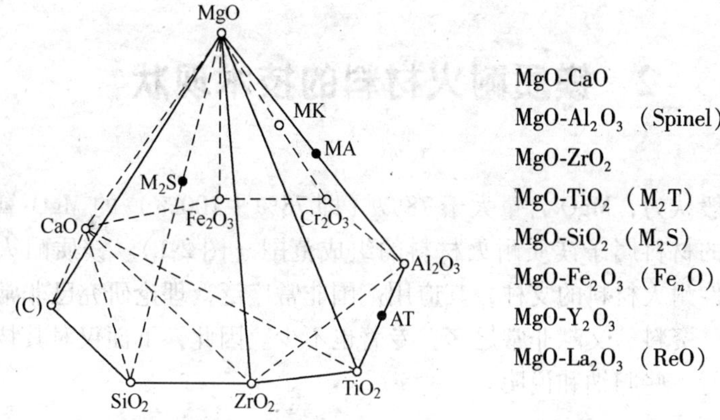

图 1-1 $MgO-CaO-Fe_2O_3-Cr_2O_3-Al_2O_3-TiO_2-ZrO_2-C$ 系

不过，在 20 世纪 80 年代后期，$MgO-Cr_2O_3$ 砖的使用开始下降。目前，除了一些特殊高温炉窑采用 $MgO-Cr_2O_3$ 砖筑衬外，都不采用 $MgO-Cr_2O_3$ 砖筑衬了。产生这种现象的直接原因是在生态学上有害的 CrO_3 形成于耐火材料的相界，在铬矿与碱、CaO、BaO 和 SiO_2 等氧化物接触时 $Cr^{3+} \rightarrow Cr^{6+}$ 的转变在空气中加快，它对人们的健康有害。因此，各国都主张限制甚至取消 $MgO-Cr_2O_3$ 质耐火材料的生产和应用。

镁基耐火材料重大发展是非氧化物（碳、碳化物、氮化物、硅化物、硼化物等）与 MgO 复合构成的非氧化物同 MgO 复合的碱性复合耐火材料（简称碱性复合耐火材料）。如 MgO-C，MgO-CaO-C，$MgO-Al_2O_3$-C，MgO-SiC-C 和 MgO-Sialon，MgO-AlON，MgO-MgAlON 以及 MgO-C-Sialon 等。其中，MgO-C 砖为钢铁工业作出了重大贡献，是划时代的耐火材料。可以说，没有 MgO-C 砖就没有今天的钢铁工业的兴旺。

虽然，碱性复合耐火材料是今后耐火材料的重要方向，但限于篇幅，本书只讨论镁质和镁基复相耐火材料。

2 镁质耐火材料的技术现状

一般认为，MgO 含量大于 78%（即 78% ~100%）的 MgO-氧化物组成的材料属于镁质耐火材料的组成范围（图 2-1）。镁质耐火材料是碱性耐火材料的支柱，其应用范围非常广泛，理论研究已非常系统全面，资料、文献非常之多，专著也不少。因此，下面仅对其技术现状进行一些归纳和说明。

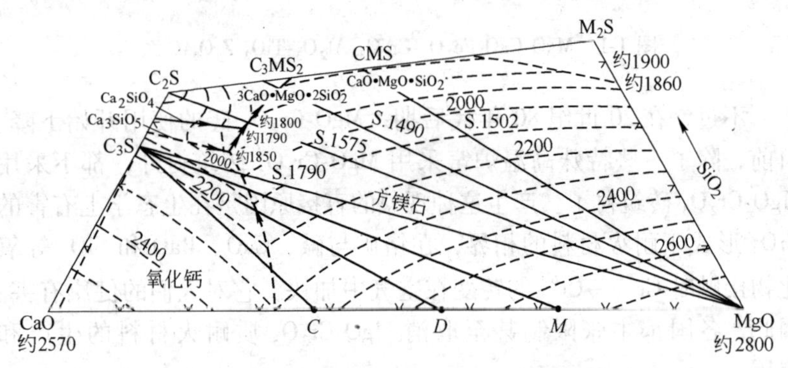

图 2-1 $MgO-CaO-SiO_2$ 系的贫硅部分

2.1 镁质耐火材料的相组成

鉴于 CaO 和 SiO_2 是镁质耐火材料中普遍存在的杂质成分，而且 CaO/SiO_2（本书采用摩尔比）不同的镁质耐火材料必有不同的相组合，因而会导致不同的熔融关系，如表 2-1 所示。

由此看出，CMS（$T_f = 1498℃$）的耐火性能最差，C_3MS_2（$T_f = 1575℃$）次之，M_2S（$T_f = 1890℃$）、C_2S（$T_f = 2130℃$）是高温固相。这说明 CaO/SiO_2 比值是决定镁质耐火材料中的物相和高温性能的关键参数。

表 2-1 $MgO-CaO-SiO_2$ 系统中与方镁石（MgO）共存的矿物相

CaO/SiO_2(摩尔比)	存在的矿物	化学组成	近似的熔点/℃
<0.93	镁橄榄石	$2MgO \cdot SiO_2$	1890 或约 1900
	钙镁橄榄石	$CaO \cdot MgO \cdot SiO_2$	1498①
0.93	钙镁橄榄石	$CaO \cdot MgO \cdot SiO_2$	1498①
0.93~1.4	钙镁橄榄石	$CaO \cdot MgO \cdot SiO_2$	1498①
	镁硅钙石③	$3CaO \cdot MgO \cdot 2SiO_2$	1575①
1.4	镁硅钙石	$3CaO \cdot MgO \cdot 2SiO_2$	1575①
1.40~1.86	镁硅钙石	$3CaO \cdot MgO \cdot 2SiO_2$	1575①
	硅酸二钙	$2CaO \cdot SiO_2$	2130
1.86	硅酸二钙	$2CaO \cdot SiO_2$	2130
1.86~2.80	硅酸二钙	$2CaO \cdot SiO_2$	2130
	硅酸三钙	$3CaO \cdot SiO_2$	1900②
2.80	硅酸三钙	$3CaO \cdot SiO_2$	1900②
>2.80	硅酸三钙	$3CaO \cdot SiO_2$	1900②
	氧化钙	CaO	2572

①不一致熔融。

②只在 1249℃和 1900℃间稳定，低于或高于这些温度时分解为 $2CaO \cdot SiO_2$ 和 CaO。

③镁硅钙石，旧译为镁蔷薇辉石。

正如图 2-1 所示，MgO 质物系在加热时产生液相的温度和物相组成，可以从适用于物系组成所在的共溶性三角形的亚三元系不变点直接读出。例如，当 CaO/SiO_2 比值使全部组成都处于 $M-CMS-C_3MS_2$ 三角形内时，液相最初出现的温度为 1490℃；然后改变 CaO/SiO_2 比值，使组成处于 $M-C_3MS_2-C_2S$ 三角形内，液相最初出现的温度就上升到 1575℃；组成处于 $M-C_2S-C_3S$ 三角形内，液相最初出现的温度也随之上升到 1790℃；见图 2-2。所有这些情况都说明，对于镁质耐火材料的耐火性能来说，CaO/SiO_2 的比值也是重要的参数。

在图 2-1 中的 $2MgO \cdot SiO_2-2CaO \cdot SiO_2$ 连线上还有两个三元化合物：$CaO \cdot MgO \cdot SiO_2$ 和 $3CaO \cdot MgO \cdot 2SiO_2$。Gutt（1965）认为，在 $2CaO \cdot SiO_2$ 和 $3CaO \cdot MgO \cdot 2SiO_2$ 之间有一化合物 T[$(2CaO \cdot SiO_2)_{5.6}(3CaO \cdot MgO \cdot 2SiO_2)_{4.4}$]($CaO/SiO_2 = 1.69 \approx 1.7$)，见图2-3。

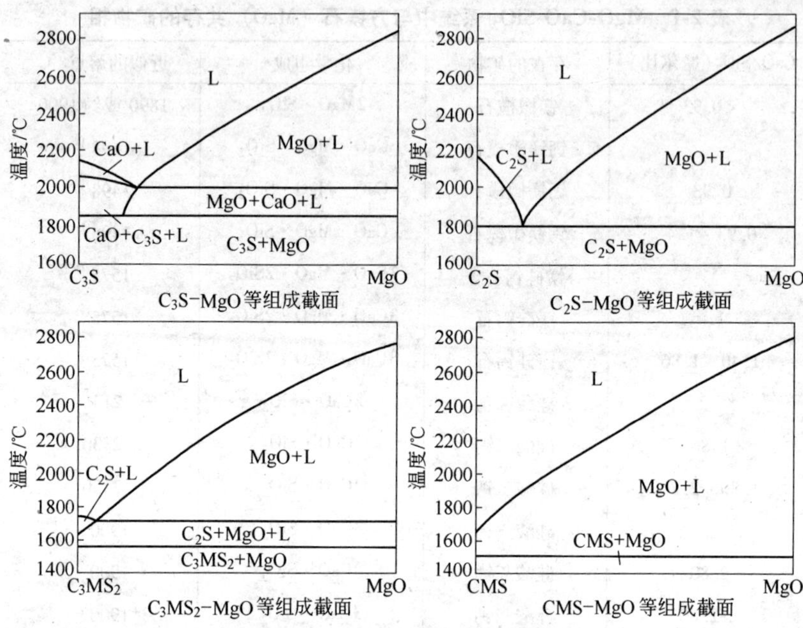

图 2-2 MgO-硅酸盐系截面图

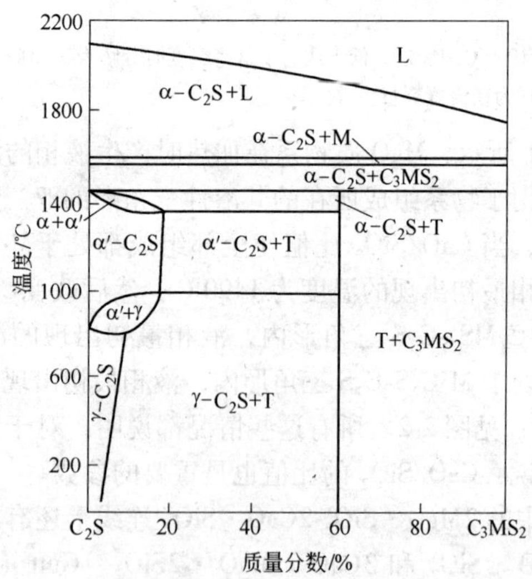

图 2-3 C_2S-C_3MS_2 系

T—$(C_2S)_{5.6}(C_3MS_2)_{4.4}$

Osborn 和 Muan 曾制作了 MgO-SiO_2-CaO 三元系平衡相图中 CaO/SiO_2 = 0~2 的 $w(MgO+CaO)$95% 和 $w(SiO_2)$5% 等组成截面如图 2-4 所示。图 2-4 有助于帮助人们了解 CaO/SiO_2 比值不同的镁质耐火材料由高温冷却或由低温加热时的相变过程。图 2-4 中表明，CaO/SiO_2 比值为 0 或 2 时二固相能共存的亚液化温度最高，而在 CaO/SiO_2 比值约等于 1 时，二固相能共存的温度最低。

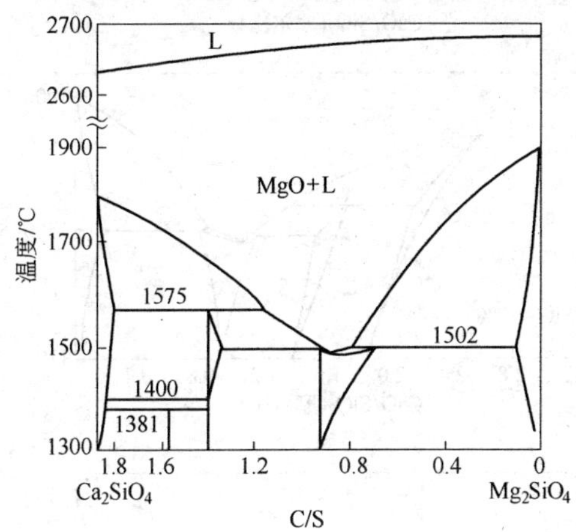

图 2-4 MgO-CaO-SiO_2 相图中 CaO/SiO_2（摩尔比）为 0~1.87 的 5% SiO_2 等组成截面图

由图 2-4 还可以看出，在低温下，所有的混合物都含有方镁石（MgO）和少量的硅酸盐相。后者的特性决定 CaO/SiO_2 比值，而前者则存在液相线以下所有各相区之中。

图 2-4 另一个特征是在广阔的温度范围内混合物只有两相，即方镁石（MgO）和液相，这对于具有 CaO/SiO_2 =1 的混合物来说就更是如此。

由于有一定数量 CaO 要溶入 MgO 中，因而导致了相图变形，使 $MgO+2CaO\cdot SiO_2$ 相区移向更高的 CaO/SiO_2 比值之处，如图 2-5 所示。图中表明，当 $w(SiO_2)$ = 5% 时，此效应就已经可以觉察到（图 2-5），随着 SiO_2 含量的降低，这一效应变得越来越重要。虽然在 SiO_2 含量较低时，相图的外形没有什么实质性变化，但液相线则上

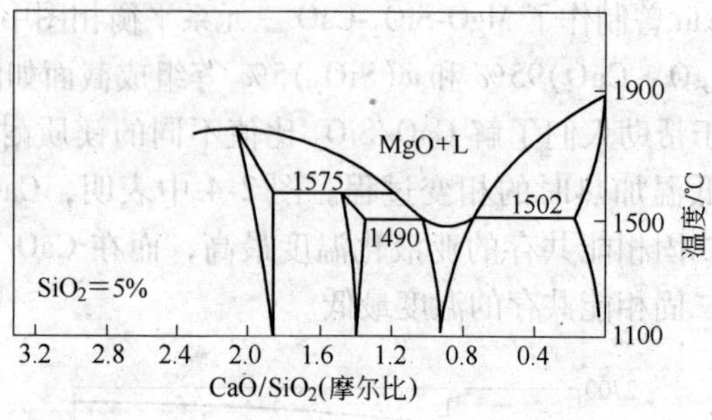
MgO+L
1575
1490
1502
SiO₂=5%
1900
1500
1100
温度/℃
3.2 2.8 2.4 2.0 1.6 1.2 0.8 0.4
CaO/SiO₂(摩尔比)

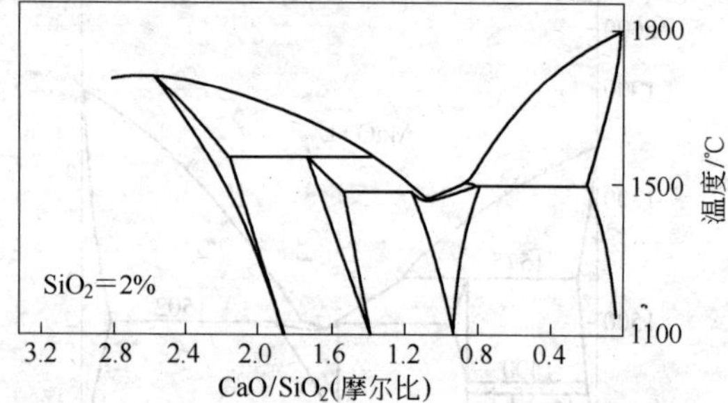
SiO₂=2%
1900
1500
1100
温度/℃
3.2 2.8 2.4 2.0 1.6 1.2 0.8 0.4
CaO/SiO₂(摩尔比)

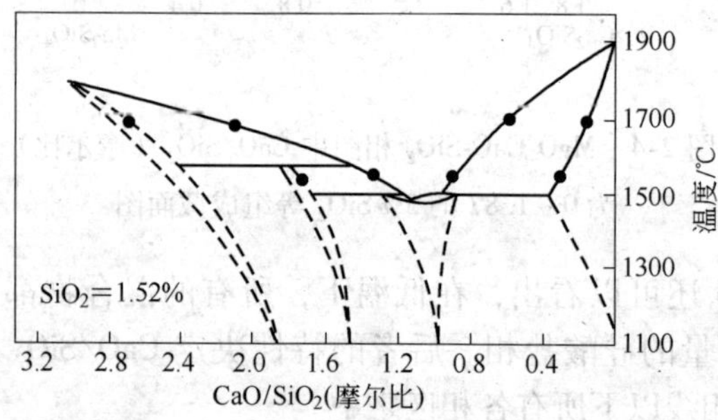
SiO₂=1.52%
1900
1700
1500
1300
1100
温度/℃
3.2 2.8 2.4 2.0 1.6 1.2 0.8 0.4
CaO/SiO₂(摩尔比)

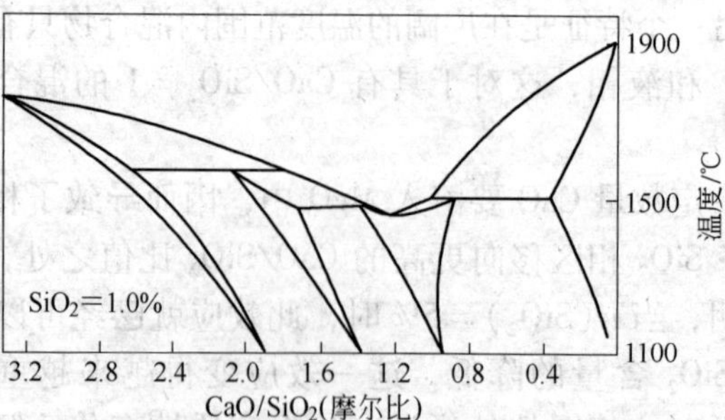
SiO₂=1.0%
1900
1500
1100
温度/℃
3.2 2.8 2.4 2.0 1.6 1.2 0.8 0.4
CaO/SiO₂(摩尔比)

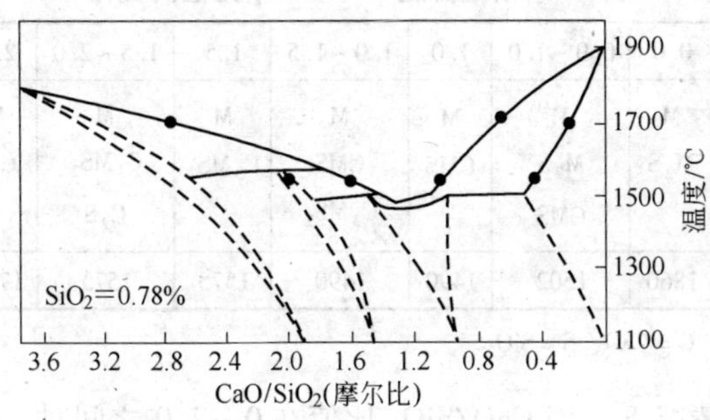

图 2-5 CaO 在 MgO 中的固溶度对 $MgO-CaO-SiO_2$ 系统的影响

升到更高的 CaO/SiO_2 比值范围内，见图 2-5。例如，$w(SiO_2)$为 5%混合物，其硅酸盐相要加热到接近 1800℃才能完全熔化；$w(SiO_2)$为 2%混合物，其硅酸盐相加热到接近 1700℃即会完全熔化；而 $w(SiO_2)$为 1%混合物，其硅酸盐相加热到接近 1600℃便完全熔化了。SiO_2 含量继续下降时，其硅酸盐相完全熔化温度亦会随之继续下降，超过这些温度时，各混合物中只有方镁石（MgO）和一个液相。

由此看来：

（1）通过控制镁质耐火材料中 CaO/SiO_2 比值（实际是硅酸盐相的组成），即可避免低熔点物相和减少使用前或在高温下使用时形成的液相量。

（2）只要将 CaO/SiO_2 比值提高到 2 以上（2.0～8.0），便可控制硅酸盐相的几何分布，从而减轻其危害。

（3）由于 CaO 能部分地固溶进入 MgO 中，因而实际硅酸盐中（有效）CaO/SiO_2 比值需要高于化学分析的 CaO 含量，才能获得高熔点硅酸盐相。

另外，在镁质耐火材料中，除了 CaO 和 SiO_2 杂质成分之外，尚含有 Al_2O_3 和 Fe_2O_3（海水镁砂中还含有 B_2O_3）等杂质成分。但天然镁砂通常均为低硼甚至无硼镁砂，因而，只含 CaO、SiO_2、Al_2O_3 和 Fe_2O_3 等杂质成分，属于 $MgO-CaO-Al_2O_3-Fe_2O_3-SiO_2$ 五元系。在这种情况下，其相组合要比表 2-2 复杂，显然不能简单用表 2-2 来描述。

表 2-2 相组合随 CaO/SiO_2 比值而变化

CaO/SiO_2	0.0	0.0～1.0	1.0	1.0～1.5	1.5	1.5～2.0	2.0	2.0～3.0
相组合	M M_2S	M M_2S CMS	M CMS	M CMS C_3MS_2	M C_3MS_2	M C_3MS_2 C_2S	M C_2S	M C_2S C_3S
固化温度/℃	1860	1502	1490	1490	1575	1575	1790	1790

注：M = MgO，C = CaO，S = SiO_2。

在这种情况下，当 CaO/SiO_2 比值在 0～2.0 之间时，CaO 以硅酸盐的形式存在，故物相组成是镁富氏体、尖晶石和两者的硅酸盐。当 CaO/SiO_2 比值高于 2.0 时，CaO 除了生成硅酸盐外，还生成铁酸盐和铝酸盐。因此，其物相组成不能像 CaO/SiO_2 比值为 0～2.0 之间那样简单分类，见表 2-3。

$MgO-MgO \cdot Al_2O_3-2MgO \cdot SiO_2-2CaO \cdot SiO_2$ 四元系的熔融关系如图 2-6 所示，与 CaO/SiO_2 相适应，当 CaO/SiO_2 为 0～1.0，1.0～1.5，1.5～2.0 的范围内时，各自组成了小的四面体。在熔融关系方面，首先 1 个固相和 1 个液相产生共存的熔融面，接着 2 个固相和 1 个液

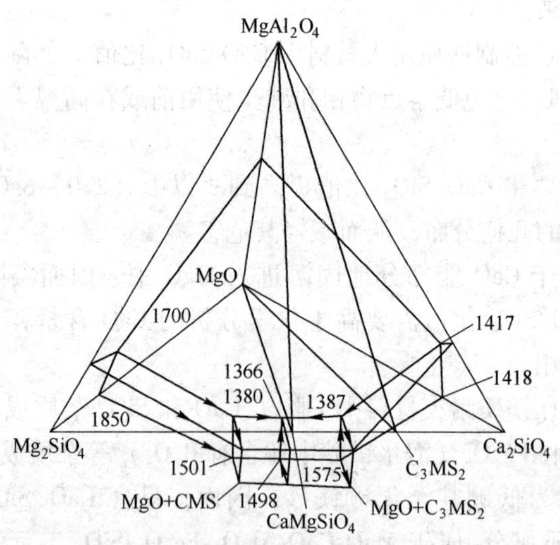

图 2-6 $MgO-MgO \cdot Al_2O_3-2MgO \cdot SiO_2-2CaO \cdot SiO_2$ 四元系的熔融关系

表 2-3 $CaO-MgO-Fe_2O_3-Al_2O_3-SiO_2$ 共存关系

MF 型 C/S≤2（摩尔比）						C_4AF C/S > 2（摩尔比）													
C/S	C/S	C/S	C/S	C/S	C/S	CaO	Al_2O_3 最少				Fe_2O_3 最少								
<1	1	1～1.5	1.5	1.5～2	2	最少	C/F <2	C/F =2	C/F >2		C/A <1	C/A =1	C/A = 1～1.7	C/A = 1.7	C/A = 1.7～3	C/A =3			
M	M MA	M	M	M	M	M MA	M	M	M	M	M	M	M	M	M	M	M	M	M
MA	MA	MA	MA	MA	MA	MF	—	—	—	—	MA	—	—	—	—	—	—	—	—
MF	MF	MF	MF	MF	MF	C_4AF	MF	—	—	—	C_4AF	—	C_4AF	C_4AF	C_4AF	—	—	—	—
—	—	—	—	—	—	—	C_4AF	C_4AF	C_4AF	C_4AF	—	C_4AF	—	—	—	C_4AF	C_4AF	C_4AF	C_4AF
—	—	—	—	—	—	—	C_2F	C_2F	C_2F	C_2F	—	—	—	—	—	—	—	—	—
M_2S	—	—	—	—	—	—	—	—	—	—	—	—	—	—	—	—	—	—	—
CMS	CMS	CMS	—	—	—	—	—	—	—	—	—	—	—	—	—	—	—	—	—
—	—	C_3MS_2	C_3MS_2	C_3MS_2	—	C_2S	—	—	—	—	C_2S	—	C_2S	C_2S	C_2S	—	—	—	—
—	—	—	—	C_2S	C_2S	—	C_2S	C_2S	—	—	—	C_2S	—	—	—	C_2S	C_2S	—	—
—	—	—	—	—	—	—	—	—	C_3S	C_3S	—	—	—	—	—	—	C_3S	C_3S	C_3S
—	—	—	—	—	—	—	—	—	—	CaO	CA	—	CA	—	—	—	—	—	CaO
—	—	—	—	—	—	—	—	—	—	—	—	CA	$C_{12}A_7$	$C_{12}A_7$	$C_{12}A_7$ C_3A	—	—	—	—

注：C = CaO；M = MgO；F = Fe_2O_3；A = Al_2O_3；S = SiO_2。

相产生共存界线，随后它们交叉形成三元系的共熔点，最后变成四元系的共熔点。随后的过程是包晶反应。四元系的共熔点是，当 CaO/SiO_2 为 0~1.0 时为 1380℃，当 CaO/SiO_2 为 1.0~1.5 时为 1366℃，当 CaO/SiO_2 为 1.5~2.0 时为 1387℃。另外，CMS-M_2S-MA(Spinel)-M 四元系和 CMS-C_3MS_2-Spinel-M 四元系的不变点温度分别为 1425℃和 1406~1420℃。即使化学成分增多，在由四种物相组成的系统中，也同样可以考虑为四面体，但这时的尖晶石不是 MA，而是由 MgO、FeO、Al_2O_3、Fe_2O_3 或 Cr_2O_3 组成的固溶体，其熔融点就是上述四元系的共熔点或包晶点。不过，如果该系的成分大于四种时，那么该点就不是不变点。另外，在一定的温度范围内，四种固相与液相共存初晶的析出温度也随着固溶体的成分而变化。在这种情况下，还应当注意到，某种固溶体成分的变化可使其他固溶温度升高（或降低）。

2.2 镁质耐火材料的显微结构

在研究镁质耐火材料显微结构时发现，虽然晶粒/边界的几何平衡和界面分布、二面角 ψ 受到液相组成的影响而与液相存在的数量无关，但 ψ 却能显著地影响多相组织中 MgO-MgO 直接结合比例。通常，这一比例都随 ψ 的降低而减少。同时，还发现在 ψ 一定时，MgO-MgO 的直接结合比例又随液相含量的减少而增加，并随液相数量降低到约5%而极其显著地增加。原因显然是当 MgO 的纯度提高到一定的极限之后，MgO 中最少量杂质相将孤立于方镁石晶粒之间的空隙中，从而提高了 MgO 的直接结合程度。

众所周知，镁质耐火材料组成中的 CaO/SiO_2 决定其矿物相（表 2-2 和表 2-3），从而决定其中硅酸盐相的润湿性状（即硅酸盐相对方镁石晶粒间的渗透能力）。

如所了解到的，液相（l）能在固相（s）晶粒间完全渗透的能力，也就是 l 相能在 s 相晶粒周围形成连续薄膜的条件是：

$$r_{ss} \geqslant r_{sl} \tag{2-1}$$

式中，r_{ss}为 s-s 晶界的表面张力；r_{sl}为 s-l 界面的表面张力。

不发生完全渗透的条件是：

$$r_{ss} < 2r_{sl} \tag{2-2}$$

当
$$r_{ss} = 2r_{sl}\cos(\psi/2) \tag{2-3}$$

被满足时，则达到各力平衡。其中 ψ 为在 s、l 交界面之间测出的平衡二面角。

当 ψ 从 0°开始增大时，l 在 s 晶粒间的渗透将逐渐减弱，但直到 $\psi = 60°$，l 仍然能沿 s 的三晶粒边界渗透，因而结构中会有两个连续穿透相。当 $\psi > 60°$时，l 相将在 s 相的四晶粒交接处形成孤岛的包裹体，因而 ψ 标志 l 在 s 相中渗透的程度。

MgO 在 MgO-CaO-SiO_2 系液相中的饱和浓度是随 CaO/SiO_2 比值的增大而降低的，说明其固相和液相两者的组成差别大会使 r_{sl} 增大，因而在 MgO-CaO-SiO_2 系中，r_{sl}则随 CaO/SiO_2 比值增大而增大。由式（2-3）得：

$$\cos(\psi/2) = r_{ss}/(2r_{sl}) \tag{2-4}$$

对于 MgO 而言，r_{ss}为定值，根据式（2-4），ψ 则随 CaO/SiO_2 比值的增大而增大。也就是说，镁质耐火材料中 CaO/SiO_2 比值增大，硅酸盐液相在方镁石晶粒间的渗透能力下降。

由显微结构研究得出，将镁质耐火材料中 CaO/SiO_2 比值调整到 1.7（相当于 T 相的 CaO/SiO_2 比值，见图 2-3）以上时，即可改善其内部硅酸盐相的润湿性状。这种 CaO/SiO_2 >1.7 或 CaO/SiO_2 <1.7 时的差别在于后者的硅酸盐易于润湿方镁石晶粒并能在方镁石晶粒表面形成薄膜，妨碍晶粒的直接结合；而前者由于硅酸盐相润湿能力小，呈不连续状态存在，使方镁石晶粒间容易形成直接结合。

这就是说，若镁质耐火材料中只有方镁石与液相共存，MgO-MgO 接触的程度是相当低的；若还有固相 C_3S 存在，MgO-MgO 接触程度则相当高；因为 C_2S 能渗透进入方镁石晶粒之间，把方镁石晶粒表面的液相排挤出来。

由此看来，低杂质高 CaO/SiO_2 比值的镁质耐火材料具有如下优点：

（1）能最大限度地提高硅酸盐相在使用温度下的耐火性能。

（2）对于海水镁砂而言，能减少少量 B_2O_3 熔化硅酸盐相的影响。

(3) 能使镁质耐火材料获得高密度。

(4) 能使显微结构达到最适宜的状态。

(5) 能在 CaO 加入剂(造渣剂)熔融形成碱性熔渣之前提高对高硅渣(低碱度渣)侵蚀的抵抗能力。

(6) 能增加镁质耐火材料的高温韧性,从而也提高了工作热面的耐急冷急热性能(TWB 高)。

然而,高 CaO/SiO_2 比值也受到如下限制:

(1) CaO/SiO_2 比值提高之后必定降低了镁质耐火材料的抗水化性。不难想象,为了使方镁石相饱和以及保持 C_2S 呈第二固相,就需要调整 CaO 成分达到有足够的过量 CaO 数量。但 CaO 相单独存在却显著地降低了抗水化性能并降低了对高 Fe_2O_3 渣的抵抗能力。

(2) 在有少量 Al_2O_3 和 Fe_2O_3 存在时,在高 CaO/SiO_2 比值的情况下,即会降低硅酸盐相的耐火度。另外,如后面所指出的,Al_2O_3、Fe_2O_3 和 Cr_2O_3 成分加入到高 CaO/SiO_2 比值的镁质耐火材料中将使高温强度发生改变。

应当指出,镁质耐火材料中方镁石晶粒之间存在的物相是由有效 CaO/SiO_2 比值所决定的,而并非化学分析值计算出来的 CaO/SiO_2 比值。例如,N. J. Tigne,J. R. Kregio 等人曾采用电子显微镜观察纯度为 w(MgO)98%,CaO/SiO_2 比值大于 2,气孔率为 19% 的高纯镁砖的结果得出,方镁石晶界出现了第二相,它们为 CMS 和 M_2S,而不是 C_2S。

另外,部分晶界没有出现第二相,则完全呈无定形状态或在其中析出约 10nm 的 MgO 微小结晶。与此同时,卢婉清在研究高纯天然镁砂[w(MgO)98%,$CaO/SiO_2>2$]的结构时也发现,在方镁石晶界出现的第二相也是 M_2S 和 CMS,并不存在 C_2S。这种现象可以由图 2-5 来解释。因为 CaO 固溶于 MgO 中,导致有效 CaO/SiO_2 比值降低了。

2.3 镁质耐火材料的高温强度

纯度对镁质耐火材料高温强度的影响如图 2-7 所示。图 2-7 表明,镁质耐火材料高温强度随 MgO 的含量由 90% 提高到 98% 时,有缓慢下

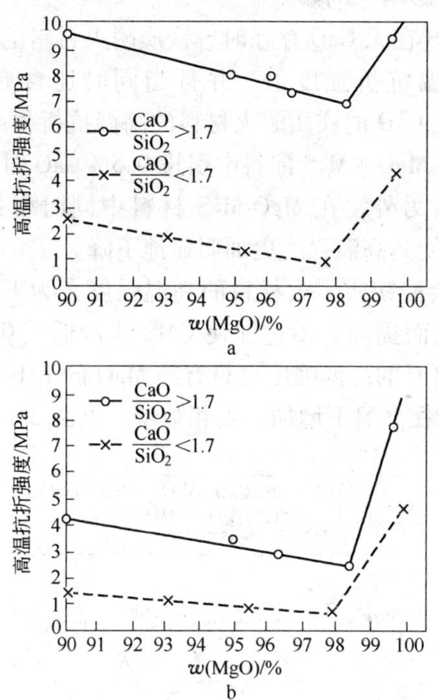

图 2-7 镁砖的高温抗折强度和 MgO 含量及 CaO/SiO_2 的关系

a—1260℃；b—1450℃

降的趋势。但当 MgO 含量超过 98% 时，却突然增加了，其中 MgO 含量增加到 99% 以上时，能显著地提高其高温强度。镁质耐火材料高温强度随 MgO 含量增加而提高的这种变化规律，在 CaO/SiO_2（摩尔比）大于 1.7 或者小于 1.7 都是如此。这说明 MgO 的含量是影响镁质耐火材料高温强度的一个关键参数。因为杂质含量高的镁质耐火材料，由于杂质会聚集在方镁石晶间内形成熔剂结合，因而其高温强度即会下降。相反，如果杂质含量很低（高纯度），例如，$\Sigma Fix < 2\%$，因杂质被孤立存在于方镁石晶粒交接处（角隅），因而 MgO-MgO 直接结合组织发达，高温强度大。这就解释了现代镁质耐火材料技术为什么要发展 MgO 含量为 98% 级甚至 99% 级的镁质耐火材料的原因。

除杂质总量的原因之外，杂质种类及其相对含量对镁质耐火材料的高温强度也有影响。例如：

(1) 5% M_2S 在无 CaO 存在时，镁质耐火材料的高温抗折强度接近纯 MgO 的高温抗折强度值。并且当同时还含有 0.5% Al_2O_3 和 0.5% Fe_2O_3 而无 CaO 的镁质耐火材料的高温抗折强度与纯 MgO 也不相上下。但若向 MgO + M_2S 配料中引进 0.5% CaO 时，即会使其高温强度严重下降。另外，在 MgO-M_2S 材料中同时引进 CaO、Al_2O_3 和 Fe_2O_3 时，则会使其高温强度更加明显地下降。

(2) CMS 会使镁质耐火材料的高温强度大为下降，但却会随着 CMS 比例的降低而提高。不过即使 CMS 比例低至 0.5% 时，镁质耐火材料在 1500℃时的高温强度也只有纯 MgO 的 1/10。原因是含 CMS 的镁质耐火材料在高温下增加了液相数量，见图 2-8。

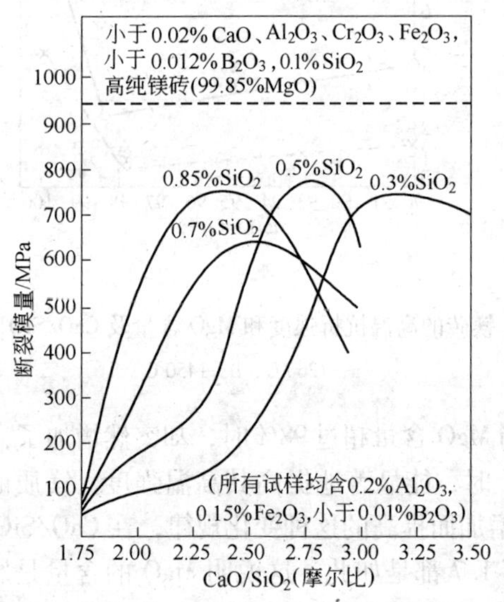

图 2-8 CaO/SiO_2 对镁砖高温强度（1500℃）的影响

(3) C_3MS_2 对镁质耐火材料高温强度的影响与 CMS 相近，但除 1500℃以外，其高温强度要比 CMS 稍高一些。

(4) C_2S 为高固相，因而对镁质耐火材料的高温强度不会产生明显的负影响。

由以上分析可以得出，镁质耐火材料的高温强度与组成中硅酸盐相（由有效 CaO/SiO_2 比值决定）的种类有关，在接近 CMS（T_f = 1492℃）组成区域，$CaO/SiO_2 \approx 1$ 时，高温强度最低，虽然 MgO-MgO 直接结合比例随 CMS 含量的降低而提高，但高温强度提高的幅度却很少。

归纳起来认为，有效 CaO/SiO_2 是影响镁质耐火材料高温强度的关键参数。由于镁质耐火材料通常都属于 $MgO-CaO-Al_2O_3-Fe_2O_3-SiO_2$ 五元系统。少量 Al_2O_3 和 Fe_2O_3 会使高 CaO/SiO_2 比的镁质耐火材料高温强度曲线（图 2-8）产生如下变化：

（1）高温强度最大值降低了。

（2）高温强度达到最大值所要求的适宜 CaO/SiO_2 比值提高了。

（3）当 CaO/SiO_2 比值达到适宜值以上时，高温强度降低的速度增加了。因为低熔相（C_2A、C_4AF 或 C_2F、C_4AF）充填在方镁石晶界内，不仅会导致材料的高温性能降低，而且还会成为熔渣入侵通道，降低抗渣性。

杂质成分 B_2O_3、Al_2O_3、Cr_2O_3 和 Fe_2O_3 等 R_2O_3 型氧化物对镁质耐火材料的高温强度也有明显影响，其影响程度为 $B_2O_3 : Al_2O_3 : Cr_2O_3 : Fe_2O_3 = 70 : 11 : 3 : 1$ 。B_2O_3 和 Al_2O_3 对镁质耐火材料高温强度降低作用大是因为其相对分子质量较小的缘故。而含 $2CaO \cdot SiO_2$ 的镁质耐火材料内 B_2O_3 的有害效应主要在于：其浓度仅千分之几就能使硅酸盐相在相当低的温度下消失，只剩下方镁石和一种渗透能力很强的液体。而 Fe_2O_3 对镁质耐火材料高温强度下降较小则是因为在高温下，Fe_2O_3 进入方镁石内形成固溶体，从而减少了在试验温度下 Fe_2O_3 的有效浓度。

通过以上讨论，可以得出以下结论，三种主要杂质成分影响了镁质耐火材料的高温强度：

（1）CaO/SiO_2 提高到 2 以上即有效 $CaO/SiO_2 \approx 2.0$，从而使硅酸盐相以 C_2S 存在，便可显著地改善镁质耐火材料的高温强度。

（2）B_2O_3 含量降低到 0.05% 以下（天然镁砂中 B_2O_3 含量通常低于这一数值），以便使 B_2O_3 对镁质耐火材料高温强度的危害降低到最低限度。

（3）不同 SiO_2 含量达到最大高温强度值的 CaO/SiO_2 不同，是由于有一部分 CaO 固溶于 MgO 中而使硅酸盐相的 CaO/SiO_2 比值低于化学分析值的缘故。

2.4 镁质耐火材料的发展

众所周知，作为生产镁质耐火材料的原料——镁砂，一直以高纯度、低杂质、高 CaO/SiO_2 以及高密度、大结晶为方向。对于海水镁砂和盐湖卤水镁砂来说，主要通过降硼、调整成分等工艺来降低杂质和调整 CaO/SiO_2 比值以获得优质镁砂，而天然镁砂则通过选矿、去硅工艺，来获得高纯度、高 CaO/SiO_2 比值以及轻烧、细磨、高压成球、超高温烧结等二步煅烧工艺以制取高密度、大结晶镁砂。可见，这些先进工艺，是获得 CaO/SiO_2 为 3 ~ 8，B_2O_3 含量低于 0.02%，MgO 含量达到 98% 甚至 99% 以上的镁砂的重要途径。

这是因为化学杂质，特别是混入低熔点的杂质会增加镁质耐火材料的气孔率，造成组织结构的不均匀性，并考虑到使用条件，所以应选用纯净镁砂生产镁质耐火材料及镁基耐火材料。但这与生产成本相矛盾。为此，则控制高纯镁质耐火材料的 CaO/SiO_2 比值为 3∶1，由图 2-1 看出，$MgO\text{-}CaO\text{-}3CaO \cdot SiO_2$ 系的分解熔融温度为 1800℃，表明 CaO/SiO_2 为 3 时可减少在温度低于 1800℃ 时的液相含量。假定有液相存在（镁质耐火材料通常都如此），为了减少液相的不利影响，即需要控制其分布状态。在这种情况下，最好不使液相分布在方镁石晶粒周围（表面），而使之孤立存在，不润湿方镁石晶粒。

概括地说，改进镁质耐火材料性能的研究焦点是如何减少低熔成分和使用时渗透的熔剂的影响，因为镁质耐火材料中镁砂颗粒的变质取决于方镁石晶界的变质，为此，需要对镁砂中方镁石晶界相进行改性，以增强其抗侵蚀性，其途径有两个：

（1）控制镁质耐火材料的组成以避免形成低熔点的共熔物和减少使用前及使用时在高温下形成的液相量。

（2）控制液相的几何分布以减轻它们的影响。

3　镁基二元复相耐火材料

MgO 与单一耐火氧化物组成的二元复相耐火材料属于镁基二元复相耐火材料。例如，以 MgO 为主要成分的 $MgO-SiO_2$ 质、MgO-CaO 质、$MgO-FeO_n$ 质、$MgO-Al_2O_3$ 质、$MgO-ZrO_2$ 质、$MgO-TiO_2$ 质和 $MgO-La_2O_3$ 质等耐火材料，现分别介绍如下。

3.1　$MgO-SiO_2$ 质耐火材料

$MgO-SiO_2$ 质耐火材料的组成和性能可以从 $MgO-SiO_2$ 二元相图得到了解，见图 3-1。该图表明，将 SiO_2 加进 MgO 中时，会使 MgO 的熔化温度从 2800℃迅速下降到 1860℃，说明 SiO_2 是镁质耐火材料的强熔剂。尽管如此，$2MgO \cdot SiO_2$ 的熔点仍高达 1890℃，而 $MgO-2MgO \cdot SiO_2$ 子系的最低共熔点温度也高达 1860℃，这说明组成为 $2MgO \cdot SiO_2$ 以及 $MgO-2MgO \cdot SiO_2$ 均可用作耐火材料使用。另外，如图 3-1 所示，SiO_2 在高温下可少量固溶于 MgO 中，其最大固溶温度发生在最低共熔点温度即 1860℃处。这就说明，少量 SiO_2 对于镁质耐火材料高温性能的负面影响是不明显的。然而，若这种耐火材料

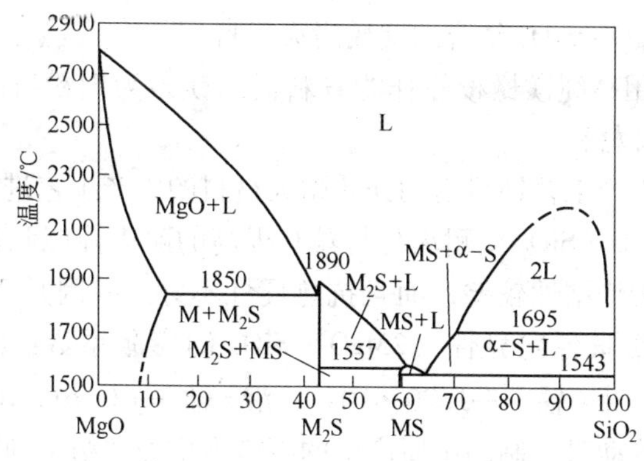

图 3-1　$MgO-SiO_2$ 系相图

中还有少量 CaO 时，其实际的耐火度将会迅速下降，如图 3-2 所示。由图 3-2 估计，只有当 CaO/SiO_2 小于 0.18（摩尔比）时，$CaO \cdot MgO \cdot SiO_2$ 才不会对 $MgO\text{-}2MgO \cdot SiO_2$ 质耐火材料高温性能产生明显的影响。这种情况即可通过对原料的选择来达到。

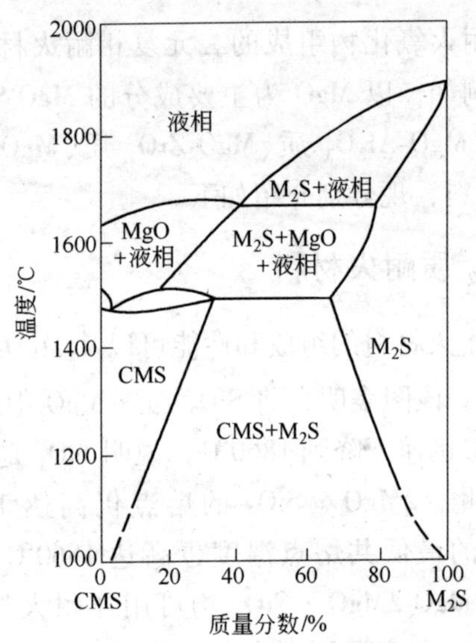

图 3-2　M_2S-CMS 系相图

$MgO\text{-}2MgO \cdot SiO_2$ 质耐火材料主要分为：

（1）$2MgO \cdot SiO_2$ 结合的镁质耐火材料。

（2）采用高纯镁橄榄石作为骨料而以镁砂为细粉搭配生产的镁橄榄石质耐火材料。

它们的生产工艺即可沿用镁质耐火材料的生产工艺进行生产。

$MgO\text{-}2MgO \cdot SiO_2$ 质耐火材料具有很高的耐火性能和荷重变形温度，但它们的烧结性较差，而且抗热震性不好。原因是 $2MgO \cdot SiO_2$ 存在明显的膨胀各向异性（$2MgO \cdot SiO_2$ 的膨胀系数：沿 x 轴——1.36×10^{-5}，沿 y 轴——1.20×10^{-5}，沿 z 轴——0.76×10^{-5}），这会导致在温度波动时，制品中所产生的内应力增加，结果则降低了材料的抗热震性能。

由于镁橄榄石质耐火材料具有优良的抗芒硝侵蚀性能和抗高温蠕变性能，因而是玻璃熔窑蓄热室格子体的一种重要用材。

镁橄榄石质耐火材料的另一应用市场是像高炉热风炉等热交换之类工业窑炉用材，表3-1 列出了用于热风炉格子体高温区中应用的镁橄榄石质格子砖的一个典型例子。这种镁橄榄石质制品的变形特征见表3-2。

表 3-1 镁橄榄石质制品的特性

MgO/%	SiO_2/%	耐火度/℃	T_0/℃	CCF/MPa	AP/%	B. D/g · cm^{-3}
58.45	30.34	1820	1670	39/43.3	20.5/21.3	2.60/2.63

表 3-2 镁橄榄石质制品的蠕变性

温度/℃		1100	1200	1300	1400
荷重/MPa		0.3	0.2	0.15	0.1
在以下时间（h）内的变形/%	0 ~ 9	0.007	0.018	0.014	0.040②
	0 ~ 14	—	—	0.020①	—

①在 0 ~ 24h 的时间内变形为 0.024%。

②列出的数据是在 0 ~ 18h 的时间内的变形。

由表3-2 看出，镁橄榄石制品（表3-1）的特征是在高温和荷重条件下，抗变形（蠕变）的能力相当高，表明镁橄榄石质耐火材料可以成功地应用于热风炉格子体的高温区内。

表3-3 ~ 表3-5 分别列出了表3-1 中的镁橄榄石制品在不同温度下的高温耐压强度、热导率和热膨胀率数据。这些数据说明，上述镁橄榄石制品的重要特点是高温耐压强度好，在高温加热状态的条件下，其高温耐压强度比硅砖高 0.5 ~ 1.5 倍；而且，其热导率也比硅砖高；在 1300℃以上的温度下，其热膨胀率比较高（表3-4）。所有这些都表明，镁橄榄石制品能够同热风炉炉顶 1350 ~ 1550℃高温区的操作条件相适应。

表 3-3 加热状态下镁橄榄石制品的耐压强度

温度/℃		20	1100	1200	1300	1400	1500	1550
HCCF /MPa	镁橄榄石砖	63.6	49.3	37.7	36.0	34.5	32.4	17.1
	硅　砖	40.0	22.3	22.1	20.7	17.5	14.3	6.5

表 3-4　镁橄榄石制品和硅砖热导率的比较

平均温度/℃		900	1000	1200
热导率 $/W\cdot(m\cdot K)^{-1}$	镁橄榄石砖	1.91	1.88	1.78
	硅　砖	1.25	1.31	1.65

表 3-5　镁橄榄石制品和硅砖热膨胀率的比较

制　品	热膨胀率/%							
	100℃	300℃	500℃	700℃	900℃	1100℃	1300℃	1500℃
镁橄榄石砖	0.04	0.28	0.47	0.69	0.91	1.17	1.54	1.86
硅　砖	0.13	0.86	1.14	1.26	1.34	1.36	1.36	1.38

3.2　MgO-CaO 质耐火材料

白云石质耐火材料属于 MgO/CaO = 1（摩尔比）的 MgO-CaO 质耐火材料。这种耐火材料是 1878 年首先由英国制成的碱性耐火材料（白云石砖）。随后，白云石质耐火材料曾广泛应用于水泥窑（回转窑）烧成带达半个世纪以上的时间。在炼钢操作中应用的白云石质耐火材料则是以焦油/沥青结合的白云石和烧成镁-白云石碱性转炉内衬耐火材料为中心而发展起来的，其技术水平和生产工艺都达到了非常高的水平。只是后来，由于开发了 MgO-C 砖而代替了早已占统治地位的白云石砖以及镁白云石砖的时候才退出其作为碱性转炉内衬耐火材料的主导地位。然而，钢包和二次精炼炉内衬是在钢水强烈搅拌和高温下，经受金属氧化物及熔渣侵蚀的条件下使用，所有 MgO-CaO 质耐火材料即可与这种使用条件相适应，因而，有些用户仍然选用 MgO-CaO 质耐火材料作为其应用对象。此外，水泥回转窑烧成带也是 MgO-CaO 质耐火材料的使用阵地。

我们知道，MgO/CaO 比例不同的 MgO-CaO 质耐火材料是在以白云石[MgO/CaO = 42/58 = 1.39(摩尔比)]质耐火材料为中心发展起来的，其广泛应用已长达近一个世纪，其中，在 20 世纪 50 年代到 70 年代是其应用的全盛时期，并积累了丰富的基础知识和应用理论。

当今，MgO-CaO 质不定形耐火材料，特别是耐火浇注料的技术发展，是研究开发以水为介质的 MgO-CaO 质耐火浇注料。由于这类耐火浇注料中存在大量的 fCaO，其水化损毁便成为设计组方的技术难点。因此，设计 MgO-CaO 质耐火浇注料的重点需要解决以下技术：

（1）高抗水化性的 MgO-CaO 砂的制取。

（2）能满足 MgO-CaO 质耐火浇注料的结合剂。

（3）螯合剂的选择。

（4）高性能 MgO-CaO 质耐火浇注料组方设计。

3.2.1 MgO-CaO 质耐火材料的相平衡

3.2.1.1 MgO-CaO 二元系

MgO-CaO 二元系相图如图 3-3 所示。该二元系共熔点温度为 2370℃，位于 MgO/CaO = 34/66 之处。在该温度下，MgO 可固溶 8% CaO，而 CaO 则可固溶 16% MgO，在 1700℃，固溶度分别约为 1.8% 和 2.6%。图 3-2 中标出了白云石和 MgO-CaO 质耐火材料的组成范围。纯白云石熟料的 MgO/CaO = 42/58 = 1.39，摩尔比为 1.0。

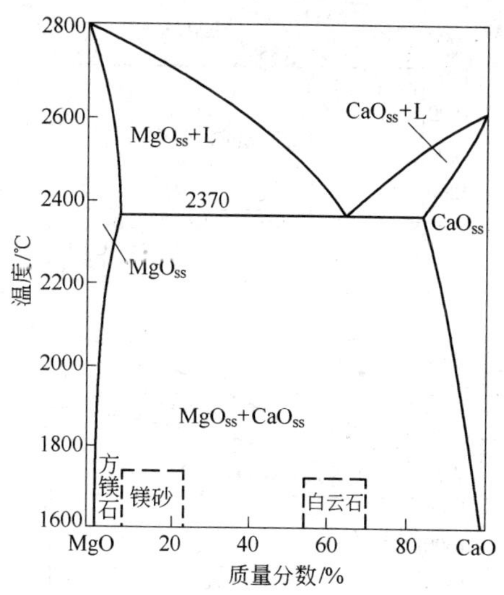

图 3-3 MgO-CaO 二元系相图

3.2.1.2 $MgO-CaO-SiO_2$ 三元系

$MgO-CaO-SiO_2$ 系相图贫 SiO_2 部分如图 2-1 所示。如果只考虑这三个组元，那么白云石质耐火材料的组成应在图 3-4 中的 D 点（MgO/CaO = 42/58）与 C_3S 连线上靠近 D 端之处，此线上任何混合

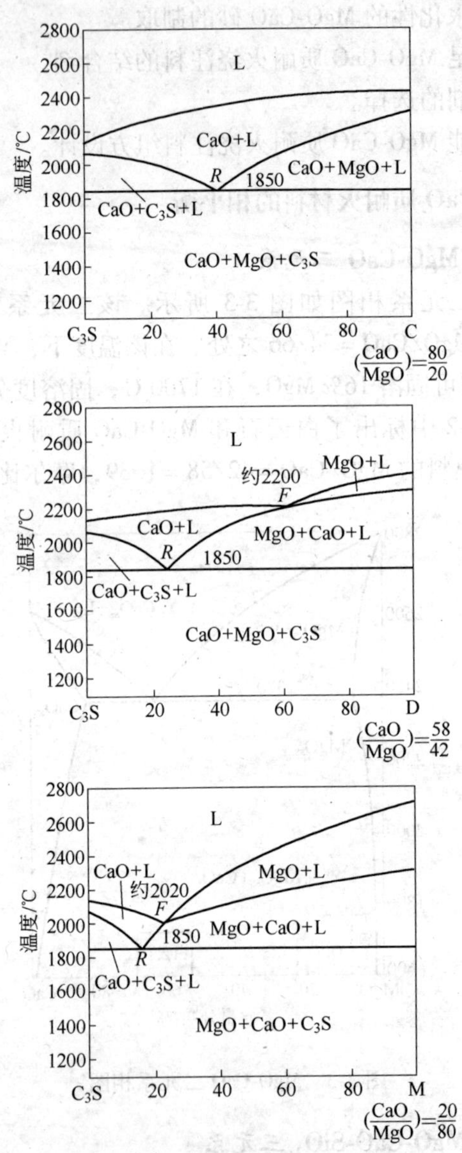

图 3-4 MgO-CaO-C_3S 亚系中几个纵截面图

物冷却时在1850℃完全凝固为MgO、CaO和C_3S。

作 M(MgO/CaO = 80/20)-C_3S、D(MgO/CaO = 42/58)-C_3S 和 C(MgO/CaO =20/80)-C_3S 假二元相图，如图3-4所示。

由图2-1看出，MgO-CaO-C_3S亚三元系中液相最初出现的温度为1790℃，表明仅含SiO_2的MgO-CaO系耐火材料具有很高的高温性能和抗侵蚀能力。而由图3-4看出，论高温性能，在C_3S含量不是太高时，虽然三者都非常高，但镁白云石（M）优于白云石质耐火材料（D），而二者又远优于钙白云石质耐火材料（C）。

3.2.1.3 MgO-CaO-C_4AF 系

通常，SiO_2、Al_2O_3和Fe_2O_3是MgO-CaO质耐火材料的主要杂质成分，而且又由于MgO-CaO系耐火材料的$CaO/SiO_2>3$。所以其平衡相组成见表3-6。

表3-6 MgO-CaO质耐火材料的平衡相组成

Al_2O_3/Fe_2O_3(质量比)	矿物相	固化温度/℃
<0.64	MgO-CaO-C_3S-C_4AF-C_2F	1280
>0.64	MgO-CaO-C_3S-C_4AF-C_3A	<1300
0.64	MgO-CaO-C_3S-C_4AF	1280

注：C = CaO，S = SiO_2，A = Al_2O_3，F = Fe_2O_3。

（1）在$Al_2O_3/Fe_2O_3<0.64$时，各相含量为：

$C_3S=3.8S$，$C_2F=1.7(F-1.57A)$，$C_4AF=4.77A$，

$fCaO=CaO-(1.1A+0.7F+2.8S)$，$fMgO=MgO$。

（2）在$Al_2O_3/Fe_2O_3>0.64$时，各相含量为：

$C_3S=3.8S$，$C_3A=2.65(A-0.64F)$，$C_4AF=3.04F$，

$fCaO=CaO-(0.35F+1.65A+2.8S)$，$fMgO=MgO$。

由此可见，MgO-CaO-Al_2O_3-Fe_2O_3-SiO_2系的熔融关系可以近似地用MgO-CaO-C_4AF系和CaO-CA-C_2F系的熔融关系来分析。

$MgO-CaO-C_4AF$ 系相图如图 3-5 所示。图中 MgO-CaO，$MgO-C_4AF$ 和 $CaO-C_4AF$ 二元共熔点温度分别为2300℃，1340℃和1395℃，三元共熔点温度则为 1320℃。由此可见，C_4AF 对 MgO，CaO 以及 MgO-CaO 二元系的开始熔融温度影响很大。作 $MgO-CaO-C_4AF$ 三元系的 $M-C_4AF$，$D-C_4AF$ 和 $C-C_4AF$ 三个纵截面，如图 3-6 所示，由这三幅图看出，如果撇开高钙耐火材料易水化问题不论，C_4AF 对白云石 D 和钙白云石 C 质耐火材料高温性能的影响似乎没有大的差别。

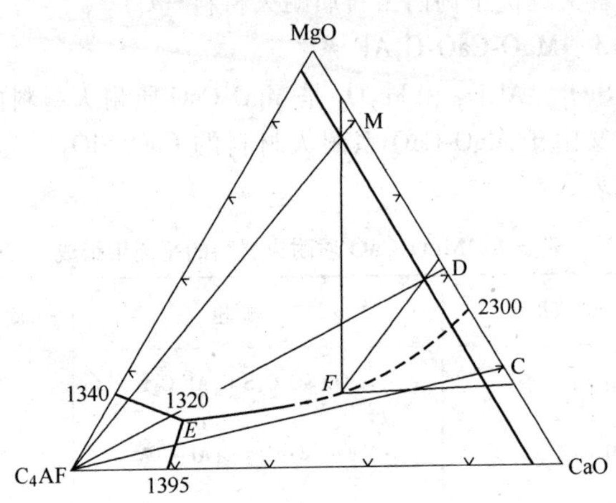

图 3-5 $MgO-CaO-C_4AF$ 系相图

3.2.1.4 $MgO-CaO-C_3A$ 系

由图 3-6 看出，C_3A 是 MgO-CaO 质耐火材料富铝时形成的矿物，$MgO-CaO-C_3A$ 系是 $MgO-CaO-Al_2O_3$ 三元系（图 3-7）中一个组成三角形。反应点 1450℃在三角形外侧。

同 C_4AF（T_f = 1450℃）相比，C_3A 不一致熔点（1535℃）高 120℃；$MgO-CaO-C_3A$ 三元反应点（1450℃）比 $MgO-CaO-C_4AF$ 的共熔点（1320℃）高 130℃。说明含 C_3A 三元系的高温性能要比含 C_4AF 者好，见图 3-8。但由于 MgO-CaO 质耐火材料含 C_3A 时，C_4AF 必须同时存在，因而其液相形成温度还要进一步下降。

3.2.1.5 $CaO-C_3A-C_2F$ 系

由表 3-6 看出，当系统中存在 C_4AF 时，可能同时存在 C_2F 或

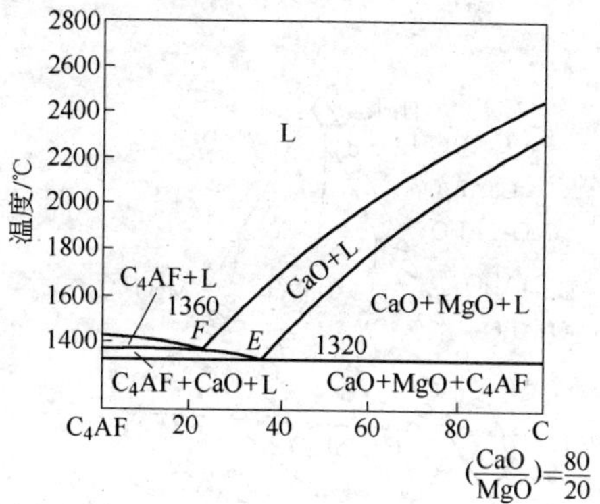

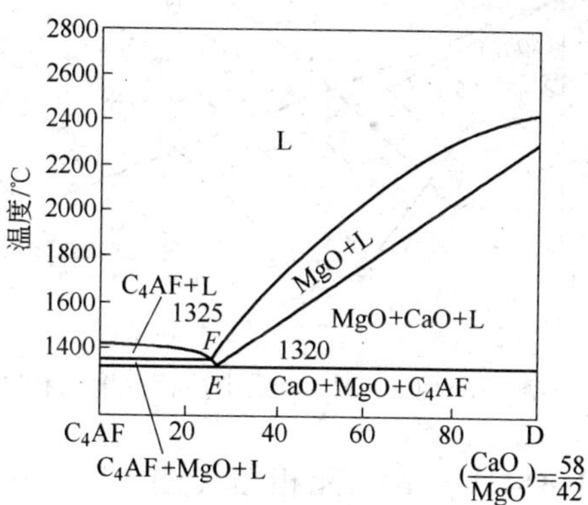

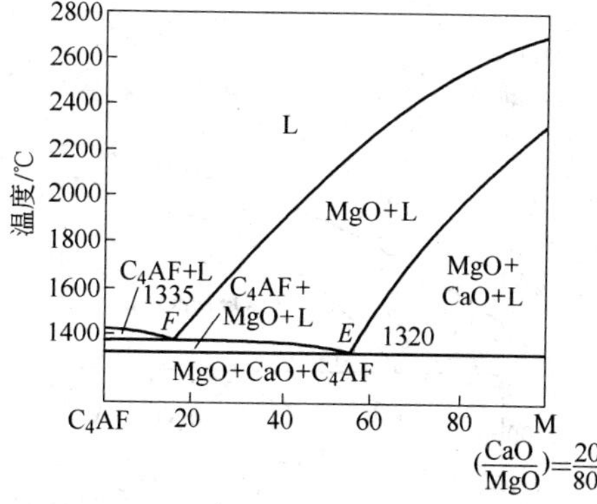

图 3-6 CaO-MgO-C_4AF 系中几个纵截面图

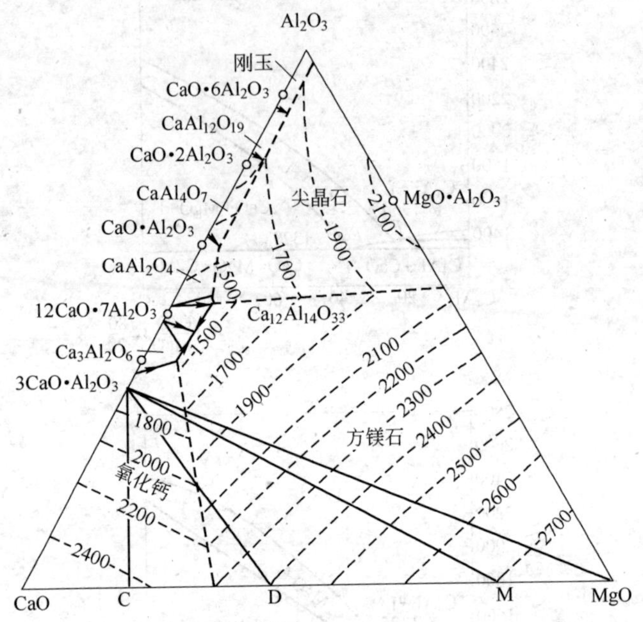

图 3-7　MgO-CaO-Al_2O_3 系中液相温度的相图

C_3A。因而可用 CaO-CA-C_2F 三元相图（图 3-9）中的 CaO-C_3A-C_2F 系初步分析 C_4AF 与 C_2F 或 C_3A 共存时的效应。

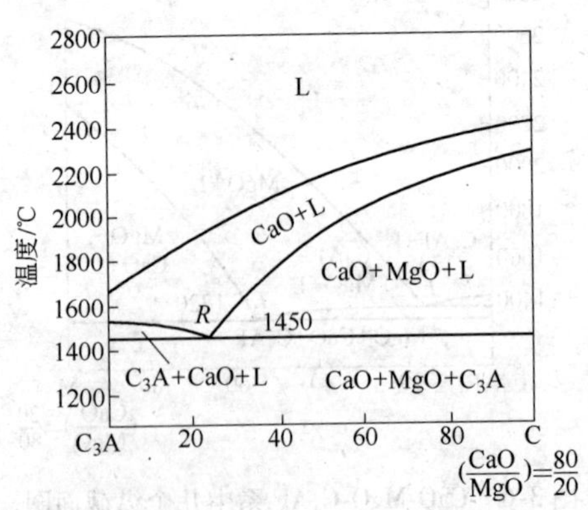

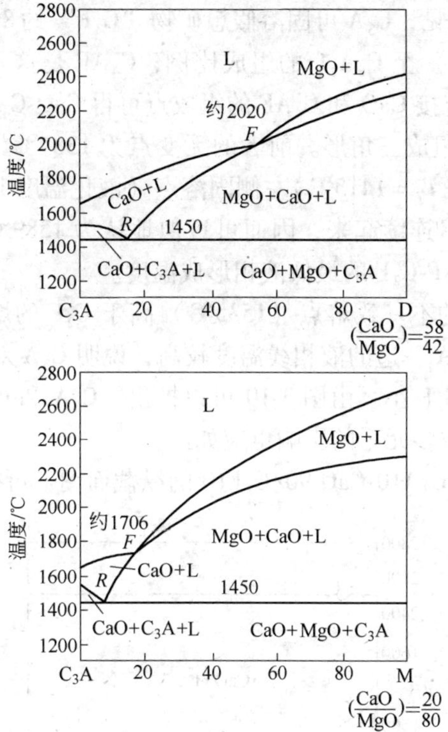

图 3-8 CaO-MgO-C_3A 亚系中几个纵截面图

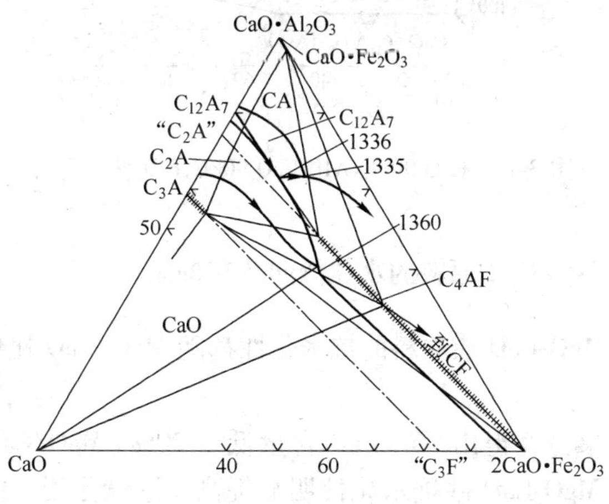

图 3-9 CaO-CA-C_2F 三元相图

由图3-9可见，C_3A 可固溶假想矿物“C_3F”约8%；C_2F 可固溶假想矿物“C_2A”至 C_6A_2F 的组成比例；C_4AF 是这一固溶体系列的一个中间相。连接CaO和 C_4AF 的组成点可得CaO-C_4AF-C_3A 和CaO-C_4AF-C_2F 两个组成三角形。前者的无变点为1389℃，由于后者有结线把紧挨 C_4AF($T_f' = 1415$℃)左侧固溶点（液化温度1410℃）与前者的无变点1389℃连续起来，因而可近似地认为1389℃，它也是组成三角形CaO-C_4AF-C_2F 的最低液相形成温度。

由于 C_3A 的不一致熔点（1535℃）高于 C_2F 的熔点（1449℃），图3-10中靠 C_3A 一边的液相线温度较高，说明 C_3A 对CaO材料高温性能的影响较 C_2F 小。由图3-10可以推出，C_3A 和 C_2F 对含CaO和MgO的二元系或多元系的影响也应如此。

作CaO 90/C_3A10-CaO 90/C_2F10的纵截面图，可得图3-10。

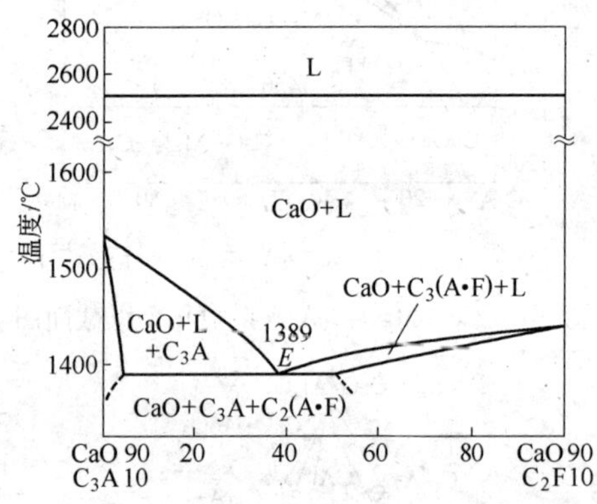

图3-10 CaO 90/C_3A10-CaO 90/C_2F10纵截面图

3.2.2 MgO-CaO质原料的水化倾向及其抑制

通常，MgO-CaO质原料的抗水化性都随MgO/CaO比值的增大而提高。

研究结果已经得出，当CaO含量低于20%[MgO/CaO >5.6(摩尔比)]时，MgO-CaO砂抗水化性明显提高。这就是说，能明显抑制MgO-CaO砂的水化反应的CaO含量通常不能超过20%。

对于 CaO 低于 20% 的 MgO-CaO 砂来说，当 CaO 含量由 19% 下降到 9% 时，MgO-CaO 砂的抗水化能力有缓慢提高的趋势，然后再随 CaO 含量从 9% 下降到 4.5% 时而略有下降的倾向。CaO 含量为 9% 的 MgO-CaO 砂，其抗水化性能最高，如图 3-11 所示。

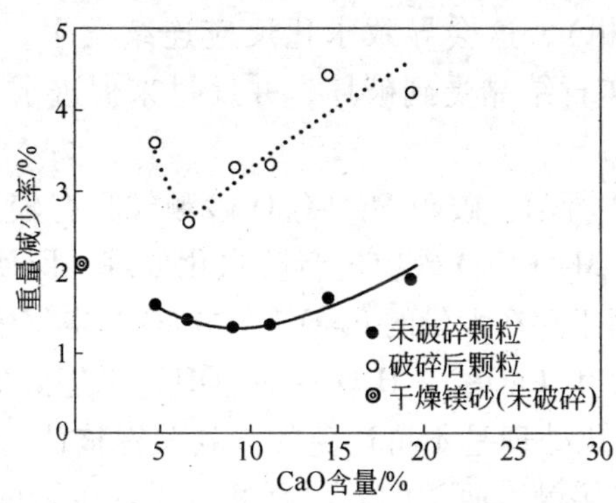

图 3-11 高压釜试验后氧化钙含量与重量减少率之间的关系

根据对 MgO-CaO 砂显微结构研究结果表明，在合成 MgO-CaO 砂中，MgO 含量由 42% 提高到 55% 时，其显微结构从 CaO 晶体构成的结合网络占优势地位转变到由 MgO 晶体构成结合网络占主导地位。MgO 含量进一步提高到 70% 以上时，细小的 CaO 晶体完全被 MgO 晶体所包围，MgO 晶体构成的结合网络占统治地位，如图 3-12 所示。

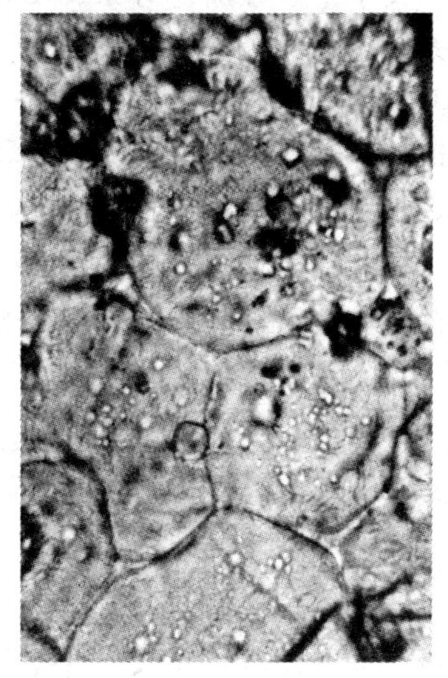

图 3-12 MgO-CaO 砂(CaO 22.5%)显微结构

当 MgO 含量大于 80% 时，由于 CaO 在 MgO-CaO 砂中的密集度明显下降，以及 CaO 在 MgO 中固溶的影响，则会导致 CaO 在 MgO-CaO 砂中不连续分布（分散存在），从而提高了 MgO-CaO 砂的抗水化性能，甚至已经接近普通镁砂的水平，如图3-11所示。

但是，当 MgO 含量提高到 90% 以上时，由于 CaO 在 MgO 晶体中的固溶/脱溶作用，CaO 则趋向于在方镁石晶体表面沉积形成连续相（fCaO 相），这会导致水化反应连续发生，同时伴有体积膨胀，而使方镁石结晶受到破坏，并反过来促进了 MgO-CaO 砂的水化反应。

正如图 3-12 所示，破碎 MgO-CaO 砂颗粒具有较高的水化倾向，因而经过破碎的 MgO-CaO 砂应进行防水化处理。即使是未经破碎的 MgO-CaO 砂，由于存在大量的 fCaO，当 fCaO 与空气中的水蒸气接触时，不可能不发生 $CaO_{(s)} + H_2O \rightarrow Ca(OH)_2$ 反应。因此，对 MgO-CaO 砂进行防水化处理是不可避免的。其关键被认为是如何使 fCaO 不与水或水蒸气接触。通常的做法是通过添加少量的外加剂以提高 MgO-CaO 砂的致密度，同时对合成 MgO-CaO 砂进行锐化（防水化）处理。

关于少量添加物对 MgO-CaO 砂抗水化性能的作用，已取得了一系列的成果。图 3-13 示出了 ZrO_2、TiO_2、Al_2O_3 和 SiO_2 对提高 MgO-CaO 砂抗水化性能的结果。在添加量少于 1.5% 时，各添加物的作用并不相同；但达到 1.5% 时，各添加物的作用却是相近的；但人们总是采用添加 TiO_2 的方法来提高 MgO-CaO 砂的抗水化性能。

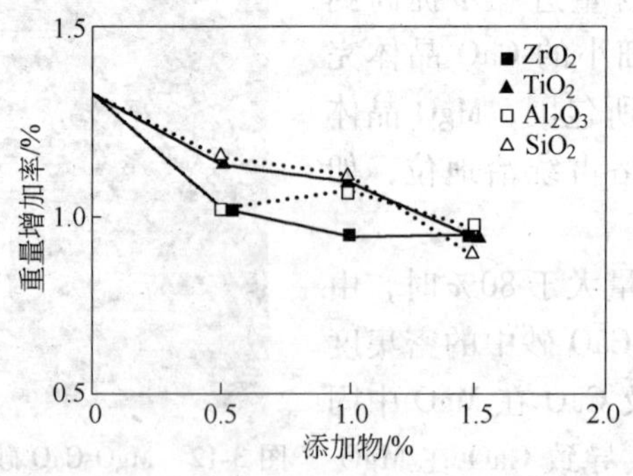

图 3-13 高压釜试验后质量增加率与添加物含量的关系

由 X 射线粉末衍射结果得知，添加 ZrO_2、TiO_2、Al_2O_3 和 SiO_2 时分别生成了 $CaO \cdot ZrO_2$、$CaO \cdot TiO_2$、$3CaO \cdot Al_2O_3$ 和 $2CaO \cdot SiO_2$ 相，并存在于方镁石晶界中，结果则导致 fCaO 以不连续的方式存在（分散），从而提高了 MgO-CaO 砂的抗水化性能。

另外的添加物，如 Fe_2O_3 等，虽然对提高 MgO-CaO 砂的抗水化性能有效果，但由于 CaO 和 $2CaO \cdot Fe_2O_3$ 的热膨胀系数不同，形成的龟裂会进入包围 CaO 颗粒的 $2CaO \cdot Fe_2O_3$ 皮膜，因而还会产生水化反应。此外，关于 CaO 的碳化处理的方法是在 CaO 结晶的表面形成 $CaCO_3$ 结晶时，由于体积增大，则会导致在 CaO 结晶和 $CaCO_3$ 结晶之间产生应变。

在这种情况下，不但要确立 MgO-CaO 砂防止应变的机会，而且还要使 $CaCO_3$ 结晶中形成无裂纹和无缺陷的皮膜。认为有必要进一步弄清其机理。

按上述工艺生产的合成 MgO-CaO 砂，再进行表面覆膜处理，可进一步抗水化性能。经研究认为，有机硅和磷酸是较理想的处理剂。图 3-14 ~ 图 3-17 所示为采用有机硅为浸渍剂进行抗水化试验的结果。MgO-CaO 砂经 30% 的有机硅浸渍后于 120 ~ 150℃ 的条件下干燥，获得有机硅覆膜的 MgO-CaO 砂。图中表明，当 MgO-CaO 砂含 1% TiO_2 时，可获得非常高的抗水化性。

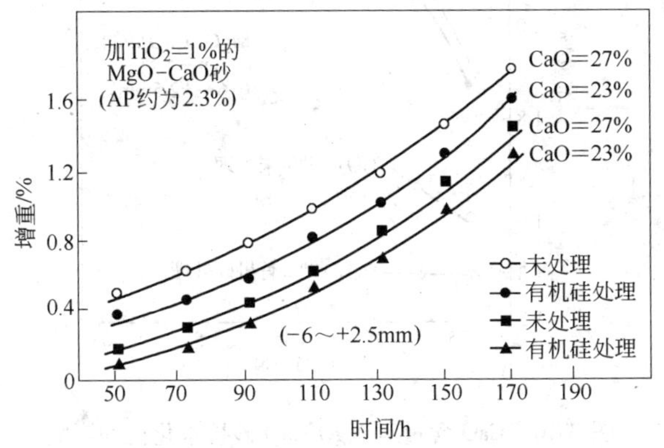

图 3-14 MgO-CaO 砂抗水化试验结果

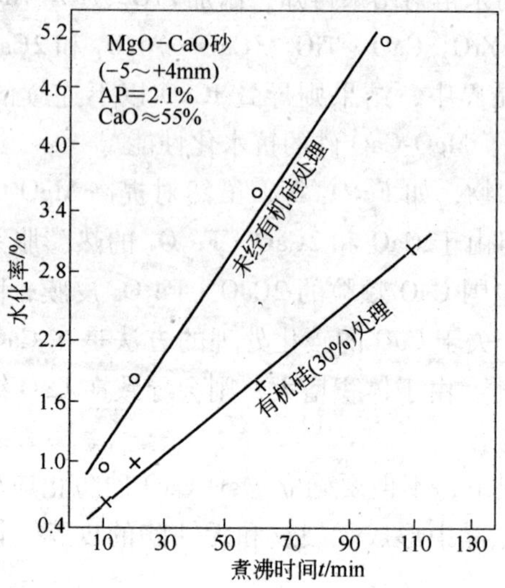

图 3-15 MgO-CaO 砂抗水化试验结果（煮沸法）

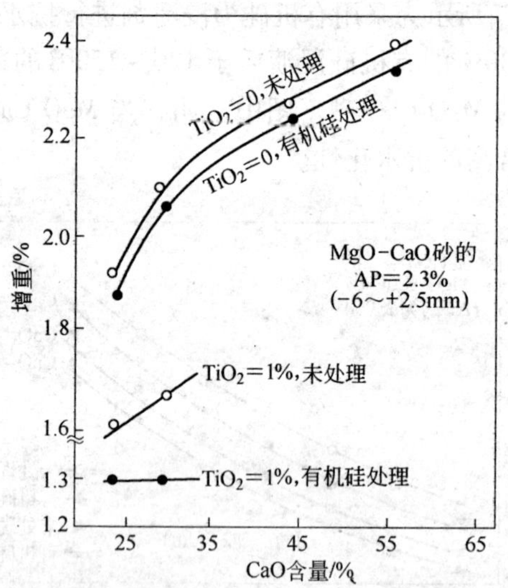

图 3-16 CaO 含量对 MgO-CaO 砂抗水化性的影响

注：图 3-14 ~ 图 3-16 中有机硅浓度为 30%（相当于 0.1%）

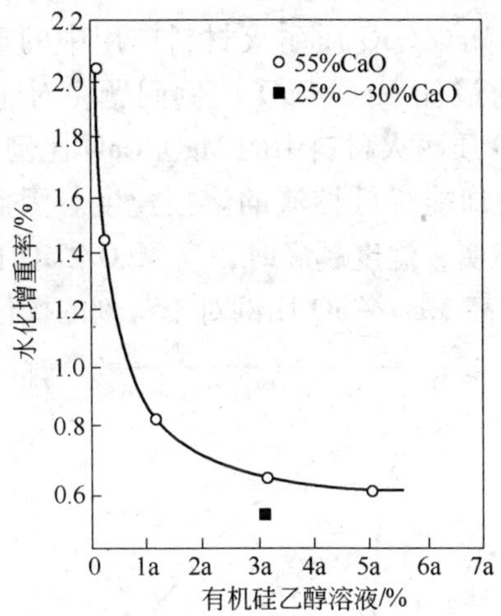

图 3-17 有机硅乙醇溶液浓度与 MgO-CaO 砂水化增重率的关系

试验条件：相对湿度 95%，温度 45℃，96h

3.2.3 MgO-CaO 质耐火浇注料的设计

MgO-CaO 质耐火浇注料选用电熔镁砂（DMS-97）和烧结 MgO-CaO 砂（SMC-20）为主原料，以 uf SiO_2 为结合剂，并添加减水剂（分散剂）、水化反应延缓剂（螯合剂）等。为了平衡这类耐火浇注料的性能，MgO-CaO 砂应满足如下条件：

（1）应含有 TiO_2 等作为烧结促进剂的 MgO-CaO 砂。

（2）MgO-CaO 砂中 CaO 含量应低于 20%。

（3）MgO-CaO 砂颗粒体积密度应大于 3.35g/cm^3，显气孔率低于 3%。

（4）MgO-CaO 砂必须经过表面覆膜处理。

（5）满足上述要求的 MgO-CaO 砂，其颗粒尺寸为 0.3mm 以上（0.3 ~6mm）。

MgO-CaO 质耐火浇注料中 MgO-CaO 砂颗粒不少于 35%，但过多的 MgO-CaO 砂颗粒具有水化的危险。MgO-CaO 质耐火浇注料具有极优质的抗热震性和抗渣性。

3.2.3.1　耐侵蚀性和抗渗透性

早已了解到，MgO-CaO 质耐火材料应用中的重要课题之一是在不同使用条件下的最佳 MgO/CaO 比例问题，对于转炉操作条件而言，提高 MgO-CaO 质耐火材料中的 MgO/CaO 比例虽然具有使熔渣容易渗透的缺点，但却能降低熔渣的熔损速度。因而，其耐用性能高（图 3-18）。同时表明，温度越高时，高 MgO/CaO 比例的优点就越能显示出来，说明提高 MgO/CaO 比例对于苛刻的操作条件是有效的。

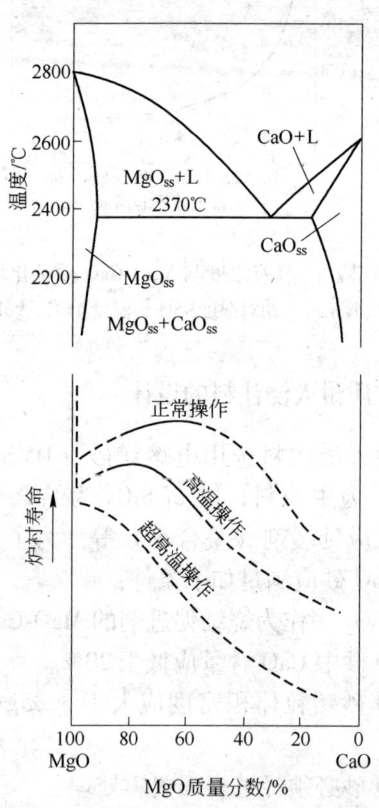

图 3-18　转炉砖最佳 MgO/CaO 比例

当采用 $CaO/SiO_2 = 3.2$，$Al_2O_3 = 13\%$，$\Sigma T_F = 12\%$ 的 $CaO-SiO_2-Al_2O_3-FeO_n$ 系熔渣进行回转侵蚀试验时，发现 MgO-CaO 质耐火浇注料中 CaO 含量在 7% 以上时有提高抗侵蚀性的趋势，而 CaO 含量达到

11.5%（CaO =22.5% 的 MgO-CaO 砂为 50%）时也未发现耐侵蚀性下降。因为当渣中 FeO_n 含量较低，使用硅微粉凝聚结合系统时，当基质中的 SiO_2 与 MgO-CaO 砂中的 CaO 反应，提高了该耐火浇注料的耐火性能。在这种条件下，当 MgO-CaO 质耐火浇注料与熔渣相遇时，铁氧化物的侵入都比较轻微，渗透到浇注料内部的主要是硅酸盐相。对于硅酸盐相的渗透，MgO-CaO 砂中的 CaO 优先反应并沉积，使熔渣的黏度上升，从而控制了熔渣的浸润和渗透。由试验结果得出，当 MgO-CaO 质浇注料中的 CaO 为 6% ~8%（CaO =22.5% 的 MgO-CaO 砂为 30% ~ 40%）时，可达到耐熔渣的侵蚀性和抗熔渣的渗透性的综合平衡。

通过渣蚀后的 MgO-CaO 质浇注料的显微结构研究和 EPMA 映象图得出，虽然 MgO-CaO 烧结料颗粒在工作面附近还保持着原来形状，但 CaO 却已从其中扩散出来同熔渣反应（图 3-19），生成 $2CaO \cdot SiO_2$ 和 $3CaO \cdot SiO_2$ 等高熔点矿物，并沉积于渗透熔渣的前面，阻止熔渣继续向内部渗透（图 3-20）。它表明 MgO-CaO 砂中的 CaO 有助

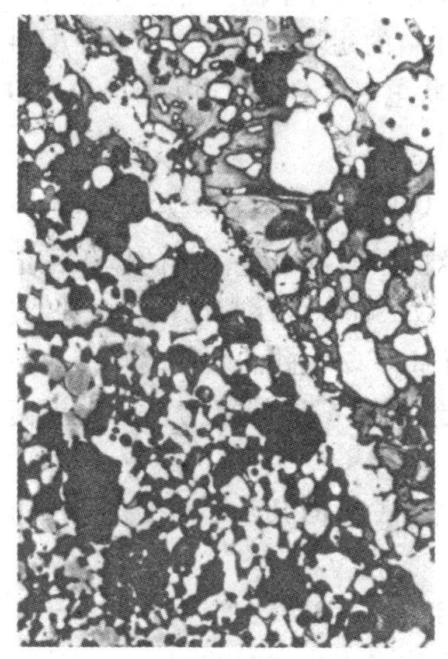

图 3-19 MgO-CaO 质浇注料渣蚀后显微结构
（右下角为 MgO-CaO 烧结料颗粒料）

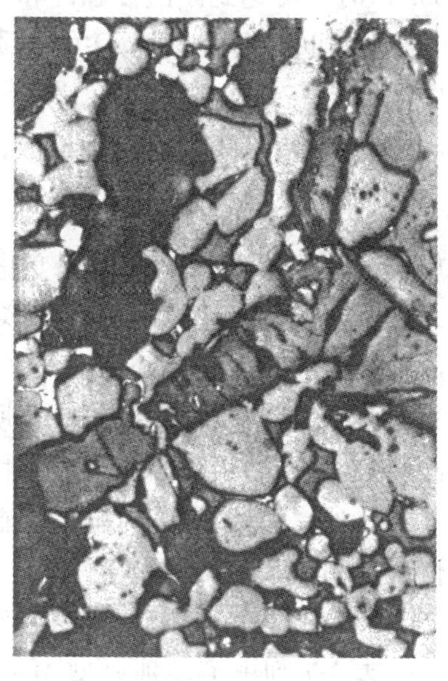

图 3-20 MgO-CaO 质浇注料渣蚀后显微结构
（右下角和中间向左下方延伸的带状矿物为 $2CaO \cdot SiO_2$ 等）

于渗透渣黏度的增加以及 $2CaO \cdot SiO_2$ 和 $3CaO \cdot SiO_2$ 等高熔点矿物的沉积，提高熔渣的附着能力，并黏附于 MgO-CaO 质浇注料的工作表面上形成保护层，从而提高了 MgO-CaO 质浇注料的耐渣侵蚀和抗渣渗透的能力。

3.2.3.2　抗热震性同 MgO-CaO 含量的关系

碱性耐火材料的热剥落是导致其超前损毁的重要原因。通过在回转侵蚀炉中进行的加热→冷却试验得出，随着 MgO-CaO 砂加入量增加，MgO-CaO 质浇注料中的龟裂明显减轻，当 MgO-CaO 砂配入量达到 30% 时，MgO-CaO 质浇注料内部仍出现多个龟裂，但裂纹宽度明显变小；当 MgO-CaO 砂配入量增加到 40% 时，即能完全消除 MgO-CaO 质浇注料中的龟裂，提高抗剥落性，MgO-CaO 砂的配入量至少 40%（CaO 含量应大于 8%），考虑到 MgO-CaO 质浇注料的耐渣侵蚀能力，该类浇注料中 MgO-CaO 砂的配入量为 40%（相当于 CaO 为 8%）时，可达到耐渣侵蚀性和抗剥落性的最佳平衡。

为了进一步提高 MgO-CaO 质浇注料的耐热冲击性能，可向配料中添加电熔 ZrO_2 颗粒。因为加有粒状电熔 ZrO_2 时，由于 MgO-CaO 砂中的 CaO 向 ZrO_2 颗粒中扩散，发生

$$CaO + ZrO_2 \longrightarrow CaO \cdot ZrO_2 \tag{3-1}$$

反应，并伴有 28.2% 的体积变化。这除了有利于浇注料的体积稳定之外，还会使浇注料内产生许多微裂纹，提高浇注料抗热剥落性能。此外，由于 $CaO \cdot ZrO_2$ 比 MgO 砂和 MgO-CaO 砂的膨胀率小，如图 3-21所示，可提高阻止热应力所导致裂纹扩展的能力，从而提高 MgO-CaO 质浇注料的耐热剥落性。

另外，加入 ZrO_2 颗粒，还能提高 MgO-CaO 质浇注料的抗渣渗透性，从而提高耐结构剥落性能。

3.2.3.3　典型 MgO-CaO 质浇注料的设计

表 3-7 列出了一种典型 MgO-CaO 质耐火浇注料的配比，它选用电熔镁砂（DMS-97）和烧结 MgO-CaO 砂（SMCS-20）为主原料，以 ufSiO_2 为结合剂，并添加减水剂和水化反应延缓剂。其质量指标见表 3-8。

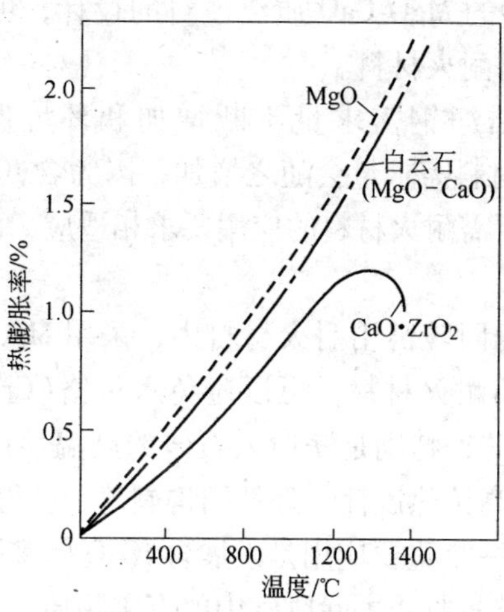

图 3-21 MgO、白云石和 $CaO \cdot ZrO_2$ 的热膨胀曲线

表 3-7 MgO-CaO 质耐火浇注料的配比

牌 号	DMS-97			SMCS-20
	4～1mm	1～0mm	微 粉	4～0.3mm
MCNCC-8	15	15	35	35
MCNCC-12	10	10	35	45

表 3-8 钢包和钢包炉用 MgO-CaO 质耐火浇注料

牌 号		MCNCC-8	MCNCC-12
化学成分/%	MgO	88.4	84.3
	CaO	6.5	10.6
体积密度/$g \cdot cm^{-3}$	1550℃×3h	2.95	2.90
显气孔率/%	1550℃×3h	15.6	16.5
常温耐压强度/MPa	110℃×3h	26.1	23.4
	1100℃×3h	15.2	12.5
	1550℃×3h	53.4	40.2
烧后线变化率/%	1550℃×3h	+0.1	+0.2

表 3-7 是典型的 MgO-CaO 质浇注料的设计，可用作钢包和钢包炉渣线部位的内衬耐火材料。

今后，随着洁净钢需求量不断增加和环境保护意识的增强，MgO-CaO 质耐火材料需求量会随之增加，因为含 fCaO 的耐火材料能对于高性能钢种所需耐火材料的应用要求相适应，而且还具有净化钢水的作用。

另外，在水泥回转窑用耐火材料中，采用 MgO-CaO 质耐火材料取代 $MgO\text{-}Cr_2O_3$ 质耐火材料，可以避免六价铬（Cr^{6+}）导致的环境污染，而 MgO-CaO 砖，特别是镁白云石砖的高温使用性能可通过加入适量的 ZrO_2 可提高抗热震性，降低结构剥落，获得高使用寿命。

含 fCaO 的另一个重要应用是发展含 fCaO 的多孔或微孔陶瓷过滤器，因为它们能够吸收或去除废气中的有害物质，有利于解决某些环境污染问题。

3.3　$MgO\text{-}FeO_n$ 质耐火材料

3.3.1　$MgO\text{-}FeO_n$ 质耐火材料的相组成

众所周知，在一定的条件下，不存在 MgO-FeO 二元系，而只有 MgO-FeO-Fe 及 $MgO\text{-}FeO\text{-}Fe_2O_3$ 两个三元系。因为 FeO 在 1380℃ 时将分解为 FeO 和熔体。与此同时，在一定的条件下，也不存在单纯的 $MgO\text{-}Fe_2O_3$ 二元系，而只有 $MgO\text{-}Fe_2O_3\text{-}FeO$ 三元系，当 MgO 同 Fe_2O_3 相遇时，在大于 550℃ 时，Fe_2O_3 含量逐渐降低，到 1200℃，Fe_2O_3 完全消失，$MgO \cdot Fe_2O_3$ 逐渐增加，在 1030℃ 时，$MgO \cdot Fe_2O_3$ 量最大。此后，$MgO \cdot Fe_2O_3$ 则逐渐降低，而（$MgO \cdot FeO$）逐渐增加。到 1300℃，$MgO \cdot Fe_2O_3$ 完全消失，全部转变为（$MgO \cdot FeO$）。因此，$MgO\text{-}FeO_n$ 系统相平衡可用 $MgO\text{-}FeO\text{-}Fe_2O_3$ 三元系来分析。

图 3-22 所示为推断的 $MgO\text{-}FeO\text{-}Fe_2O_3$ 系的近似液化平衡关系。该图表明，镁方铁矿相（MW）是一种对于碱性耐火材料工艺有特殊意义的方镁石型结构的三元固溶体。在这种固溶体中，除了氧之外，只有两种元素 Mg 和 Fe，它是与金属接触的 MgO-FeO 固溶体相近但

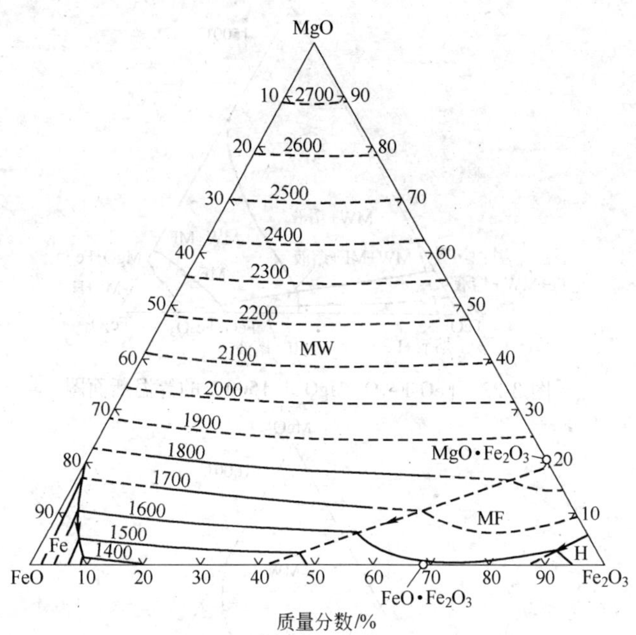

图 3-22 推断的 $MgO-FeO-Fe_2O_3$ 系的近似液化平衡关系示意图

不相同的固溶体。

因为 MgO-“FeO” 系即使与金属铁接触也有相当数量的铁以二价态存在，但金属铁的存在却使该系统少了一个自由度而限制了在任一特殊温度下存在的 Fe^{3+} 的数量。相反，在 $MgO-FeO-Fe_2O_3$ 三元固溶体中，却不受这个限制。在恒定温度和相对 Mg/Fe 固定的条件下，镁方铁矿中的 Fe^{2+}/Fe^{3+} 可以在很广阔的范围内变化。

在 1500℃、1600℃、1700℃和 1800℃的等温断面，如图 3-23 ~ 图 3-26 所示。这四幅图表明尖晶石固溶体系列的熔化温度范围由系列 $FeO \cdot Fe_2O_3$ 端的略低于 1600℃ 至系列 $MgO-Fe_2O_3$ 端的高于 1800℃。

由这四幅图还可以看出，镁方铁矿相（MW）和（$MW + MgO \cdot Fe_2O_3$）二相区占了很大面积。但是，这两个相区却随温度上升而逐渐地减少，液相区则逐渐增加。在近 FeO 端元从 1400℃开始出现金

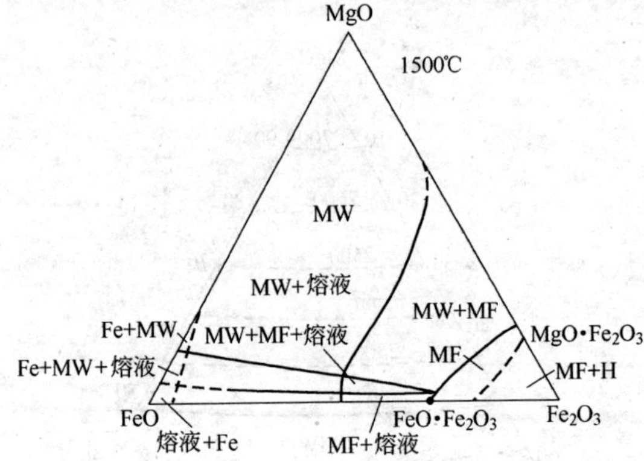

图 3-23　FeO-Fe_2O_3-MgO 于 1500℃ 的等温断面图

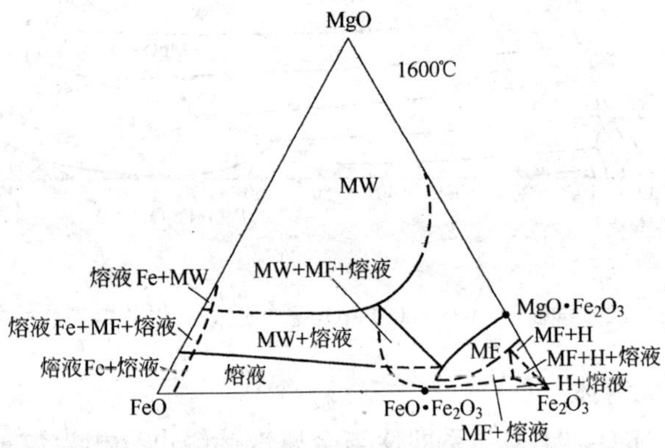

图 3-24　FeO-Fe_2O_3-MgO 于 1600℃ 的等温断面图

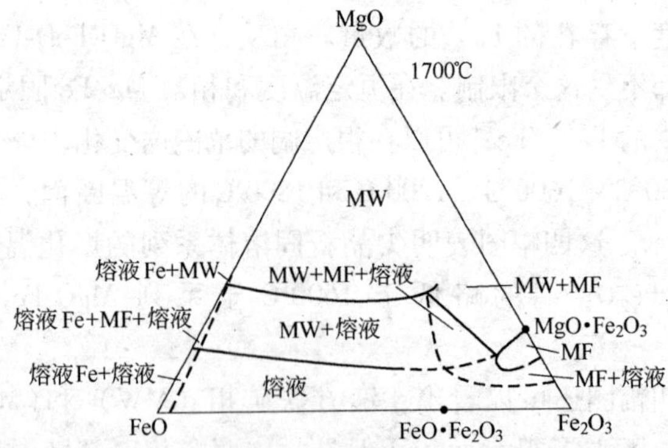

图 3-25　FeO-Fe_2O_3-MgO 于 1700℃ 的等温断面图

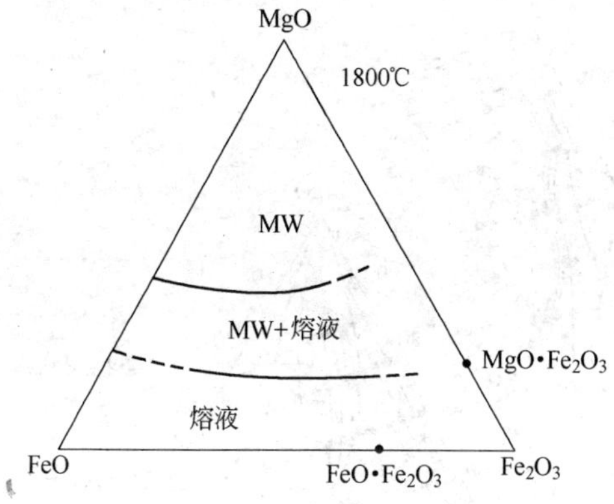

图 3-26 FeO-Fe_2O_3-MgO 于 1800℃的等温断面图

属铁，MgO、FeO 和 Fe 三者的共存关系的变化如下：

	FeO ——→含量增加			
t/℃	1400℃	MW + Fe	MW + Fe + L	L_{Fe} + L
↓	1500℃	MW + Fe	MW + Fe + L	L_{Fe} + L
上	1600℃	MW + L_{Fe}	MW + L_{Fe} + L	L_{Fe} + L
升	1700℃	MW + L_{Fe}	MW + L_{Fe} + L	L_{Fe} + L
	1800℃	MW + L	L	L

Willschee 和 White 修订的 MgO-FeO-Fe_2O_3 三元系相图示于图 3-27 中。相图中(MgO · FeO)$_{ss}$区、(MgO · FeO)$_{ss}$ + 尖晶石固溶体共存区以及尖晶石固溶体区等三个相区同碱性耐火材料有重要关系。其中尖晶石固溶体为(MgO · Fe_2O_3 + FeO · Fe_2O_3)$_{ss}$。当温度提高后，MgO · Fe_2O_3 逐渐分解，其量逐渐减少，而(MgO · FeO)$_{ss}$则逐渐增加。图中虚线表示分解路线，*DEL* 三角形为在 1710℃时(MgO · FeO)$_{ss}$（图中 *D*）、尖晶石（图中 *E*）与熔体（图中 *L*）共存的结线三角形。各个成分在其分解路线与 *FE*、*ED* 及 *D*-MgO 交接处开始熔融。*L*-MgO 为完全熔融线，例如，在 70% MgO/30% Fe_2O_3 的一点的混合物内在 1650℃以下既有尖晶石又有（MgO · FeO）；到 1650℃以后，完全变为(MgO · FeO)；从 1710℃开始熔融，即达 *L*-MgO 线的温度，完全熔融。

图 3-27 的 *E* 和 MgO · Fe_2O_3 组成区之间的尖晶石边界线有一隆

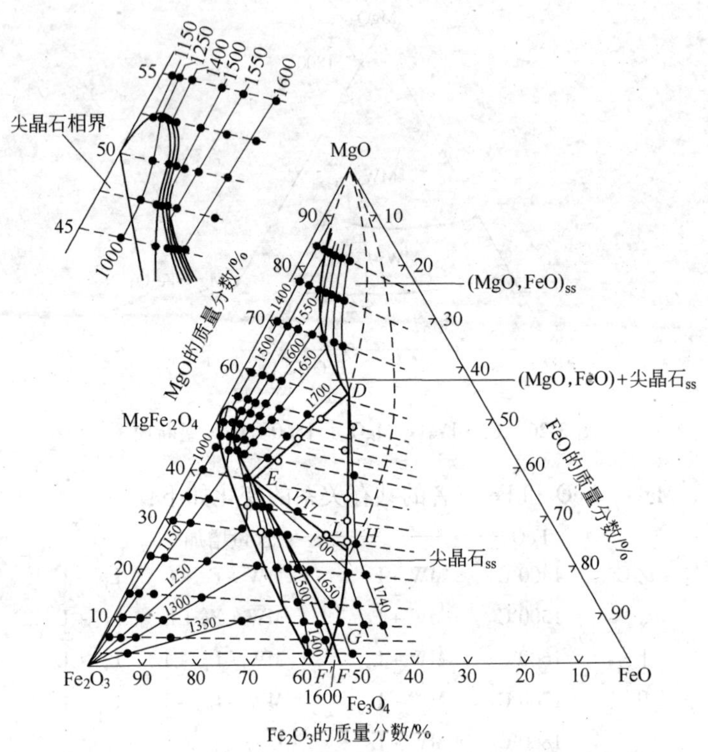

图 3-27 FeO-Fe_2O_3-MgO 三元系相图

起（可见该图中的副图），它标志接近于 MgO · Fe_2O_3 的原始组成点能在镁方铁矿析出为一相以前形成 O/Fe 少于 1.33 的尖晶石。

从图 3-27 中等温线的外形可以看出，在 1400℃ 以下（例如 1350℃ 等温线）的空气中，与 Fe_2O_3 平衡的尖晶石有一接近 $F'F$ 的 O/Fe(1.33)，而与镁方铁矿平衡的尖晶石则有一接近 Fe_2O_3 的 O/Fe(1.5)。因此，当 Fe_2O_3 与 MgO 之间的阳离子扩散形成一层尖晶石时，在 Fe_2O_3-尖晶石界面将发生氧损失，逸向气相：

$$3Fe_2O_3 + 2Mg^{2+} = 2MgO \cdot Fe_2O_3 + 2Fe^{2+} + \frac{1}{2}O_2 \quad (3\text{-}2)$$

而尖晶石-MgO 界面却将从气相取得氧：

$$2Fe^{2+} + 3MgO + \frac{1}{2}O_2 = MgO \cdot Fe_2O_3 + 2Mg^{2+} \qquad (3\text{-}3)$$

于是，在 Fe_2O_3-尖晶石界面将比在尖晶石-MgO 界面形成了多一倍的尖晶石。由于前一界面失氧相当于晶格中从 Fe_2O_3 除去的那一部分，后一界面增加的氧则相当于增加到尖晶石晶格的那一部分，这就发生了克肯达耳迁移。现在已经确定，该效应对于 $MgO-Fe_2O_3$ 系物料的烧结有着重要的影响。这是因为烧结含 Fe_2O_3 粒子的 MgO 压块时要导致膨胀产生。

另外，根据图 3-27 中等压液相线 *F'L* 与尖晶石 *FE* 彼此相交这一事实，可以得出在 Fe-O 二元系中 $FeO \cdot Fe_2O_3$ 结晶凝固时，同时放出氧，而当 MgO 含量超过 8%（摩尔分数）的物料凝固时却会吸收氧。

应当顺便指出，镁质耐火材料中氧化铁在气氛变动过程中伴随氧化还原反应时会发生较大的体积变化（图 3-28）。这些 Fe_2O_3/FeO 的变化对于了解镁质耐火材料在高温下发生的反应是十分重要的。同时也说明，除非在特殊应用场合下，镁质耐火材料氧化铁的含量都会受到限制。

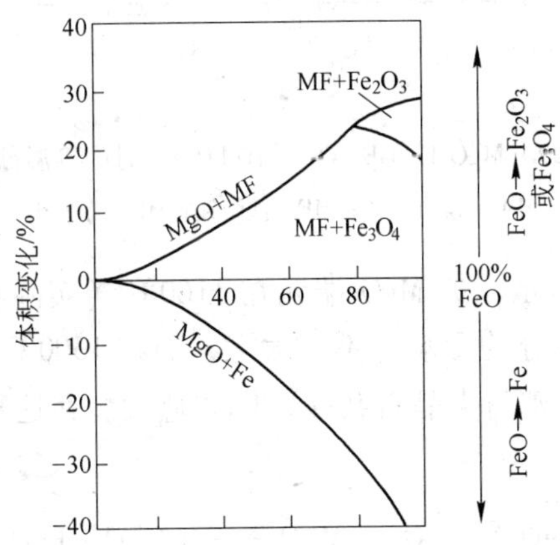

图 3-28 镁乌氏体(Mg,Fe)O 氧化还原时的体积变化

Paladino 曾经深入地研究了在 1000～1300℃时，$p_{O_2} = 10^{-3}$ MPa～2.1×10^{-2} MPa 压力下 $MgO-FeO-Fe_2O_3$ 三元系的相区划分，而 Kimura

和 Katsra 则绘制了该三元系在 p_{O_2} 压变动的情况下，1160℃和 1300℃的等温断面如图 3-29、图 3-30 所示。这两幅图中特别令人注意的是氧等压线以直线穿过两相区而以曲线穿过单相区（包括镁方铁矿区）。

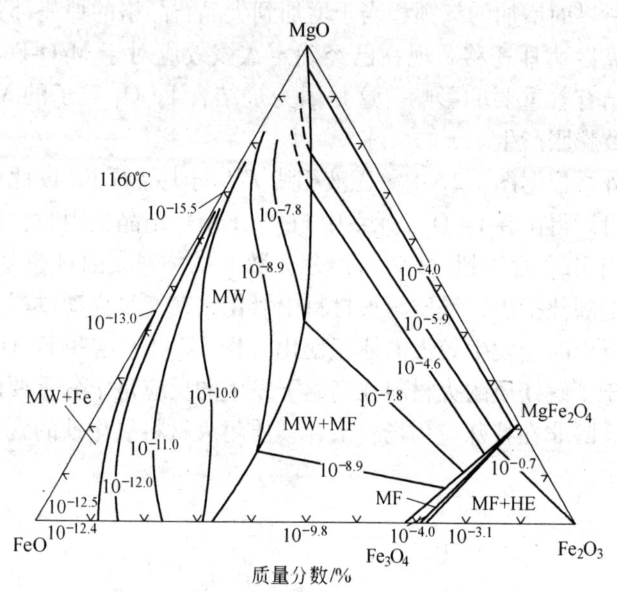

图 3-29　$MgO\text{-}FeO\text{-}Fe_2O_3$ 系在 1160℃时的等温截面图

MW—镁方铁矿；MF—铁酸镁；HE—赤铁矿

如图 3-29 所示，近 MgO 端元在 1160℃（实际在 1200℃以下）时，p_{O_2}对相区划分的影响并不算太大，而在 1300℃（图 3-30）时，p_{O_2}愈高，镁方铁矿与尖晶石共存区域亦愈大。在这种情况下，下述反应即会发生：

$$FeO + Fe_2O_3 + MgO \longrightarrow (MgO \cdot FeO) \tag{3-4}$$

$$(Mg_x, Fe_{1-x})O + (Mg_{1-x}, Fe_x)Fe_2O_4 \longrightarrow Fe_3O_4 + MgO \tag{3-5}$$

这充分说明，p_{O_2}同温度一样，对于 $MgO\text{-}FeO\text{-}Fe_2O_3$ 三元系来说也是一个重要的变量。

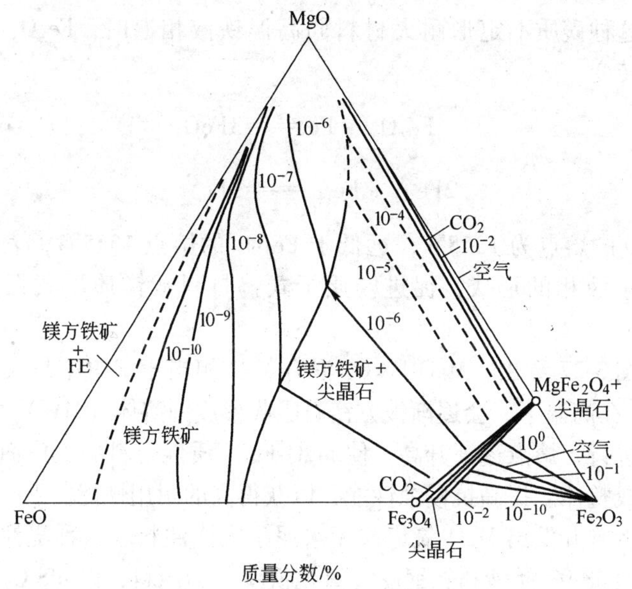

图 3-30 1300℃的 MgO-FeO-Fe_2O_3 系在 1300℃时的等温截面图

3.3.2 MgO-FeO$_n$ 质耐火材料的应用

3.3.2.1 镁质干式捣打料

作为 MgO-FeO$_n$ 质耐火材料的应用，首先可以举出以氧化铁作为烧结剂生产镁质干式捣打料的例子。

由于 MgO + Fe_2O_3 混合料在加热过程中，二者将反应生成MgO · Fe_2O_3：

$$MgO + Fe_2O_3 = MgO \cdot Fe_2O_3 \tag{3-6}$$

其反应开始温度低于550℃，随着温度升高反应速度加快，这一反应在1200℃即告结束。而当温度达到1030℃时，MgO · Fe_2O_3 含量最大，此后，MgO · Fe_2O_3 开始失氧，并转变为 MW（图 3-27）。温度上升到 1300℃ 时，MgO + MgO · Fe_2O_3 即全部转变为 MW（图 3-22），促进镁质耐火材料的烧结，使之成为一整体（其转变过程可由图 3-27 进行分析）。

通常选用氧化铁粉作为镁质干式捣打料或镁质干式振动料的烧结剂。当这种镁质不定形耐火材料同高温铁液相遇时，Fe_2O_3 则按式（3-7）转变：

$$Fe_2O_3 + Fe = 3FeO \tag{3-7}$$

或

$$2Fe^{3+} + Fe_{(1)} = 3Fe^{2+} \tag{3-8}$$

FeO 的熔点为 1355℃，远低于 Fe_2O_3 的熔点 1575℃，表明低价铁有利于液相的形成，促进镁质干式捣打料或镁质干式振动料的烧结。

由图 3-27 看出，MgO-Fe_2O_3 混合料（相当于 Fe_2O_3 与大量 MgO 接触），在高温下，会逐渐被方镁石吸收形成固溶体（MW），随着均匀化的进行，熔点逐渐升高，使 MgO-FeO_n 质混合料的工作面烧结固化，形成整体。提高抗侵蚀性能，以获得高的耐用性能。

作者曾开发出 MgO-氧化铁无水泥耐火浇注料。这种浇注料的配方是以 DMS-97 镁砂和轧钢皮（氧化铁鳞）为原料，以 ufSiO_2 为结合剂。轧钢皮为 Fe-FeO，它可以控制该类耐火浇注料高温烧成的体积变化。

用于液态有色金属流槽的里衬和修补的 MgO-氧化铁质耐火浇注料的典型配方如下：

组成	含量（质量分数）
DMS-97/DMS-96	84% ~86%
轧钢皮微粉	8% ~10%
Grade971μ	5%
其他	1%
水（外加）	5.5%

120℃ ×24h，B. D = 2.90g/cm^3，AP = 18.5%，CMOR > 14MPa

1000℃ ×2h，B. D = 2.93g/cm^3，AP = 18.0%，CMOR = 14MPa

使用结果表明，上述 MgO-(Fe-FeO)/NCC 用作流铜槽沟衬具有非常高的使用寿命。同时，上述耐火浇注料按自流浇注料设计时便可用作液态有色金属流槽内衬以及钢水和铁水流槽的修补料。

3.3.2.2 镁铁质耐火砖及其应用

当以镁砂和氧化铁微粉的混合物系生产镁铁质耐火材料时，在烧成（烧成制品）或使用过程中（不烧成材料），镁砂同氧化铁反应生成 MW。Бесоноб 等曾经较详细地描述过 MgO 与 Fe_2O_3 反应的情况，如前面所述。

$MgO-FeO_n$ 质耐火材料在气氛变动的环境中，特别是在高温热循环的条件下，容易产生 $Fe^{3+} \rightleftharpoons Fe^{2+}$ 转化，这会导致较大体积变化的发生（图 3-28）而使其脆化。显然，$MgO-FeO_n$ 质耐火材料难以在高温热循环的条件下使用。不过，由于 $MgO-FeO_n$ 质耐火材料中 $Fe^{3+} \rightleftharpoons Fe^{2+}$ 转化反应是在高温热循环的条件下才能发生，而且只有在大约 500℃以上才可勘查到，所以它们可以选择作为电储能设备中优良的储能材料。

作为一种廉价的平衡电力负荷的技术措施，建造耐火材料电-热储能装置以拉平电力负荷。在这种情况下，则要求耐火材料具有高热容量，这取决于其比热和容重。为了快速加热储能和释放储存的能量，要求对应的耐火材料具有高导热性。另外，储能装置的寿命往往长达 30 年以上，冷热循环次数上千次，因而要求用于建造电-热储能装置的耐火材料应具有很高的热震稳定性。认为 MgO 基耐火材料可满足这些要求，因为它们具有热容量大和导热性高等优点。其中，$MgO-FeO_n$ 质耐火制品（简称镁铁砖）因其蓄热能力大，在 200 ~ 800℃下使用时稳定性好，已被选择作为电-热储能装置的重要耐火材料。

用于电-热储能装置的镁铁砖可以以烧成的或不烧的两种方式提供。它们均可采用普通镁砂或废镁砖料颗粒同 Fe_2O_3 含量高的铁精矿粉搭配制砖。采用废镁砖料颗粒为原料可以降低成本。烧成镁铁砖的烧成温度大于 1200℃，而不烧镁铁砖则以磷酸铁（0.5% ~ 1.0%）或者选用钢件清洗废液（含 28.5% Fe_2O_3；54.2% 硫酸铁和 15% 游离硫酸）为结合剂，成型砖坯于 250℃烘干即可获得合格的不烧镁铁砖。典型的不烧镁铁砖的性能为：MgO 64%；Fe_2O_3 22.5%；FeO 9.5%；B. D 3.14g/cm^3；比热容 1138kJ/(kg·℃)；热导率 4 ~ 6.4W/(m·℃)。

可见，不烧镁铁砖的生产成本较低，耗能较少，蓄热能力大，而且在 200～800℃下使用时，其稳定性也非常高，因而成为电-热储能装置的标准应用的一种材料。

3.4　MgO-Spinel(Al_2O_3)质耐火材料

3.4.1　概述

1939 年，Fepemholo 和 Yohykuha 使用工业 Al_2O_3 和活性 MgO 原料合成了镁铝尖晶石（MgO · Al_2O_3，Spinel 简写为 Sp)，然后制砖，于 1650℃烧成，其理化指标为：SiO_2 3.11%，Al_2O_3 65.4%，Fe_2O_3 1.78%，Cr_2O_3 1.12%，CaO 1.2%，MgO 26.7%，FeO 0.50%，BeO 0.26%。显气孔率为 19%～25%，体积密度 2.6～2.8g/cm^3，1700℃×1h 重烧收缩 0.4%，0.2MPa 软化温度为 1600～1650℃（开始点），其溃裂温度在 1660℃以上。试用结果表明，它能稳定地抵抗平炉渣的侵蚀，但却能被氧化铁所破坏。

20 世纪 40 年代，耐火材料研究者发现了一个普遍的现象，是在不纯的方镁石（镁砂）中加入少量的 Al_2O_3 时能够改善原来很差的热稳定性。

当时生产 MgO/MgO-Spinel 系耐火材料主要用于水泥窑内衬上，后来除了白水泥工业等热工设备之外，它却被 MgO-Cr_2O_3 系耐火材料所代替。

由于我国没有高质量的铬矿资源，耐火材料研究者根据自己的资源特点，从 20 世纪 50 年代开始就进行了 MgO-Al_2O_3 系耐火材料的研究工作，开发了将矾土熟料细粉加入到配料中生产 MgO/MgO-Al_2O_3 系耐火材料（并定名为镁铝平炉顶砖简称镁铝砖）代替硅砖，以提高平炉顶的寿命和平炉的作业率。这种新产品于 1956 年 1 月首先在重庆钢厂中型平炉顶上试用。同年 12 月该产品又与硅砖混砌使用，使炉顶寿命达到 335 炉。

1957 年，该厂使用这种炉顶砖又创 623 炉的记录。1957 年年底，鞍钢 220t 平炉整个炉顶全部使用 MgO/MgO-Al_2O_3 系耐火材料，达到了 520 炉的水平，与当时 MgO-Cr_2O_3 系耐火材料相比，使用寿命提高

14%。

由于使用新开发的 $MgO/MgO-Al_2O_3$ 系耐火材料代替硅砖大幅度提高了平炉顶的寿命，从而促进了 $MgO/MgO-Al_2O_3$ 系耐火材料的迅速发展。

可以说，$MgO/MgO-Al_2O_3$ 系耐火材料为我国平炉炼钢工业的发展作出了重大贡献而载入我国钢铁工业的史册。

与我国的情况不同，直到20世纪70年代，欧洲和美国都很少使用尖晶石为原料生产碱性耐火材料，根据1960年发表的资料认为，尽管它与 $MgO-CrO_2$ 系耐火材料相比，具有突出的抗渣性和耐剥落性以及较好的抗蠕变性能（R. Dal Maschio 和 B. Farri 等，1988）。但到20世纪70年代末，欧洲的耐火材料工业才重新对这类材料产生兴趣，并首先用于水泥窑，后来又用于玻璃工业。

相反，苏联 O. M. Marzylus 和 K. T. Jouahzehko 等人（1960）用高温煅烧的细分散 MgO 和高分散度的 $\alpha-Al_2O_3$ 制成了以 $MgO\cdot Al_2O_3$ 结合的方镁石砖。它们制成的 $MgO/MgO-MgO\cdot Al_2O_3$ 制品主要是由方镁石（65～100μm）和9%～12% Spinel（20～30μm）所构成，它具有良好的热震稳定性和较高的高温强度，并在900℃空气中冷却50次而未见开裂。

因此，他们从1964年开始就对这种耐火材料产生了极大的兴趣，并生产出许多新产品，达到（至少）现场实验阶段，这些产品主要用于炼钢工业。

20世纪70年代末，日本人首先认识到含有铬矿（Cr_2O_3）的水泥窑烧成带的碱性耐火材料工作内衬和窑料中的碱要发生如下反应：

$$Cr_2O_3 + \frac{3}{2}O_2 + 2K_2O = 2K_2CrO_4 \tag{3-9}$$

$$(Na,K)_2SO_4 + 3SO_3 + \frac{3}{2}O_2 + Cr_2O_3 = 2(Na,K)CrO_3(SO_4)_2 \tag{3-10}$$

生成 K_2CrO_4 和 $(Na,K)CrO_3(SO_4)_2$ 等可溶性铬化合物对健康有潜在的危害，因此，许多国家规定 $MgO-Cr_2O_3$ 系耐火材料的使用要有限度。

其次，日本人还发现现代窑分解的窑内烧成带上部和过渡带中普通 $MgO-Cr_2O_3$ 系耐火材料使用的情况比较差。基于上述两个原因，日本于1976年在水泥工业开始使用尖晶石耐火材料，而高纯烧结 $MgAl_2O_4$ 的生产则始于1980年。这种合成原料使含 $MgAl_2O_4$ 耐火材料的生产发生了巨大的变化，它不仅价格低，比电熔 $MgAl_2O_4$ 更经济，而且由于原料的质量好，使 $MgAl_2O_4$ 耐火材料的性能得到提高。

MgO-Spinel 质耐火材料发展的另外原因是随着水泥窑由烧油改为烧煤，窑内气氛中氧含量的易变性，耐火内衬中铁组分就会发生 $Fe^{+2} \rightleftharpoons Fe^{+3}$ 的价态变化。如在 MgO-FeO 系统中的氧化还原反应为：

$$MgO \cdot Fe_2O_3 \underset{+O_2}{\overset{-O_2}{\rightleftharpoons}} 3(MgO_{0.33}Fe^{+2}_{0.67})O \tag{3-11}$$

$$MgO \cdot Fe_2O_3 \underset{+O_2}{\overset{-O_2}{\rightleftharpoons}} MgO + Fe \tag{3-12}$$

反应（3-11）由左向右转变时，伴生约20%的体积收缩，导致气孔率增大和结构变弱。如氧化条件变得更强，反应从右到左进行，体积的增大使结构进一步破坏损毁。因而导致国外耐火界为减少损毁而努力研究开发铁氧化物含量低的材料。这就是日本20世纪70年代末以及现在世界许多国家为什么大规模地推广 MgO-Spinel 系耐火材料的原因。另外，在炼铝、玻璃和炼钢工业中（例如钢包内衬）也都得到了应用，即使是转炉炼钢，例如 AOD 炉中，Spinel 也可作为一种潜在的耐火材料。

应当顺便提及的是，我国80年代初期的常规钢包内衬采用烧结矾土作颗粒而以镁砂和矾土混合料为细粉制成不烧砖或捣打料也取得了比较好的使用结果。该配方属于 Al_2O_3/Al_2O_3-MgO 系列耐火材料。

3.4.2 相关相图

3.4.2.1 $MgO-Al_2O_3$ 二元系

$MgO-Al_2O_3$ 二元系相图如图3-31所示。它表明，当 MgO 28.2%

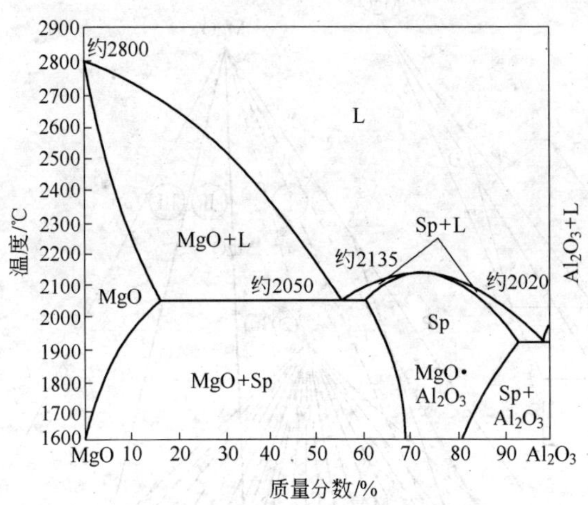

图 3-31 $MgO-Al_2O_3$ 二元系相图

和 Al_2O_3 71.8% 混合物处于平衡时，将生成 Spinel 二元化合物。其中，MgO-Spinel 二元子系的最低共熔点温度为 2050℃，相应组成处于 MgO 45% 和 Al_2O_3 55% 处。

图 3-31 表明，以 MgO 为主要的 $MgO-Al_2O_3$（实际为 MgO-Spinel）质耐火材料具有非常高的耐火度，因而具有广泛的用途。

3.4.2.2 $MgO-Al_2O_3-CaO-SiO_2$ 四元系

通常，镁砂中都含有 CaO、SiO_2、Al_2O_3 和 Fe_2O_3 等杂质成分，其中，少量的 Fe_2O_3 在 $CaO/SiO_2<2$ 的条件下可溶入 MgO 中。所以，采用镁砂和 Al_2O_3 或 Spinel 搭配生产 MgO-Spinel（Al_2O_3）质耐火材料的组成应属于 $MgO-Al_2O_3-CaO-SiO_2$ 四元系（如果 Fe_2O_3 作为独立组元则为五元系），如图 3-32 所示。由于多数天然镁砂中 $CaO/SiO_2<2$，在这种条件下，MgO-Spinel（Al_2O_3）质耐火材料的组成应位于 $MgO-Al_2O_3-CaO-SiO_2$ 四面体结构中的 MgO-Spinel-2MgO · SiO_2-2CaO · SiO_2 亚四面体内的组成。该四面体中 Spinel-硅酸盐系等组成截面图如图 3-33 ~ 图 3-36 所示，而 MgO-Spinel-硅酸盐系等组成截面图则如图 3-37 ~ 图 3-39 所示。

根据图 3-32 ~ 图 3-39 可以将 MgO-Spinel/Spinel-硅酸盐系统及其

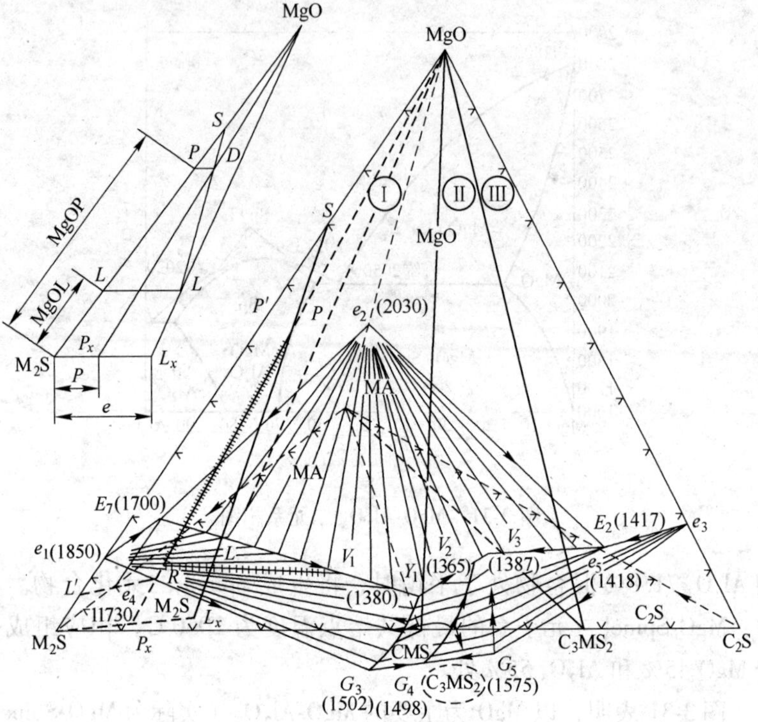

图 3-32 MgO-MA-M_2S-C_2S 系相图

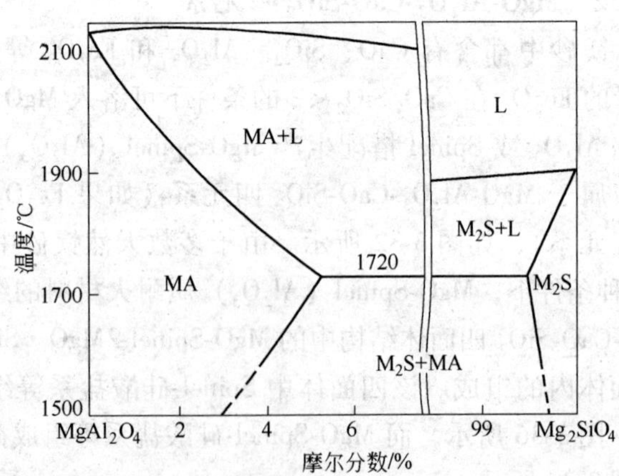

图 3-33 Spinel-2MgO · SiO_2 系相图

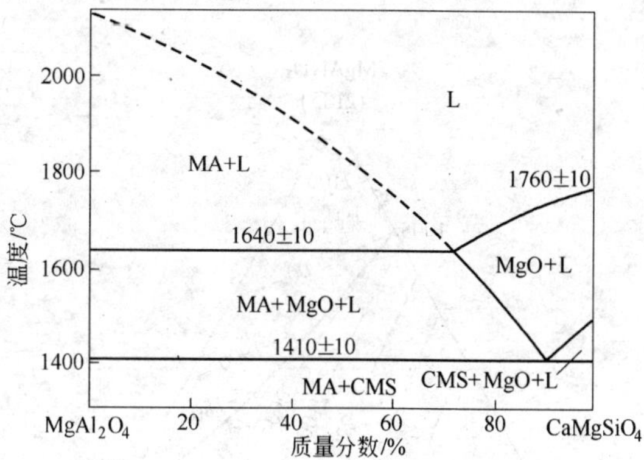

图 3-34 Spinel-CaO · MgO · SiO_2 系相图

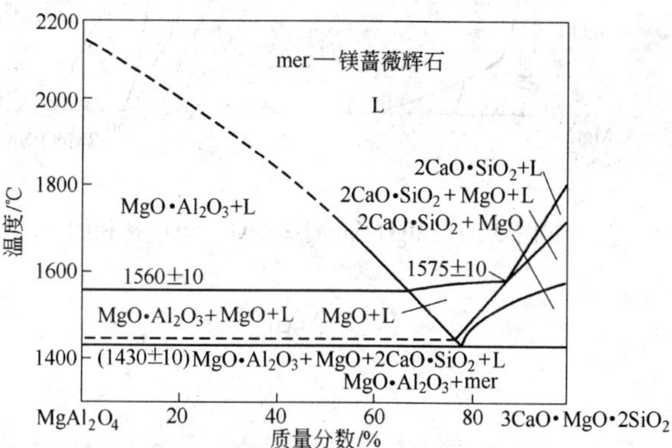

图 3-35 MgO · Al_2O_3 3CaO · MgO · $2SiO_2$ 系相图

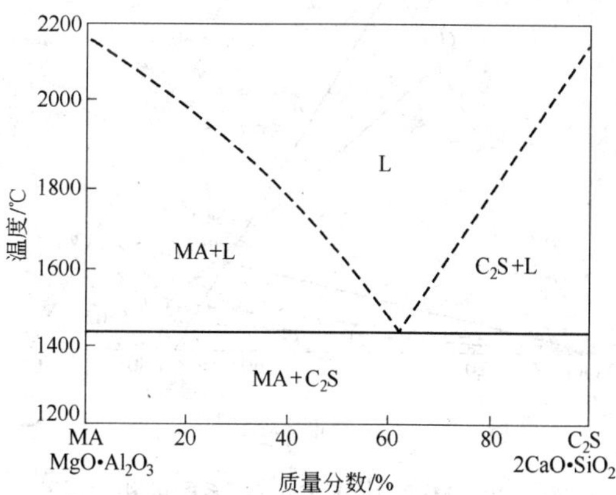

图 3-36 Spinel-C_3MS_2 系相图

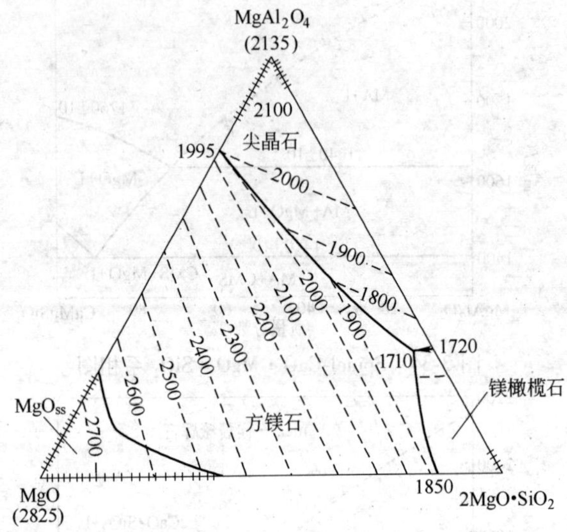

图 3-37 MgO-Spinel-2MgO · SiO_2 系相图

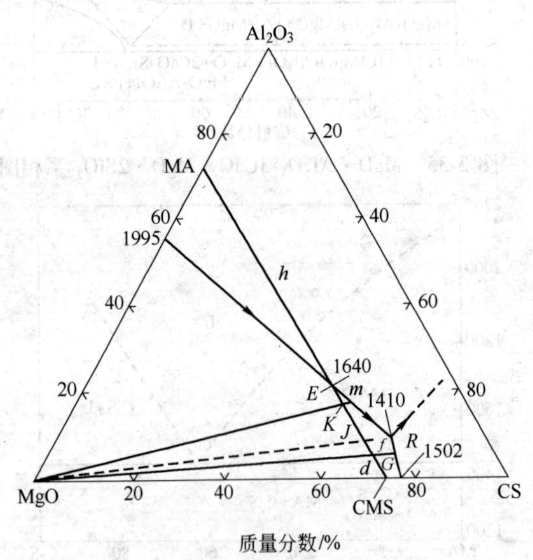

图 3-38 MgO-Al_2O_3-$CaSiO_3$ 系中的相关系

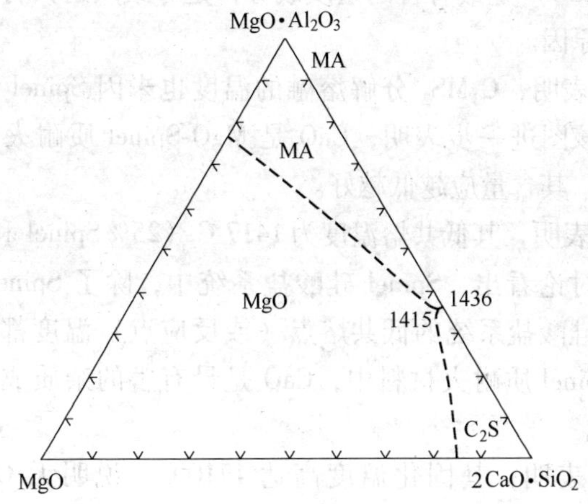

图 3-39 MgO-Spinel-2CaO · SiO_2 系相图

固化温度归纳于表 3-9 中。

表 3-9 MgO-Spinel/Spinel-硅酸盐系统及其固化温度

系 统	固化温度/℃	系 统	固化温度/℃
Spinel-M_2S	1720	M-Spinel-C_3MS_2	1430
Spinel-CMS	1410	M-Spinel-C_2S	1415
Spinel-C_3MS_2	1430	M-Spinel-M_2S/CMC	1380
Spinel-C_2S	1417	M-Spinel-CMS/C_3MS_2	1366
M-Spinel-M_2S	1710	M-Spinel-C_3MS_2/C_2S	1387
M-Spinel-CMS	1410		

注：M = MgO，C = CaO，S = SiO_2，Spinel = MA = MgO · Al_2O_3。

由图 3-33 看出，Spinel 与 M_2S 均可部分互溶，其最大溶解度发生在共熔点温度（1720℃）处。该图同时还表明，当 Spinel 中引入 M_2S 2% 时，对 Spinel 的耐火度不会有影响，但多量的 M_2S 却可使 Spinel-M_2S 系的固化温度从 2135℃下降到 1720℃。

图 3-34 表明，CMS 于 1410℃分解熔融并未因 Spinel 的加入而改变，这是 Spinel-CMS 系相图的重要特征。

与图 3-33 对比，Spinel-CMS 系固化温度为 1410℃，比 Spinel-M_2S 系固化温度 1720℃降低了 310℃。说明在 MgO-Spinel 质耐火材料

中，CMS（CaO）是最有害的杂质成分，是导致该耐火材料高温性能降低的主要原因。

图3-35表明，C_3MS_2 分解熔融的温度也未因 Spinel 的加入而改变。另外，该图进一步表明，CaO 是 MgO-Spinel 质耐火材料最有害的杂质成分，其含量应越低越好。

图3-36表明，其低共熔温度为1417℃（25% Spinel 和75% C_2S）。

由上述讨论看出，Spinel-硅酸盐系统中，除了 Spinel-C_2S 之外，其他 Spinel-硅酸盐系统的低共熔点（或反应点）温度都比较低，说明在 MgO-Spinel 质耐火材料中，CaO 是最有害的杂质成分，应尽量降低其含量。

图3-37表明，其固化温度高达1710℃，说明无 CaO 的 MgO-Spinel质耐火材料具有非常高的熔融温度。然而，当这种耐火材料中引入 CaO，即使是极少量 CaO，都会导致其耐火性能严重下降（图3-38和图3-39）。

由表3-9和图3-32也可以看出，含 M_2S 的 MgO-Spinel 质耐火材料中液相出现的温度高（1720℃），而含其他硅酸盐的 MgO-Spinel 质耐火材料中液相出现的温度却较低（低于1400℃）。也就是说，在 MgO-Spinel-硅酸盐系统中，以 MgO-Spinel-M_2S 系的固化温度最高，而且比其他硅酸盐（CMS，C_3MS_2，C_2S）高约300℃，说明当 $CaO/SiO_2 \approx 0$ 的 MgO-Spinel 质耐火材料的高温性能最好。

此外，还可以用图3-32来分析 MgO-Spinel-M_2S-C_2S 系中混合物的析晶路线。这个四元系包括三个子系统。其相组合以及无变点的组成和温度见表3-10。

表3-10 MgO-MA-M_2S-C_2S 系的子系统

子系统	无变点化学组成/%				无变点温度/℃
	MgO	CaO	Al_2O_3	SiO_2	
MgO-MA-M_2S-CMS	21	29	21	29	1380
MgO-MA-CMS-C_3MS_2	20	32	22	26	1366
MgO-MA-C_3MS_2-C_2S	20	33	22	25	1387

应当顺便指出，镁砂中通常存在少量 Fe_2O_3，它会同 MgO 形成 $MgO \cdot Fe_2O_3$，从而使这个四元系成为五元系，推测其无变点温度可能比四元系降低 20℃，则液相形成的温度约在 1360℃。说明当 Fe_2O_3 含量很低时，几乎不会对 MgO-Spinel 质耐火材料的高温性能产生不利的影响。

普通镁铝砖（MgO/MgO-$MgO \cdot Al_2O_3$ 系耐火材料）的 CaO/SiO_2 <1(摩尔比)，属于第一子系统，加入 Fe_2O_3 后成为五元系，推测无变点温度可能降低 20℃，因而它的液相形成温度约为 1360℃。

Ohara 和 Biggar（1970）研究过 MgO-Al_2O_3-SiO_2-CaO 四元系中方镁石初晶体积 80% MgO 截面上混合物的熔融关系，如图 3-40 所示。它是从 MgO 顶角把等组成截面上的组成点投影到四元系的 Al_2O_3-SiO_2-CaO 底面三角形上，图中示出含 MgO 80% 混合物的第二相（方镁石为第一相）结晶区。

图 3-40 表明，第二相 $MgO \cdot Al_2O_3$ 的相区广阔，说明含 MgO ·

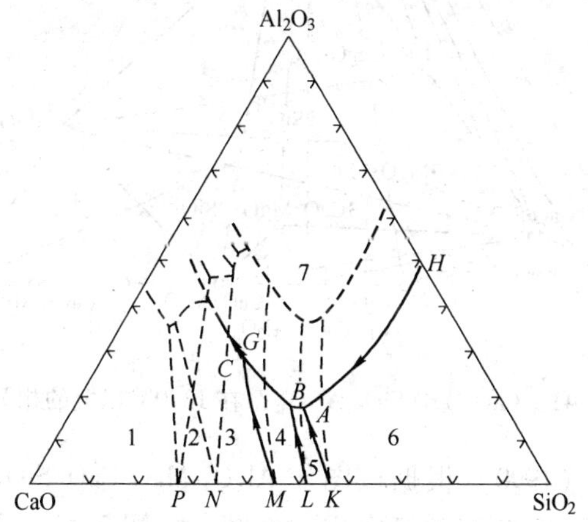

图 3-40 MgO-Al_2O_3-SiO_2-CaO 系 80% MgO 等组成截面的投影图

图 3-40 表示截面上混合物冷却时析出的第二相（G · E · Cohclavs 和 J · White（1977）修订重绘），各相区析出的初相均为方镁石，第二相为：

1—CaO；2—C_3S；3—C_2S；4—C_3MS_2；5—CMS；6—M_2S；7—MA

无变点温度：*A*—1415℃；*B*—1390℃；*C*—1410℃；*G*—1417℃；*H*—1720℃；*K*—1502℃；*L*—1498℃；*M*—1575℃；*N*—1796℃；*P*—1850℃

Al_2O_3 四元混合物的显微结构中方镁石和尖晶石之间应有较多的接触，从而使材料具有较好的高温强度。如果 Fe_2O_3 代替部分的 Al_2O_3，图中尖晶石区的边界线要上移，如图中虚线所示（虚线的位置是示意的），上移的原因是 Fe_2O_3 在方镁石中的高溶解度。以 Cr_2O_3 代替部分的 Al_2O_3 也使边界线上移，但幅度较小。

CaO-MgO-SiO_2-Al_2O_3 系在 1370℃ 以上的相关系如图 3-41 所示。该相图主要用来解释 MgO-Spinel 系耐火材料和 Spinel-Al_2O_3 系耐火材料的应用问题。

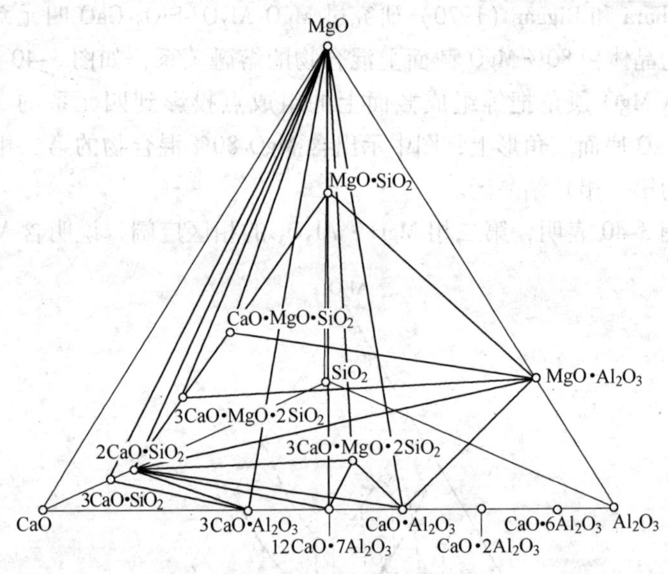

图 3-41 CaO-MgO-SiO_2-Al_2O_3 系在 1370℃ 以上的相关系

北井恒雄（1990）根据该图作 Al_2O_3-MgO-CaO/SiO_2（摩尔比）= 0.5、1.0、2.0、3.0 四个等组成截面图，如图 3-42 ~ 图 3-45 所示。在该四幅图中各连接 Spinel-CaO/SiO_2（摩尔比），即分别将这四个等组成截面划分为 Al_2O_3-Spinel-CaO/SiO_2（0.5，1.0，2.0，3.0）和 MgO-Spinel-CaO/SiO_2（0.5，1.0，2.0，3.0）两个部分，其中 Al_2O_3-Spinel-CaO/SiO_2 部分主要用于解释铝-尖晶石系耐火材料的应用，而 MgO-Spinel-CaO/SiO_2 部分主要用于解释镁-尖晶石系耐火材料的应用。

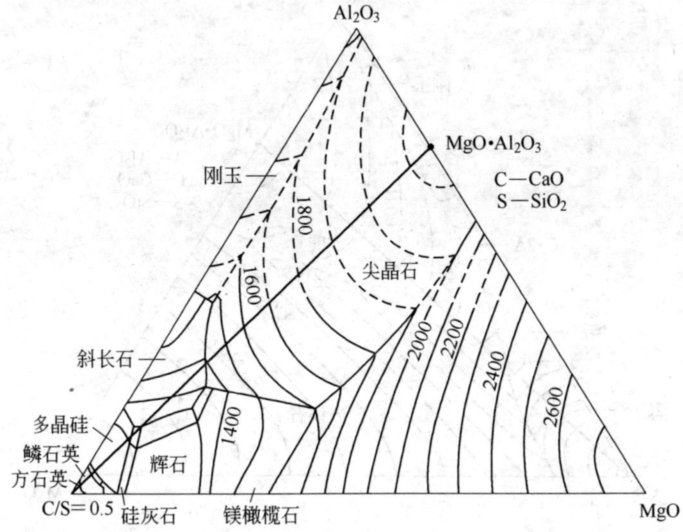

图 3-42 Al_2O_3-MgO-CaO/SiO_2 (0.5) 等组成截面图

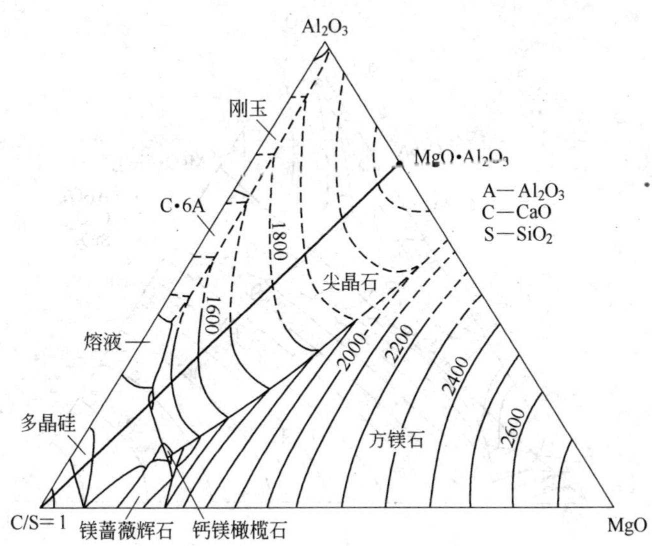

图 3-43 Al_2O_3-MgO-CaO/SiO_2 (1.0) 等组成截面图

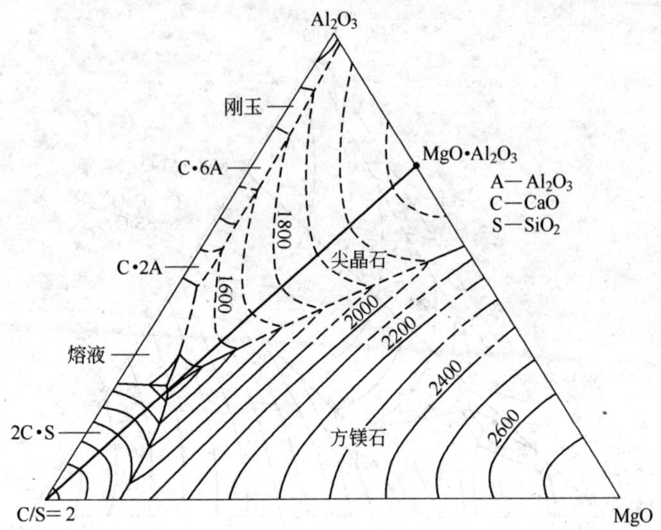

图 3-44　Al_2O_3-MgO-CaO/SiO_2（2.0）等组成截面图

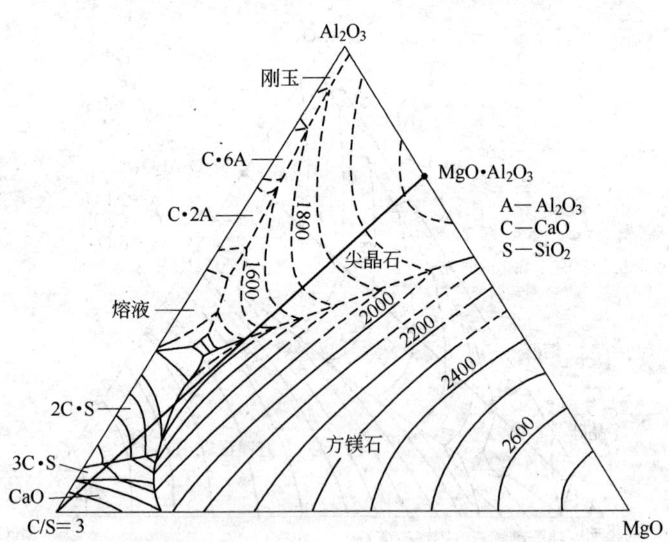

图 3-45　Al_2O_3-MgO-CaO/SiO_2（3.0）等组成截面图

3.4.3 MgO-Spinel(Al_2O_3)质耐火材料的分类

MgO-Spinel（Al_2O_3）质耐火材料的类型可以通过多种方法进行划分，既可以采用 Al_2O_3 纯度和含量进行分类，也可以采用 Al_2O_3 源颗粒大小进行分类，或者按 Al_2O_3 源的类型以及配入方式进行分类。

当按 Al_2O_3 源类型分类时，MgO-Spinel（Al_2O_3）质耐火材料可以大致分为三大类型。

第一类，早期的 MgO-Spinel（Al_2O_3）质耐火材料是以镁砂和铝氧（包括烧结矾土熟料）为原料生产的。这一工艺是依赖于镁砂和铝氧（包括烧结矾土熟料）在烧成过程中进行反应就地形成 Spinel（称为原位 Spinel）。因而这种耐火材料是一种 Spinel 结合的方镁石质碱性耐火材料，俗称镁铝（MgO-Al_2O_3）质耐火材料。

MgO-Al_2O_3 质耐火材料最突出的特点是由于其结合组织发达，因而具有优异的抗热震性（TWB 高）。然而，由于 Spinel（原位）含量较低，其保温性能较差。因为高热导率的 MgO 成分高（表3-11）。同时，在原位 Spinel 生成时伴有 7.65% 的体积膨胀，这会导致该耐火材料中的结构疏松，强度下降，所有这类耐火材料中的 Al_2O_3 总量被限制在约 8% 以内。

表 3-11 尖晶石、刚玉和方镁石主要性能比较

性 能		镁铝尖晶石	刚 玉	方镁石
化学组成		$MgAl_2O_4$	Al_2O_3	MgO
熔点/℃		2135	2015	2800
密度/$g \cdot cm^{-3}$		3.6	4.0	3.6
比热容(20～1000K)/$J \cdot (kg \cdot K)^{-1}$		1076	1130	1202
平均热膨胀系数,α(20～1000K)/K^{-1}		7.6×10^{-6}	8.8×10^{-6}	13.5×10^{-6}
热导率/$W \cdot (m \cdot ℃)^{-1}$	100℃	1507	3014	3768
	1000℃	586	628	712

第二类，为了克服 MgO-Al_2O_3 质耐火材料中 Spinel 生成量低的缺点，便开发了以镁砂和合成 Spinel 料搭配生产 MgO-Spinel 质耐火材料。从理论上讲，由于不采用 MgO 与 Al_2O_3 反应就地生成 Spinel 的

工艺技术，所以配料中 Spinel 含量可以多量配入。通常将这类碱性耐火材料称为方镁石-尖晶石（MgO-Spinel）质耐火材料。典型的 MgO-Spinel 质耐火材料中 Al_2O_3（以 Spinel 形式）含量比前面一类 MgO-Al_2O_3 质耐火材料中 Al_2O_3 含量大约多一倍，甚至更多。这类耐火材料被列为第二类方镁石-尖晶石质耐火材料。

虽然 MgO-Spinel 质耐火材料的生产工艺与 MgO-Cr_2O_3 质耐火材料相同，但其难度要比后者大，存在的主要问题是难以获得发达组织，直接结合程度较低。

第三类，方镁石-尖晶石耐火材料就是将上述两种工艺方案结合起来。这种工艺是将镁砂和合成 Spinel 搭配起来，同时添加少量的 Al_2O_3 细粉/微粉。在烧成过程中，Al_2O_3 同 MgO 反应就地生成 Spinel（原位 Spinel），增加直接结合。采用这种 Spinel 结合的加强技术提高了材料的强度和综合性能，因而可以将这种耐火材料（MgO-Spinel-Al_2O_3 质耐火材料）称为第三类 MgO-Spinel（Al_2O_3）质耐火材料。

归纳起来，MgO-Spinel（Al_2O_3）质耐火材料主要特点：

（1）MgO-Al_2O_3 质耐火材料——抗热震性高。

（2）MgO-Spinel 质耐火材料——保温性好。

（3）MgO-Spinel-Al_2O_3 质耐火材料——直接结合组织发达，强度高。

3.4.4　MgO-Spinel（Al_2O_3）质耐火材料的结构和性能

第一类，镁铝（MgO-Al_2O_3）质耐火材料的结构和性能早已作过全面而透彻的研究，而且工艺技术也很完善，文献资料丰富，并有专门著作。第二类，方镁石-尖晶石（MgO-Spinel）质耐火材料也进行了全面深入的研究，工艺技术成熟，应用范围广泛。因此，下面只对第三类方镁石-尖晶石（MgO-Spinel-Al_2O_3）质耐火材料的结构和性能进行分析和说明。

采用高纯镁砂（烧结或电熔）和高纯合成尖晶石以及烧结 Al_2O_3 细粉生产的 MgO-Spinel-Al_2O_3［简写为 MgO-Spinel（Al_2O_3）］质耐火材料，需要在超高温窑中烧成。

有人采用表 3-12 中的原料按表 3-13 配合比例制成 MgO-Spinel（Al_2O_3）质试样经 1800℃ ×7h 烧成后研究了其显微结构和性能。

表 3-12 原料性能

性能		富镁电熔尖晶石	理想的电熔尖晶石	电熔氧化镁	烧结氧化镁
显气孔率/%		4.6	4.5	1.2	0.9
体积密度/g·cm^{-3}		3.41	3.38	3.51	3.46
化学成分/%	SiO_2	0.1	0.1	0.5	0.4
	Al_2O_3	29.7	73.8	0.1	0.1
	Fe_2O_3	0.1	0.1	0.2	0.1
	CaO	0.4	0.2	0.6	1.4
	MgO	69.4	25.6	98.3	97.8

表 3-13 镁尖晶石砖的配合比

序号		0	1	2	3	4	5	6	7	8	9
烧结氧化镁		65	58	51	44	37	30	20	60	55	50
电熔氧化镁		33	30	27	24	21	18	18	30	27	24
电熔富镁尖晶石		—	10	20	30	40	50	60	—	—	—
化学计量的电熔尖晶石		—	—	—	—	—	—	—	8	16	24
烧结氧化铝		2	2	2	2	2	2	2	2	2	2
化学成分/%	SiO_2	0.4	0.4	0.4	0.3	0.3	0.3	0.2	0.4	0.4	0.3
	Al_2O_3	2.4	5.0	8.0	11.0	13.9	16.9	19.8	8.0	13.9	19.8
	Fe_2O_3	0.1	0.1	0.1	0.1	0.1	0.1	0.1	0.1	0.1	0.1
	CaO	1.1	1.0	1.0	0.9	0.8	0.7	0.6	1.0	1.0	0.9
	MgO	96.0	93.2	90.3	87.4	84.9	81.7	78.9	90.2	84.4	78.6

通过显微镜对 MgO-Spinel（Al_2O_3）质试样的显微结构进行观察发现，这种材料的基质由 100μm 方镁石晶粒和环绕方镁石晶粒的 Spinel 晶粒所组成。由于方镁石和 Spinel 的热膨胀的差异，因而导致在二者之间形成了小的空隙，空隙宽度随着二者热膨胀率差的增大而增加。与此同时，镁砂颗粒与 MgO-Spinel 基质的热膨胀不一致，则导致环绕镁砂颗粒表面形成了壳状气孔。可以预料，这种“等轴化”的显微裂纹的应力-消除结构，能够提高材料的热震稳定性和抗结构剥落的能力。

图 3-46 所示为 MgO-Spinel（Al_2O_3）质耐火材料中 Spinel 含量对显气孔率的影响。它表明，存在 Spinel 含量提高显气孔率增大的倾向，其中添加含 26MgO 的 Spinel 与含 70MgO 的 Spinel 相比，具有明显增大显气孔率的不利效果。

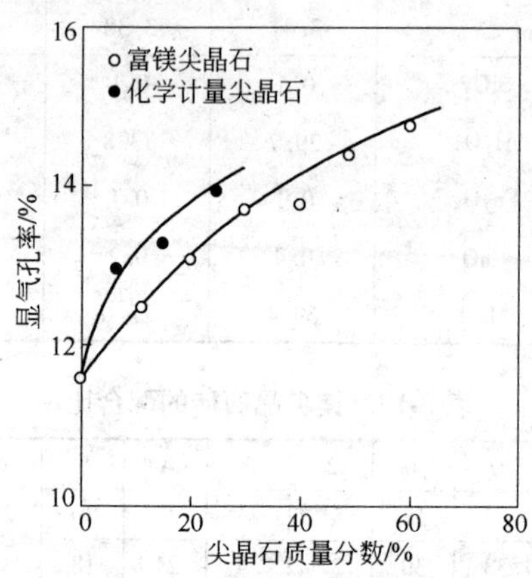

图 3-46　镁-尖晶石砖的显气孔率和尖晶石含量之间的关系

图 3-47 所示为 Spinel 含量对 MgO-Spinel（Al_2O_3）质耐火材料热膨胀系数的影响。图中表明，随着 Spinel 含量的增加，材料的热膨胀系数下降。当 Spinel 含量相同时，随着 Spinel 中 MgO/Al_2O_3 比值降低，会导致材料的热膨胀系数下降得更快。这就说明，Spinel 类型是

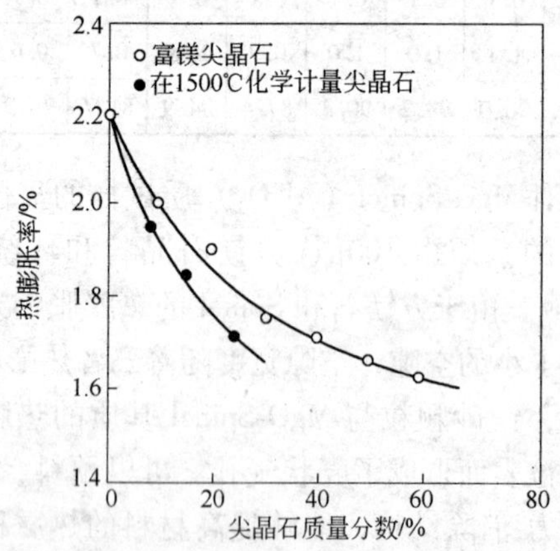

图 3-47　镁-尖晶石砖的尖晶石含量与热膨胀系数的关系

控制 MgO-Spinel（Al_2O_3）质耐火材料热膨胀系数的关键因素。

由图3-48和图3-49看出，MgO-Spinel（Al_2O_3）质耐火材料的弹性模量 E 和抗折强度（CMOR）都随着 Spinel 含量增加而降低。其中含26% MgO 的 Spinel 与含70% MgO 的 Spinel 相比，其力学性能的下降幅度更大。这种情况与材料的显微结构非常相吻合。而且可用不同类型 Spinel 的热膨胀系数所导致 MgO-Spinel 间产生的空隙宽度和气孔尺寸不同来解释。

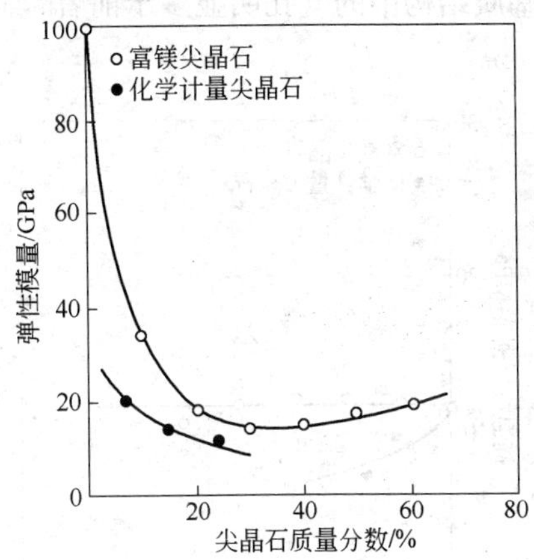

图3-48 镁-尖晶石砖的尖晶石含量与杨氏模量的关系

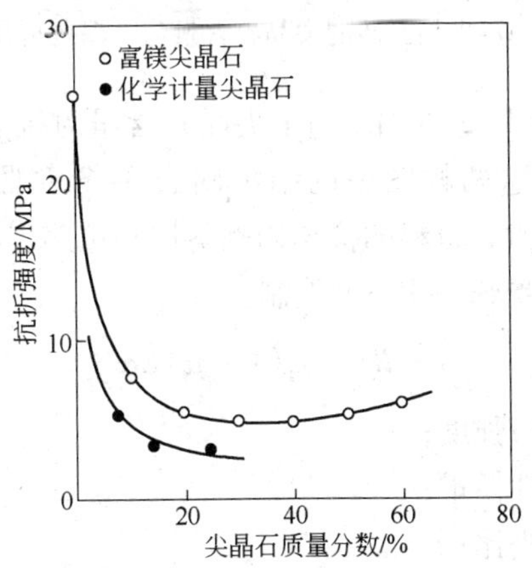

图3-49 镁-尖晶石砖的尖晶石含量与抗折强度的关系

然而，如图 3-50 所示，70% MgO 的 Spinel 含量不同不会使 MgO-Spinel（Al_2O_3）质 HMOR 降低。原因被认为是由晶粒自身热膨胀系数和基质软化的结果。因为方镁石和 Spinel 晶粒之间的最初的空隙在 1400℃时趋向收缩。测定结果表明，70% MgO-Spinel 在含量为 0 ~ 60%之间时，材料的 HMOR 保持不变（恒定）。相反，26% MgO 的 Spinel 却会导致 MgO-Spinel（Al_2O_3）质耐火材料的 HMOR 不断下降。这种现象产生的原因则是两种耐火材料结构不同所致。通过显微结构研究得知，后者基质结构中的气孔明显多于前者，而且气孔大小也比前者大。

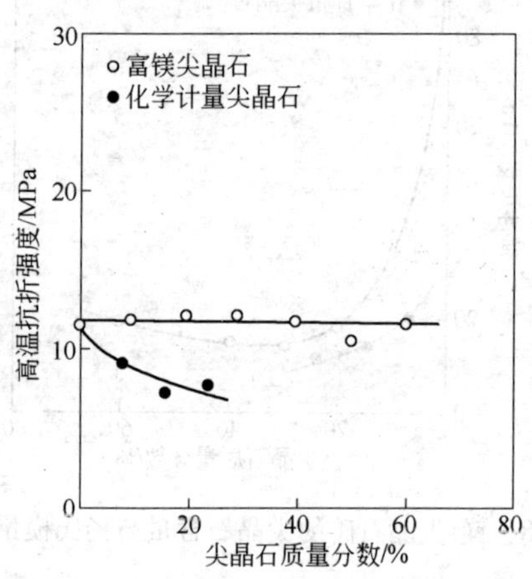

图 3-50 镁-尖晶石砖的尖晶石含量与高温抗折强度的关系

图 3-51 和图 3-52 分别示出了尖晶石含量对抗热震性和抗结构剥落性的影响。将这两幅图中的结果同表 3-13 对照即可得出，MgO-Spinel（Al_2O_3）质耐火材料的抗结构剥落性和抗热震性受总的 Al_2O_3 含量控制，而不是受 Spinel 类型控制。

$$R = \sigma_t(1 - \mu)E\alpha$$

式中 σ_t——抗折强度；

E——弹性模量；

μ——泊松比；

α——膨胀系数。

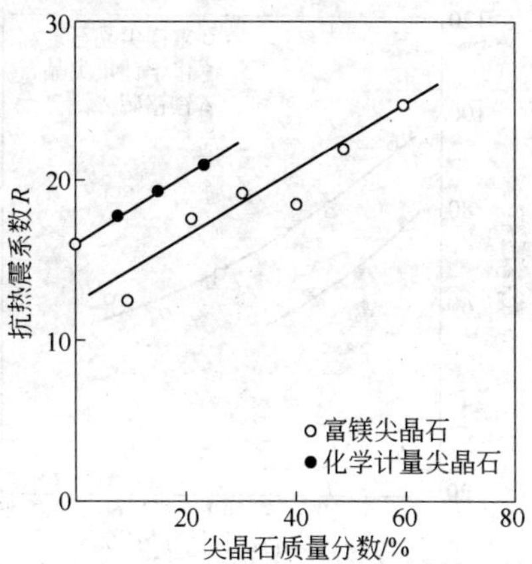

图 3-51 镁-尖晶石砖的尖晶石含量与抗热震性的关系

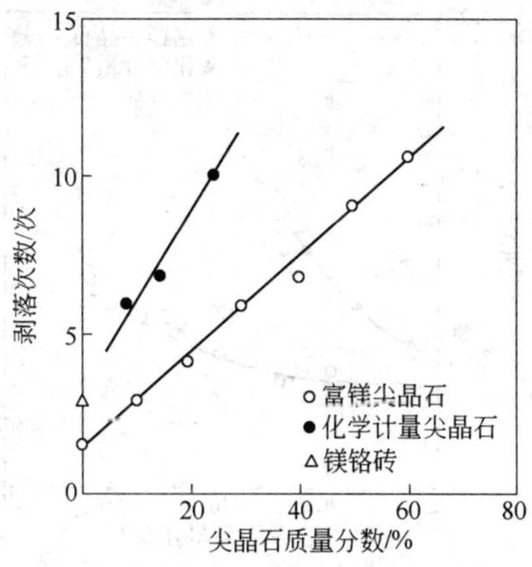

图 3-52 镁-尖晶石砖的尖晶石含量与抗剥落性的关系

通过采用 $CaO/SiO_2=1.4$，8.1% Al_2O_3 和 11.8% MgO 的精炼熔渣对 MgO-Spinel(Al_2O_3)质试样浸渍试验所得的结果表明，其抗渗透性只受材料中总 Al_2O_3 含量所控制（由图 3-53，表 3-13 对照即可得出）。镁-尖晶石砖的尖晶石含量与渣侵蚀的关系如图 3-54 所示。这类耐火材料用于精炼钢包时，在考虑到局部的操作条件每处确切的侵蚀机理的情况下，认为这类 MgO-Spinel(Al_2O_3)质耐火材料中的

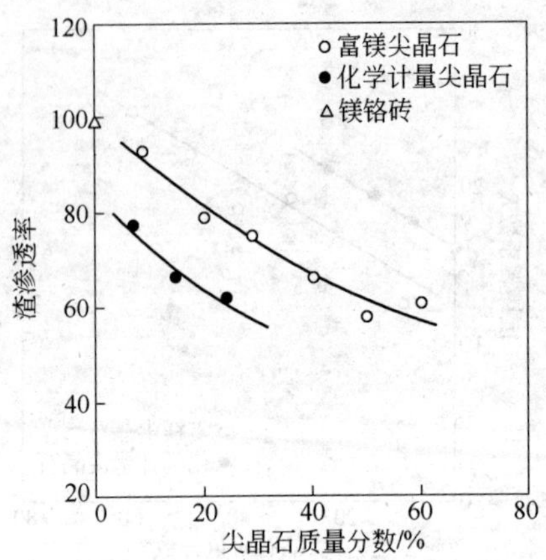

图 3-53　镁-尖晶石砖的尖晶石含量与渣渗透的关系

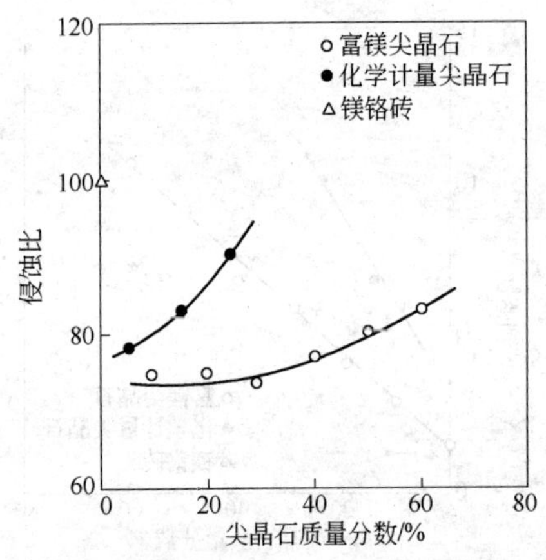

图 3-54　镁-尖晶石砖的尖晶石含量与渣侵蚀的关系

Al_2O_3 为 8% ~12% 时即可适应低碱度熔渣的操作条件。

然而，MgO-Spinel(Al_2O_3)质试样的抗渣性却受 Spinel 类型所控制，26% MgO-Spinel 含量增加，抗渣性下降较快；70% MgO-Spinel 增加到 30% 时，抗侵蚀性下降很小，超过这一范围之后，试样的抗侵蚀性则逐渐趋于下降，见图 3-55。该图同时表明，即使 70% MgO-Spinel，若以颗粒加入配料也有降低抗侵蚀性的倾向。

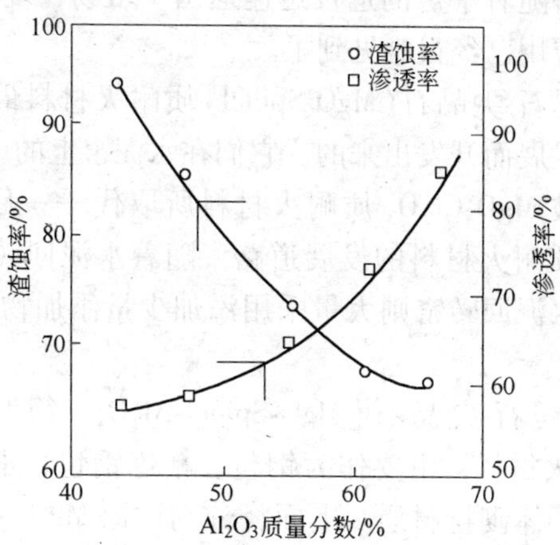

图 3-55　MgO-Spinel(Al_2O_3)质试样抗渣性
(中碱度钢包渣为侵蚀剂)

图 3-55 则表明，对于中碱度钢包渣来说，当 MgO-Spinel(Al_2O_3)质耐火材料的基质中总的 Al_2O_3 含量为 55% ~60% 时（以基质为基础），其抗渗透性和抗侵蚀性达到平衡，实际使用也表明这类 MgO-Spinel(Al_2O_3)质耐火材料耐用性能高。

通过对侵蚀后试样切面显微结构的研究发现，含 70% MgO-Spinel 试样中环绕方镁石相的基质中有许多细小晶粒，部分地溶于接近热面的渣中，但许多方镁石相却未被溶解。相反，含 26% MgO-Spinel 试样中，Spinel 相中的许多细小晶粒却均匀地溶于渣中，生成 CaO-MgO-Al_2O_3-SiO_2 系低熔点物相（T_e < 1320℃）。结果，则反映出后者蚀损快，而前者蚀损慢。

通过上述有关 MgO-Spinel(Al_2O_3)质耐火材料的结构和性能的分析，为设计在特定环境中应用 MgO-Spinel(Al_2O_3)质耐火材料配方提供了重要的依据。

3.4.5　MgO-Spinel（Al_2O_3）质耐火材料的应用

第一类方镁石-尖晶石(MgO-Al_2O_3)质耐火材料是我国科研人员为了适应平炉顶的使用条件而开发出来的。随着平炉钢的发展而扩大了使用范围，并随着平炉的退役迅速退出了市场，现在，$MgO-Al_2O_3$ 质耐火材料的应用已经很难见到了。

第二类方镁石-尖晶石（MgO-Spinel）质耐火材料最先是为了适应水泥回转窑的发展而开发出来的。它们在水泥窑上的应用经历了扩大使用范围——被 $MgO-Cr_2O_3$ 质耐火材料所取代——无铬化时代又取代 $MgO-Cr_2O_3$ 质耐火材料的发展道路。随着水泥回转窑操作条件的苛刻化，大型水泥回转窑则大量采用添加少量添加物的高性能 MgO-Spinel 质耐火砖。

第三类方镁石-尖晶石［$MgO-Spinel-Al_2O_3$，简写为 MgO-Spinel（Al_2O_3）］质耐火材料，主要作为钢包、精炼钢包、水泥回转窑和玻璃窑蓄热室格子体砌衬材质。下面将分别讨论 MgO-Spinel（Al_2O_3）质耐火材料在这个领域中应用的有关问题。

3.4.5.1　在钢包和精炼钢包中的应用

前面已经指出，当 MgO-Spinel（Al_2O_3）质耐火材料基质中总的 Al_2O_3 含量为55%～60%时，可以同钢包中 $CaO/SiO_2 \approx 2.0$ 的熔渣的操作条件相适应。同时又指出，当 MgO-Spinel（Al_2O_3）质耐火材料基质中总的 Al_2O_3 含量为8%～12%时，它们便能同低碱度（$CaO/SiO_2 < 1.5$）精炼钢包渣的使用条件相适应。

用作精炼钢包渣线的 MgO-Spinel（Al_2O_3）质耐火砖，通常选用镁砂（烧结或电熔）为 MgO 源，而以电熔富镁 Spinel 砂为细粉及小于1.0mm 料（只有当 Al_2O_3 含量更高时才能配入1.0mm 以上的 Spinel 料粒），并添加2%～3%的 Al_2O_3 微粉。这种耐火砖需要经高压成型，然后于超高温下烧成。否则，便不能获得发达的结合组织。因而材料的高温强度低，抗侵蚀性也难以充分发挥出来。

为了能满足精炼钢包的使用条件，该类耐火材料中的总的 Al_2O_3 含量应控制在8%～12%以内。

试验研究的结果表明，含富镁 Spinel 的 MgO-Spinel（Al_2O_3）质耐火材料对于 $CaO/SiO_2 < 1.5$ 的低碱度精炼钢包熔渣具有良好的抗侵蚀性（图3-54），考虑到抑制熔渣渗透这一情况（图3-53），认为 MgO-Spinel（Al_2O_3）质耐火材料在该精炼钢包中使用具有较高的使用寿命。

关于 MgO-Spinel（Al_2O_3）质耐火材料对高碱性熔渣的抗侵蚀问

题，曾经以 Al_2O_3 含量分别为 5.0%（试样 A）、9.9%（试样 B）和 14.5%（试样 C）的 MgO-Spinel（Al_2O_3）试样进行过氧气-丙烷加热的回转抗渣法的试验研究，其结果如图 3-56 所示。该图表明，总的 Al_2O_3 含量为 14.5% 的 MgO-Spinel(Al_2O_3)质试样抗高碱度($CaO/SiO_2=3.0$)熔渣的侵蚀性等于甚至好于 MgO-Cr_2O_3 砖。原因是 MgO 在 CaO-SiO_2 系熔渣中的溶解度，在低碱度熔渣中大，而在高碱度熔渣中很小的缘故。也就是说，MgO 难以溶解到高碱度熔渣中，结果则达到甚至超过 MgO-Cr_2O_3 砖的使用寿命。这显然是 MgO-Spinel(Al_2O_3)质耐火材料的抗渗透性好，因而具有很高的耐用性。

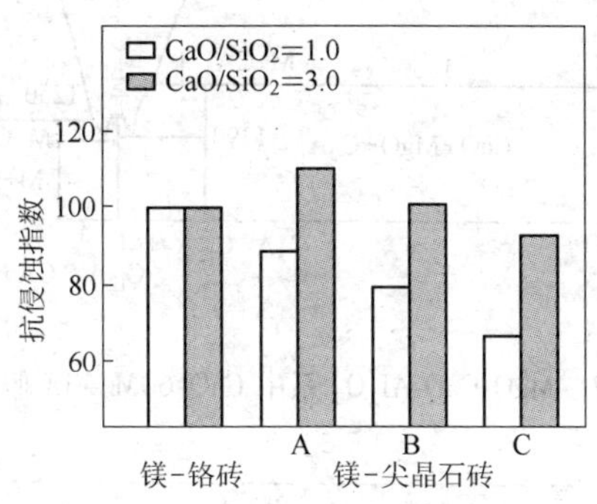

图 3-56 炉渣侵蚀试验的结果

CaO 侵蚀 MgO-Spinel(Al_2O_3)质耐火材料主要按下述两个步骤进行：

（1）CaO 将 MgO-Spinel(Al_2O_3)质耐火材料中的 Spinel 分解为 MgO 和 Al_2O_3；

（2）CaO 同 Al_2O_3 反应生成低熔点的 CaO-Al_2O_3 化合物：

$$m\mathrm{CaO} + \mathrm{Al_2O_3} \longrightarrow m\mathrm{CaO} \cdot \mathrm{Al_2O_3} \tag{3-13}$$

式中，$m=1.4\sim1.7$。

上述反应所生成的 mCaO · Al_2O_3，在 1100℃以上时为 12CaO · 7Al_2O_3，在 1200℃以上时为 3CaO · Al_2O_3 和 CaO · Al_2O_3。但是，在 1300℃以下，式（3-13）的反应速度是很慢的，而在 1380℃以上，

式（3-13）的反应速度却是相当快的。其原因是在1300℃以下为固相反应，而在1380℃时，反应产生了液相，说明1380℃以上反应加快，与液相存在有关，见图3-57和图3-58。

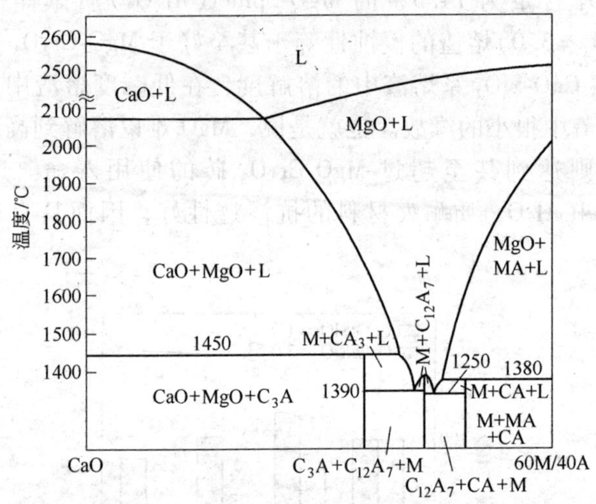

图 3-57 MgO-CaO-Al_2O_3 系中 CaO-60M/40A 假二元系

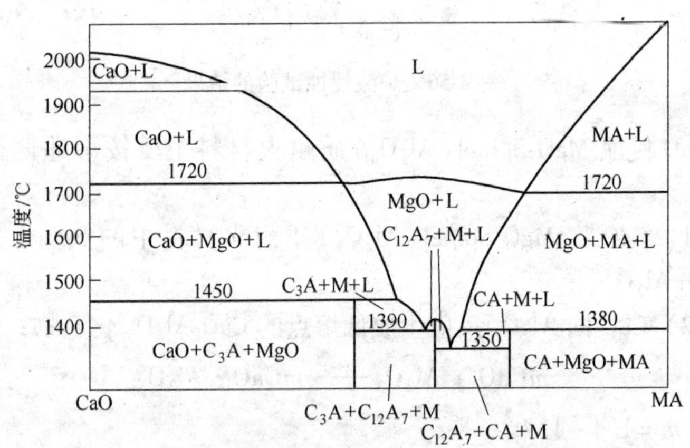

图 3-58 CaO-MgO-Al_2O_3 系中 CaO-MA 假二元系

需要指出的是 Spinel 中 MgO/Al_2O_3 比率对式（3-13）的反应

产物的种类没有影响，但却显著地影响反应层的厚度。现在已经确定，反应层的厚度随 Spinel 中 MgO/Al_2O_3 比率提高而增加，说明 CaO 分解 Spinel 的反应速度加快了。由此可见，MgO-Spinel(Al_2O_3)质耐火材料难以同 CaO-Al_2O_3 系精炼熔渣的操作条件相适应。

3.4.5.2 在水泥回转窑上的应用

方镁石-尖晶石质耐火材料早已在水泥回转窑冷却带和过渡带使用。由于向镁质耐火材料添加 Spinel 后具有优异的抗热震性能，但却容易受到水泥物料的侵蚀。然而，当 Spinel 以粗颗粒的形式加入配料中之后，使 Spinel 颗粒由镁砂细粉（基质）保护时，这种 MgO-Spinel 质耐火材料便具有热震稳定性高、抗热变化的体积稳定性优良的特性。但其机械强度低，水泥挂渣性差。在这种情况下，就容易受到来自回转窑窑壳施加的应力影响，易于发生机械性剥落损坏。

当 MgO-Spinel(Al_2O_3)质耐火材料配料中大部分或全部使用电熔原料时，一般都能提高它们由于过热所引起的液相侵蚀的能力。同时，通过添加 Al_2O_3 细粉，形成原位 Spinel，使 MgO-Spinel 的结合程度高，从而，使材料具有高强度。因为这种以优质 Spinel 为基质结合的电熔镁砂和电熔尖晶石为主要原料的耐火材料，是砌筑在大直径水泥回转窑上的锥形卸料端和过渡带衬体，其高温性能特别优异。以前，由于挡料圈挡住了料，导致从椎体底部起 1m 长的砌体磨损严重。当使用这种具有特殊性能的 MgO-Spinel(Al_2O_3)质耐火材料之后便可均衡窑衬蚀损，从而使使用寿命提高了 50%（与 MgO-Cr_2O_3 砖比）。

由于 Spinel 的化学特性属于强中性，与酸性的硫和氯都不能反应，镁砖基质中的细结晶 Spinel 具有极强的保护易损基质不受酸性物质侵蚀的能力。一般来说，能够提高耐火材料强度的整个物理性能的是在基质相中既含有预合成粗颗粒 Spinel 又含有原位 Spinel 细颗粒的 MgO-Spinel(Al_2O_3)质耐火材料时，便能同以废弃物为燃料以及燃料经常变动的水泥回转窑的操作条件相适应。

当模拟水泥回转窑过渡带（1200℃）和烧成带（1500℃）时，

从耐火材料内衬工作表面温度条件下 Spinel 的反应行为发现：在 MgO-Spinel-CaO 三元试样之间和在 MgO-Spinel-C_3A 之间的反应都会导致铝酸钙的形成，主要特点在于有更高的 CaO/SiO_2 比以及低的熔点（图 3-59）。其中铝酸钙为 $C_{12}A_7$（T_f = 1390℃）或 C_5A_3（T_f = 1360℃）比其他铝酸盐形成的频率要高一些，而铝酸盐的形成主要取决于试样中各组分的比率。发现 Spinel 和 fCaO 在 1500℃ 时的反应最为激烈：

$$7\text{Spinel} + 12\text{CaO} + (n\text{MgO}) = C_{12}A_7 + (n+1)\text{MgO} \quad (3\text{-}14)$$

$$7\text{Spinel} + 5\text{CaO} + (n\text{MgO}) = C_5A_3 + (n+3)\text{MgO} \quad (3\text{-}15)$$

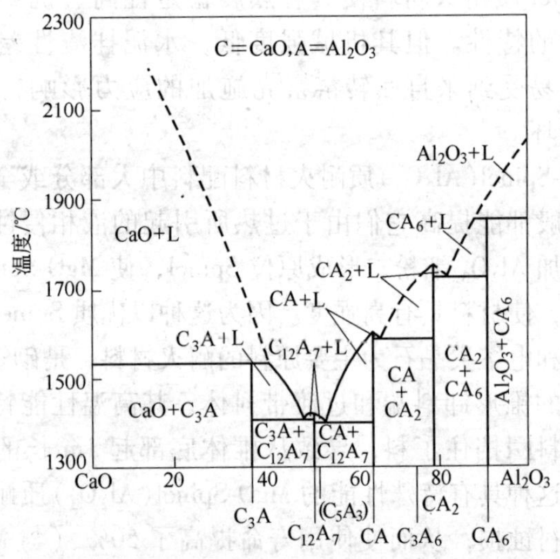

图 3-59 CaO-Al_2O_3 系相图

Spinel 同 CaO 及 C_3A 反应的同时伴随 MgO 从 Spinel 中释放出来。在由 Spinel、C_3S 和 MgO 组成的三元试样烧结时，C_3S 和 Spinel 发生分解形成 CaO 和 γ-C_2S 以及 MgO + Al_2O_3。与此同时，Al_2O_3 溶入到 C_2S 中，形成一定量的 C_2AS（T_f = 1590℃），CaO 从 C_3S 中释放出来同 MgO 和 Al_2O_3 反应，生成 C_7A_5M（T_e = 1332℃）。

Spinel 同水泥成分反应时，在 1200℃ 时的反应过程与 1500℃ 时的反应类似。但1500℃时的反应激烈程度要更大些。原因是前者属于固相反应，其反应速度慢；而后者是在液相参与下的反应，其反应速度特别快。这就解释了为什么 MgO-Spinel(Al_2O_3)质耐火材料能应用于水泥回转窑过渡带的原因。

3.4.5.3 在玻璃窑蓄热室中的应用

R. Dal Masohio 和 B. Fabbri 等人的研究结果表明，MgO-Spinel 质耐火材料在 900~1100℃进行的熔融 Na_2SO_4 的侵蚀试验和接近实际操作条件的模拟试验都证明其具有很高的抗化学侵蚀的能力。

由于 MgO-Spinel 质耐火材料的结合相不是硅酸盐相，而是通过 MgO-Spinel 之间的陶瓷结合相结合起来，所以即使它受到很强的碱性硫酸盐侵蚀时也会保持足够的高温强度。图 3-60 所示为 MgO-Spinel 砖具有比镁砖和 $MgO-Cr_2O_3$ 砖更好的断裂特性。

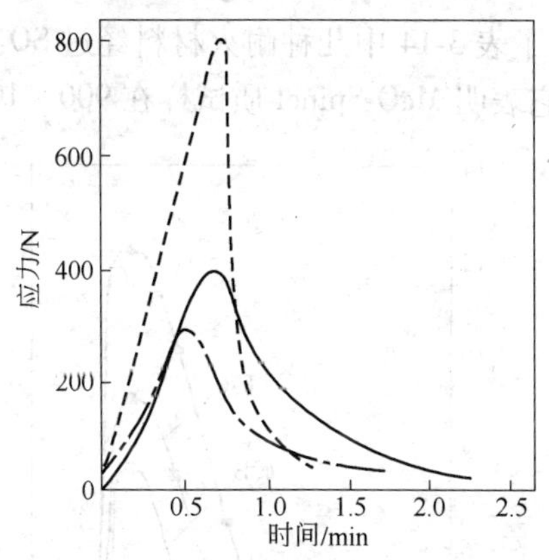

图 3-60 方镁石尖晶石砖、镁砖和镁铬砖的断裂特点

——方镁石尖晶石砖 85% MgO；- - - 镁砖 95% MgO；

—·—· 镁铬砖

试样：10mm×10mm×50mm；500~1100℃×24h

气体流速：SO_2 2L/h；O_2 1L/h

方镁石尖晶石砖、镁砖和镁铬砖的断裂特点：超过极限应力时裂纹随时间扩大。试验砖的典型性能见表 3-14。

表 3-14 试验砖的典型性能

材质		A	B	C	D	E
材质		尖晶石砖	方镁石-尖晶石砖（方镁石 75%）（尖晶石 25%）		镁砖	高铝砖
显气孔率/%		13.0	14.8	15.0	17.0	15.0
体积密度/$g \cdot cm^{-3}$		3.00	3.03	2.98	2.85	2.55
耐压强度/MPa	室温	90	75	45	70	90
	1300℃	40	20	15	10	15
抗折强度(1400℃)/MPa		7.0	6.0	4.0	3.0	4.0
热膨胀率(1000℃)/%		0.8	0.9	1.1	1.3	0.5
热导率(1000℃)/$W \cdot (m \cdot ℃)^{-1}$		3.8	4.1	4.4	4.4	2.0
化学成分/%	SiO_2	0.4	0.3	0.3	2.7	31.5
	Fe_2O_3	0.2	0.3	0.2	0.2	1.1
	Al_2O_3	69.2	51.8	17.6	0.6	66.5
	MgO	28.9	46.6	81.5	95.3	—

图 3-61 示出了表 3-14 中几种耐火材料经过 SO_3 气体侵蚀后的质量变化的结果。它表明 MgO-Spinel 质试样在 900～1000℃范围内质量

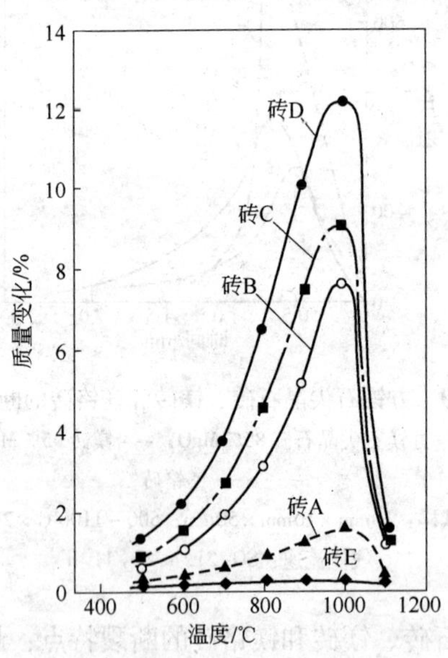

图 3-61 试验砖的 SO_3 气体侵蚀结果

增加随试样中MgO/Spinel比例的增加而上升，其中纯Spinel试样和高铝质试样质量增加的相当少。这是因为MgO-Spinel质试样中fMgO与SO_3容易反应的缘故。检测结果表明，镁砖和MgO-Spinel砖在700～1000℃时便可测出Mg_2SO_4的存在，而Spinel砖却要接近1000℃时才能测出Mg_2SO_4的存在。

由此便能推知，如果镁砖中的细粉料全部由纯Spinel取代所获得的MgO-Spinel砖，便能达到保护镁砂颗粒不被侵蚀。

信原庆志等人曾经对表3-14中的几种材料浸渍碱作过详细研究，发现纯Spinel试样和镁质试样存在结构老化的现象，而MgO-Spinel试样则显得有些脆弱，而且这些材料同碱进行了反应并生成了霞石。

表3-15中各试样对碱性硫酸盐浸渍前后高温耐压强度变化结果列入图3-62中。图中表明，在受到碱性硫酸盐浸渍的情况下，它们的高温耐压强度变化的顺序为：A＞C＞D＞E。其中纯Spinel砖（A）即使在受到碱浸渍的情况下，也仍然具有较高的高温耐压强度，而高铝试样（E）吸收碱之后，于1200℃以上的温度下的高温耐压强度却相当低。

表3-15 试验砖的物理性能试验结果

项　目	砖A	砖B	砖C	砖D	砖E
	尖晶石砖	方镁石-尖晶石砖		镁砖	高铝砖
		方镁石75%	尖晶石25%		
抗碱侵蚀性能	○	△	◑	○	●
抗SO_3侵蚀性能	△	◑	▲	●	○
受碱浸渍后的高温强度	○	◑	◑	◑	▲
导热性能	○	○	○	○	◑
抗结构脆化性能	○	◑	◑	○	○

注：○＞△＞◑＞▲＞●

好←——————→差

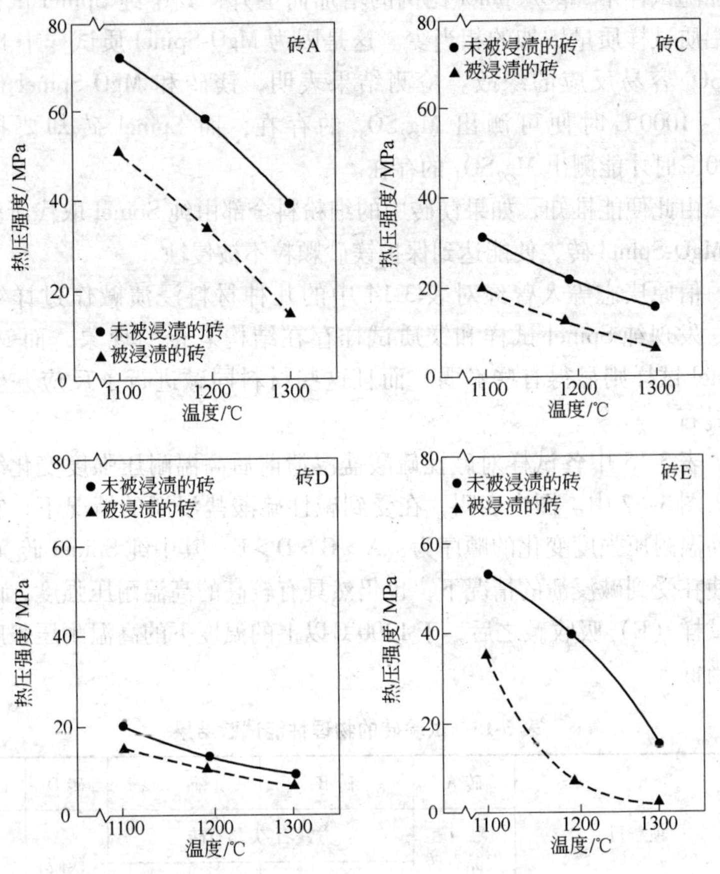

图 3-62 碱浸渍后的砖的高温耐压强度

试验条件：1000℃ ×10h，Na_2SO_4 : K_2SO_4 = 7 : 1

信原庆志等人将自己研究的结果归纳于表 3-11 中。据此即可得出结论，纯 Spinel 砖用于玻璃窑蓄热室中段格子体比 MgO-Spinel 砖的性能要好得多。如果配方设计能保证镁砂颗粒受到 Spinel 相的保护，那么这种 MgO-Spinel 砖用于玻璃窑蓄热室中段格子体也会获得高寿命。

由于硅酸盐相抵抗碱性硫酸盐的能力按：3CaO · SiO_2—2CaO · SiO_2—3CaO · MgO · 2SiO_2—CaO · MgO · SiO_2—2MgO · SiO_2 顺序明显增强，所以在选用纯度不够高的 MgO-Spinel 砖作为玻璃窑蓄热室

中段格子体时需要控制材料中 $CaO/SiO_2 < 0.5$，以生成以 $2MgO \cdot SiO_2$ 为主的硅酸盐相来提高材料的抗 SO_3 和碱性硫酸盐侵蚀的能力。通过光栅电子显微镜的研究结果表明，MgO-Spinel 砖在实际使用中，只有硅酸盐结合相中的 $CaO \cdot MgO \cdot SiO_2$ 才会部分的受到 Na_2SO_4 的侵蚀并生成 $2MgO \cdot SiO_2$ 和 Na-Ca 硫酸盐，而 MgO-Spinel 砖中原来的 $2MgO \cdot SiO_2$ 并未受到侵蚀。这也说明，MgO-Spinel 质耐火材料在玻璃窑蓄热室中作为中段格子体时，只有少量的结合相才会受到损坏。

3.5 MgO-ZrO_2 质耐火材料

3.5.1 概述

R. W. Ricc 和 Materials 等人早在 1966 年就报道了向镁砖中添加 2% 的 ZrO_2 会在方镁石晶界中析出大约长 3μm 的 ZrO_2 针状结晶，而杂质则趋向于在晶界中集聚，同时也有在气孔和空隙附近集聚的倾向。

此后，日本耐火材料研究者曾经发现，ZrO_2 作为添加剂能促进方镁石晶体长大。如在海水 MgO 中添加少量的 ZrO_2 即能将原来的约 50μm 的方镁石晶体成功地提高到 100μm 以上。这种烧结合成镁锆砂最显著的特征是与方镁石呈镶嵌结合，其中的 ZrO_2 主要同方镁石晶界区域中的 CaO 反应生成 $CaO \cdot ZrO_2$（通常为高 C/S 比），而促进了方镁石晶体长大。

早在 1971 年，英国材料研究者向日本申请了“直接结合碱性耐火材料”的专利（シ-ァ-ルステインんフトリネリッラッド，特开昭 46—1328)，该专利提出直接结合碱性材料的化学成分是在 1700℃ 的条件下烧成的，获得的矿物组成为方镁石 65% ~82%，$CaO \cdot ZrO_2$ 3% ~19% 和一定数量的硅酸盐相的直接结合碱性耐火材料。在这种耐火材料中，MgO 和 $CaO \cdot ZrO_2$ 形成了直接结合，因此，其抗剥落（TWB）性能高。实际上，这种耐火材料属于 MgO-CaO-ZrO_2 质耐火材料。

1973 年，谷哲郎和木村宋弘等人开发了 MgO-ZrO_2 质转炉出钢口砖。其特点是气孔率低，热膨胀率小，高温强度大，因而抗热震性优良，并能阻止熔渣向材料内部的气孔中渗透。但由于存在可浸润性和反应性等缺点，而未获得实际应用。

在研究镁质耐火材料高温强度盛行时期，DZAZA（1974）等人基于显微结构证据提出采用 $CaO \cdot ZrO_2$ 相来提高镁质耐火材料高温强度的问题。也就是在含硅酸盐液相中，ZrO_2 与方镁石晶界接触面积大于其本身。与此同时，他们还研究了 $MgO-CaO-ZrO_2-SiO_2$ 系中存在相关相组合的关系。

1976 年以后，含少量 ZrO_2 的镁质耐火材料已经批量生产，甚至添加到 2% 也能增加镁质耐火材料的热震稳定性。当使用 CaO/SiO_2 比高的镁砂时，ZrO_2 会同镁砂中的杂质成分 CaO 进行反应生成 $CaO \cdot ZrO_2$。

$MgO-ZrO_2$ 砖在水泥窑烧成带使用，与 MgO-Spinel 砖和 MgO-CaO 砖相比，其耐磨性有所提高，但在实际使用过程中，窑皮温度有些高，一些砌体出现裂纹剥落，有时出现严重的损坏，表明这种 $MgO-ZrO_2$ 砖缺乏结构挠性。

随之，对 $MgO-ZrO_2$ 砖进行了有针对性的改进，通过产生 $CaO \cdot ZrO_2$ 相来确保其抗侵蚀性和耐火性能，并且进行了批量生产和上市。

自那时以后，烧结 $MgO-ZrO_2$ 砖和电熔 $MgO-ZrO_2$ 砂也进行了大量的研究和制备工作。

20 世纪 90 年代，开发了 8% ZrO_2 的 $MgO-ZrO_2$ 质耐火浇注料在大型钢包渣线获得了应用。在这段时期，$MgO-ZrO_2$ 砖在水泥回转窑烧成带使用，其耐磨性有所提高。

现在，$MgO-ZrO_2$ 质和含 ZrO_2 的镁基耐火材料技术已达到很高的水平，其新品种不断涌现。如 $MgO-ZrO_2$ 质、$MgO-CaO-SiO_2$ 质、$MgO-ZrO_2-SiO_2$ 质和 $MgO-Al_2O_3-ZrO_2$ 质耐火材料等。

3.5.2 $MgO-ZrO_2$ 质耐火材料的相平衡

3.5.2.1 $MgO-ZrO_2$ 二元系

$MgO-ZrO_2$ 二元系相图如图 3-63 和图 3-64 所示。图中表明，该

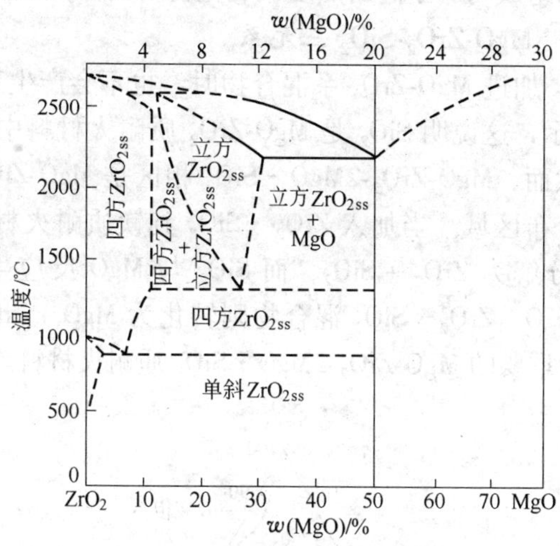

图 3-63 $MgO-ZrO_2$ 二元系相图

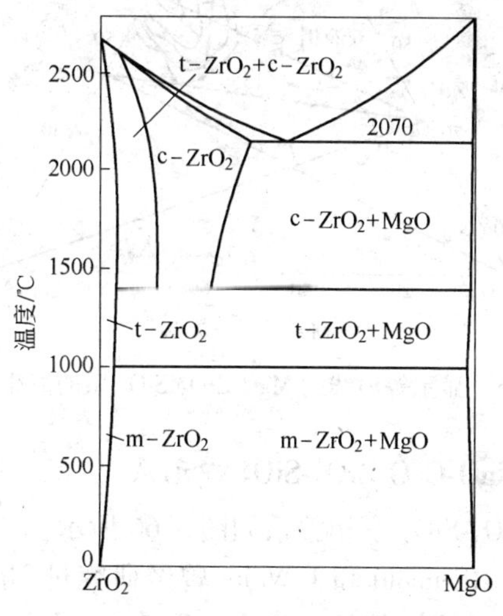

图 3-64 $MgO-ZrO_2$ 二元系相图

二元系中不存在二元化合物。当 ZrO_2 加进 MgO 中时，虽然会使 MgO 的熔融温度下降较快，但二者的最低共熔点温度仍高达 2070℃，对应混合物 49% MgO（摩尔比）和 51% ZrO_2（摩尔比）。说明 $MgO-ZrO_2$

二元系混合物组成均属于高熔点复相氧化物耐火材料系列。

3.5.2.2 MgO-ZrO_2-SiO_2 三元系

当将 SiO_2 加进 MgO-ZrO_2 系混合物时，也不会产生三元化合物，如图 3-65 所示，这说明 SiO_2 是 MgO-ZrO_2 质耐火材料中一种有害的杂质成分。然而，MgO-ZrO_2-$2MgO \cdot SiO_2$ 相区是 MgO-ZrO_2-SiO_2 质耐火材料的相分布区域。当加入 $ZrO_2 \cdot SiO_2$ 到镁质耐火材料中，前者在高温下将分解为 $ZrO_2 + SiO_2$，而 SiO_2 与 MgO 反应生成 $2MgO \cdot SiO_2$。结果 $MgO + ZrO_2 \cdot SiO_2$ 混合物则转化为 $MgO + ZrO_2 + 2MgO \cdot SiO_2$，而成为重要的 MgO-ZrO_2-$2MgO \cdot SiO_2$ 质耐火材料。

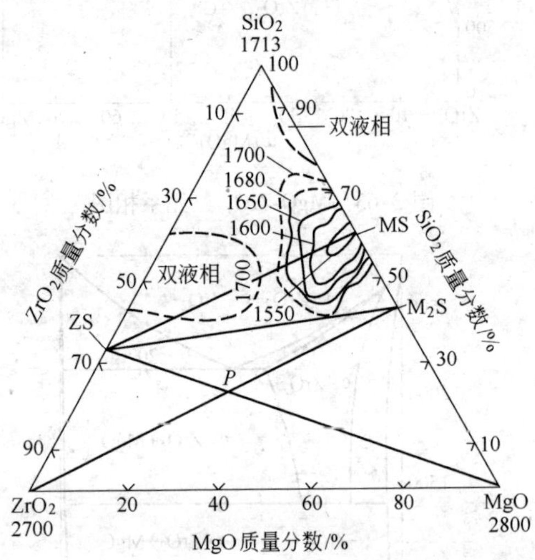

图 3-65 显示等温线的 MgO-ZrO_2-SiO_2 系的液相线表面

3.5.2.3 MgO-CaO-ZrO_2-SiO_2 四元系

MgO-CaO-ZrO_2-SiO_2 系相关系如图 3-66 所示。

S. Deaza，C. Ricamold 和 J. Waite 曾经研究过 MgO-CaO-ZrO_2-SiO_2 四元系中以 MgO 为第一相的相组合。图 3-67 是由 MgO 顶角将 MgO 初晶体积边界向底面三角形 CaO-ZrO_2-SiO_2 的锥形投影，图中示出了该边界面上的液相界限、无变点、液相等温线和被液相边界线划定的第二相（MgO 为第一相）结晶区。在上角小插图中表示的是该四元系统以 MgO 为第一相的六个组成四面体。这六个相组合和它们的固

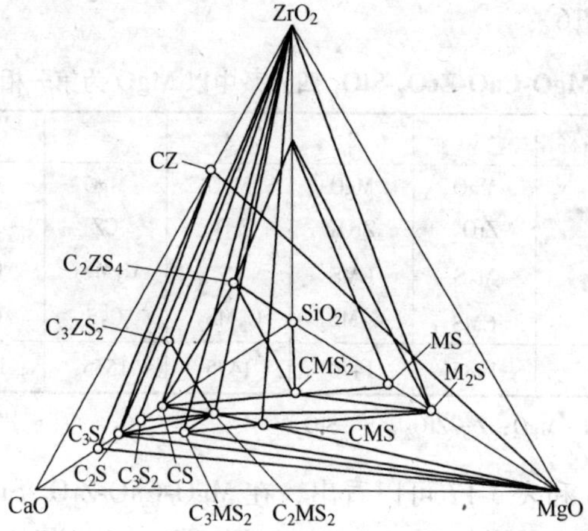

图 3-66　$MgO-CaO-ZrO_2-SiO_2$ 多元系相关系

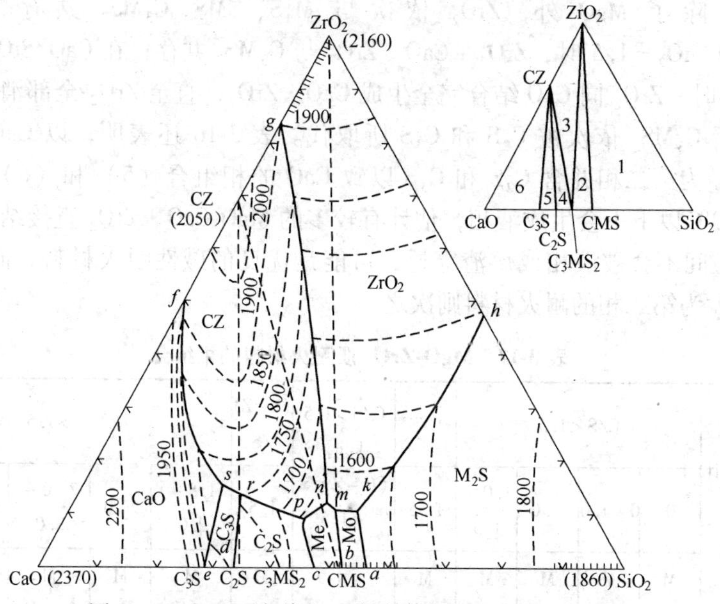

图 3-67　MgO 顶角将 MgO 初晶体积边界向底面三角形 $CaO-ZrO_2-SiO_2$ 的锥形投影

（图中示出相界和等温线，梳形线表示固溶体）

无变量点温度：*a*—1502℃；*b*—1498℃；*c*—1575℃；*d*—1796℃；*e*—1850℃；*f*—1900℃；*g*—约 1950℃；*h*—1780℃；*k*—1485℃；*m*—1470℃；*n*—1475℃；*p*—1555℃；*r*—1710℃；*s*—1740℃

化温度见表 3-16。

表 3-16　$MgO-CaO-ZrO_2-SiO_2$ 四元系中以 MgO 为第一相的相组合

图 3-63 中区域名称	1	2	3	4	5	6
相组合	MgO ZrO_2 M_2S CMS	MgO ZrO_2 CMS C_3MS_2	MgO ZrO_2 CZ C_3MS_2	MgO CZ C_3MS_2 C_2S	MgO CZ C_2S C_3S	MgO CZ C_3S CaO
固化温度/℃	1485	1470	1475	1555	1710	1740

注：C—CaO；M—MgO；Z—ZrO_2；S—SiO_2。

由表 3-16 和表 3-17 可以看出，在 $MgO-CaO-ZrO_2-SiO_2$ 四元系中，CaO/SiO_2 比值由低增加到 1.5（$0 \leqslant CaO/SiO_2 < 1.5$）时，$ZrO_2$ 是稳定的，除了 MgO 外，ZrO_2 依次与 M_2S、CMS、C_3MS_2 共存；在 $CaO/SiO_2 = 1.5$ 时，$ZrO_2 + CaO \cdot ZrO_2$ 与 C_3MS_2 共存；在 $CaO/SiO_2 > 1.5$ 时，ZrO_2 同 CaO 结合完全生成 $CaO \cdot ZrO_2$，直至 ZrO_2 全部消失，然后 C_3MS_2 依次被 C_2S 和 C_3S 所取代。表 3-16 还表明，以 $CaO \cdot ZrO_2$ 为第二相并含 C_2S 和 C_3S 以致 CaO 的相组合（5）和（6）在 1700℃以下不会生成液相，估计有较多的 $MgO-CaO \cdot ZrO_2$ 直接结合，晶粒间不会被液相或熔渣穿透，可能是优良的碱性耐火材料，而以 ZrO_2 为第二相的耐火材料则次之。

表 3-17　$MgO-ZrO_2$ 质耐火材料的相组合

钙硅比	C/S<1.5				C/S	C/S>1.5 同时 (C−Z)/S<1.5	(C−Z)/S	(C−Z)/S>1.5			
	0	0~1.0	1.0	1.0~1.5	1.5		1.5	1.5~2.0	2.0	2.0~3.0	3.0
相组合	M M_2S ZrO_2	M M_2S CMS ZrO_2	M CMS ZrO_2	M CMS C_3MS_2 ZrO_2	M C_3MS_2 ZrO_2	M C_3MS_2 ZrO_2 CZ	M C_3MS_2 CZ	M C_3MS_2 C_2S CZ	M C_2S CZ	M C_2S C_3S CZ	M C_3S CZ

注：M = MgO，C = CaO，Z = ZrO_2，S = SiO_2。

3.5.3 $MgO-ZrO_2$质耐火材料的相组合

表3-16列出了$MgO-CaO-ZrO_2-SiO_2$系中以MgO为第一相的相组合，但那是简化了的组合，实际要比表3-16中列出的相组合复杂；因为线界面的组合也存在。因此，由图3-66和图3-67可以看出，以MgO为主的$MgO-CaO-ZrO_2-SiO_2$系耐火材料的相组合，在$CaO/SiO_2 \leqslant 1.5$时，其相组合由CaO/SiO_2比值决定，但当$CaO/SiO_2 > 1.5$时，其相组合则由CaO/SiO_2和$(CaO-ZrO_2)/SiO_2$共同决定。这就是说：

（1）当$CaO/SiO_2 \leqslant 1.5$时，ZrO_2是稳定的，相组成为MgO、ZrO_2和硅酸盐相。其中，随CaO/SiO_2比值由零增加到1.5时，硅酸盐相则由$2MgO \cdot SiO_2 \rightarrow CaO \cdot MgO \cdot SiO_2 \rightarrow 3CaO \cdot MgO \cdot 2SiO_2$。

（2）当$CaO/SiO_2 > 1.5$时，而$(CaO-ZrO_2)/SiO_2 < 1.5$时，ZrO_2将同CaO结合为$CaO \cdot ZrO_2$相。当CaO含量有限时，相组合则为$MgO + 3CaO \cdot MgO \cdot 2SiO_2 + CaO \cdot ZrO_2$。

（3）当$(CaO-ZrO_2)/SiO_2 \geqslant 1.5$时，$ZrO_2$将同CaO全部结合形成$CaO \cdot ZrO_2$相，直至$ZrO_2$消失；硅酸盐相则随着$(CaO-ZrO_2)/SiO_2$比值增大，由$3CaO \cdot MgO \cdot 2SiO_2 \rightarrow 2CaO \cdot SiO_2 \rightarrow 3CaO \cdot SiO_2$转化。因而材料中的相组合应为$MgO + CaO \cdot ZrO_2 +$硅酸盐相，见表3-17。

通过以上分析，可以认为$MgO-ZrO_2$质耐火材料分为：

（1）$MgO-ZrO_2$-硅酸盐$(2MgO \cdot SiO_2, CaO \cdot MgO \cdot SiO_2, 3CaO \cdot MgO \cdot 2SiO_2)$系耐火材料。

（2）$MgO-ZrO_2-CaO \cdot ZrO_2$-硅酸盐$(3CaO \cdot MgO \cdot 2SiO_2)$系耐火材料。

（3）$MgO-ZrO_2-CaO \cdot ZrO_2$-硅酸盐$(2CaO \cdot SiO_2, 3CaO \cdot SiO_2)$系耐火材料。

但由表3-17看出，$MgO-ZrO_2-2MgO \cdot SiO_2$质和$MgO-CaO-ZrO_2-2CaO \cdot SiO_2/3CaO \cdot SiO_2$质耐火材料的高温性能远优于$MgO-ZrO_2-CaO \cdot MgO \cdot SiO_2/3CaO \cdot MgO \cdot 2SiO_2$质或者$MgO-ZrO_2-CaO \cdot ZrO_2-3CaO \cdot MgO \cdot 2SiO_2$质耐火材料。

3.5.4 $MgO-ZrO_2$质耐火材料的组成和性能

$MgO-ZrO_2$质耐火材料中ZrO_2的存在形态取决于组成中的

CaO/SiO_2比值，见表 3-16：

（1）当 $CaO/SiO_2 \leqslant 1.5$ 时，ZrO_2 为 $fZrO_2$。

（2）当 $CaO/SiO_2 > 1.5$ 时，且$(CaO\text{-}ZrO_2)/SiO_2 < 1$ 时，ZrO_2 则以 $ZrO_2 + CaO \cdot ZrO_2$ 形式存在。

（3）当$(CaO\text{-}ZrO_2)/SiO_2 \geqslant 1.5$ 时，ZrO_2 则以 $CaO \cdot ZrO_2$ 形式存在。

所以 $MgO\text{-}ZrO_2$ 质耐火材料的相组合为：

（1）当 $0 \leqslant CaO \leqslant 1.5$ 时，$MgO\text{-}ZrO_2$ 质耐火材料的矿物相为 $MgO\text{-}ZrO_2$-硅酸盐相（分别为 $2MgO \cdot SiO_2$，$2MgO \cdot SiO_2\text{-}CaO \cdot MgO \cdot SiO_2$，$CaO \cdot MgO \cdot SiO_2$，$CaO \cdot MgO \cdot SiO_2\text{-}3CaO \cdot MgO \cdot 2SiO_2$，$3CaO \cdot MgO \cdot 2SiO_2$）。这说明，当 $0 \leqslant CaO/SiO_2 \leqslant 1.5$ 时及平衡条件下，ZrO_2 不会同材料内的 MgO、CaO 和 SiO_2 反应生成任何其他化合物，而是全部以独立的 ZrO_2 相存在于材料之中。

（2）当 $CaO/SiO_2 = 1.5$ 时，而$(CaO\text{-}ZrO_2)/SiO_2 < 1.5$ 时，$MgO\text{-}ZrO_2$ 质耐火材料的矿物相为 $MgO\text{-}ZrO_2\text{-}CaO \cdot ZrO_2\text{-}3CaO \cdot MgO \cdot 2SiO_2$。这说明，在 $CaO/SiO_2 = 1.5$ 时，$(CaO\text{-}ZrO_2)/SiO_2 < 1.5$ 时，将有部分 ZrO_2 同 CaO 反应生成 $CaO \cdot ZrO_2$。

（3）当$(CaO\text{-}ZrO_2)/SiO_2 \geqslant 1.5$ 时，$MgO\text{-}ZrO_2$ 质耐火材料的矿物相为 $MgO\text{-}CaO \cdot ZrO_2$-硅酸盐相（$3CaO \cdot MgO \cdot 2SiO_2$，$2CaO \cdot SiO_2$，$3CaO \cdot SiO_2$）。这说明，在$(CaO\text{-}ZrO_2)/SiO_2 \geqslant 1.5$ 时，ZrO_2 将全部同 CaO 反应生成 $CaO \cdot ZrO_2$，随着$(CaO\text{-}ZrO_2)/SiO_2$ 提高，硅酸盐相由 $3CaO \cdot MgO \cdot 2SiO_2$ 依次转化为 $2CaO \cdot SiO_2 \rightarrow 3CaO \cdot SiO_2$ 直到剩余 fCaO。

$MgO\text{-}ZrO_2$ 质耐火材料的显微结构如图 3-68 所示。据有关资料报道，在这种耐火材料中，当 ZrO_2 含量少时，ZrO_2（或者 $CaO \cdot ZrO_2$）晶粒弥散分布于 MgO 晶粒内（很少）和晶界中（绝大部分）。随着 ZrO_2 含量的增加，逐渐向 ZrO_2（或者 $CaO \cdot ZrO_2$）晶粒和 MgO 晶粒集合体交错分布的结构过渡，同时 MgO 晶粒尺寸明显减小。这很类似于我们在 MgO-CaO 质耐火材料中所观察到的在三相（MgO、CaO 和 L）范围内，当一种晶粒长大得缓慢时，另一种晶粒就长大得快。而且第二相的抑制效应则随着其量的增加而变大。

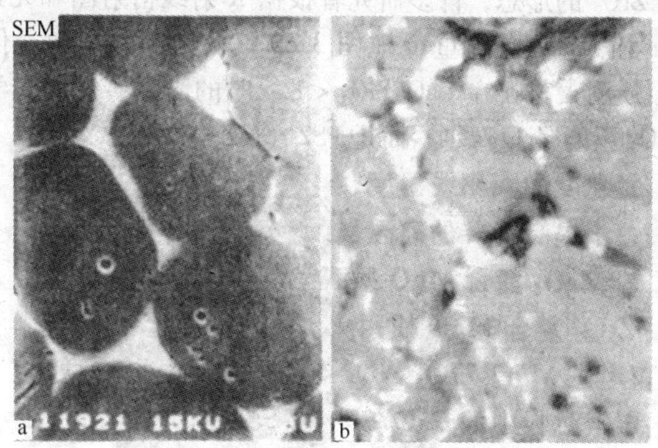

图 3-68 MgO-ZrO_2 质耐火材料的显微结构
a—扫描电镜照片；b—光学显微镜照片

可见，MgO-ZrO_2 质耐火材料的显微结构明显地随 ZrO_2 含量的增加而变化。下面仅以 MgO-ZrO_2-硅酸盐系统为例来分析 MgO-ZrO_2 质耐火材料的显微结构。

当 ZrO_2 含量为 5% 时的 MgO-ZrO_2 质耐火材料（$CaO/SiO_2 < 1.5$），ZrO_2 颗粒呈球形且尺寸很小，多数分布于 MgO 颗粒内部。由于固溶作用，增加了该耐火材料在高温下的扩散速度，包裹气孔比镁质耐火材料（无 ZrO_2 时）少得多。而方镁石晶粒大小则与后者相近。ZrO_2 的加入促进了烧结过程中气孔向晶界的迁移和排除。对于 2% ~5% ZrO_2 的 MgO-ZrO_2 质耐火材料而言，ZrO_2 颗粒是呈不规则形状的团聚体，包裹在 MgO 晶粒内的 ZrO_2 粒子趋于消失，且随着 ZrO_2 含量增加，ZrO_2 团聚体尺寸增大，与 MgO 晶粒交错分布，形成 MgO 和 ZrO_2 二相结构。由于 ZrO_2 含量增加，且主要分布于晶界，ZrO_2 晶粒对 MgO 晶界的迁移有一定的促进作用，MgO 晶粒尺寸明显小于 ZrO_2 含量为 0 和 5% 的材料。ZrO_2 晶粒的长大过程是通过 MgO 晶界的迁移，将处于晶界的 ZrO_2 聚结在一起，小的 ZrO_2 晶粒经扩散或熔解沉积过程而消失，较大的 ZrO_2 晶粒逐步长大，在 MgO 颗粒间形成 ZrO_2 晶粒团聚体。

关于 ZrO_2 的形态，许多研究者根据 X 射线衍射图和元素分布图得出的 Zr 和 Ca 元素的重合（图 3-69）认为是 C-ZrO_2。作者根据 MgO-ZrO_2 质耐火材料在 $CaO/SiO_2<1.5$ 时的光学鉴定和光学性能却得出，ZrO_2 不全是 C-ZrO_2，而是 PSZ（u-ZrO_2）。

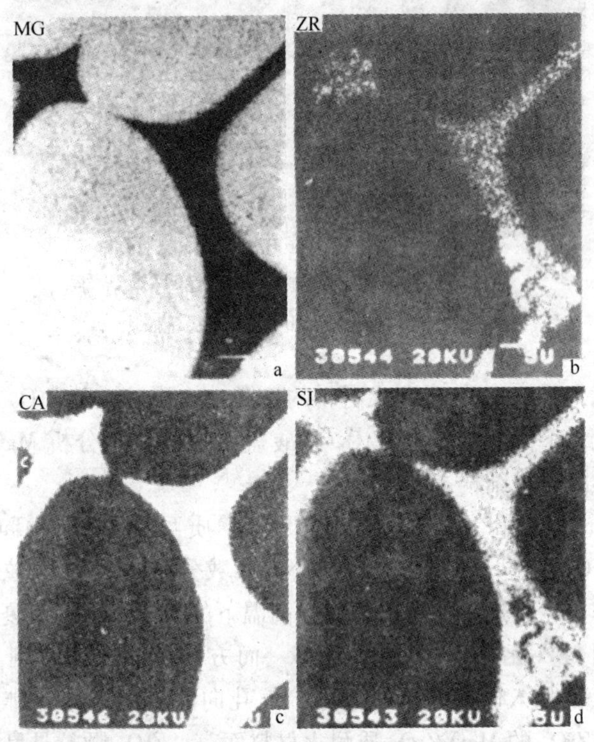

图 3-69 MgO-ZrO_2 复合耐火材料的元素分布

当 MgO-ZrO_2 质耐火材料中 $CaO/SiO_2>1.5$ 且 $(CaO\text{-}ZrO_2)/SiO_2\geqslant 1.5$ 时，ZrO_2 将全部同 CaO 结合生成 CaO · ZrO_2，因而该系统在 1700℃以下不会产生液相（表 3-16）。显然，这种 MgO-ZrO_2 质耐火材料的相组成中会有较多的 MgO-CaO · ZrO_2 直接结合，晶粒间不易被液相或熔渣渗透，因而这种 MgO-ZrO_2 质耐火材料属于性能优良的 MgO-ZrO_2 质耐火材料系列。这类耐火材料中 ZrO_2 的配入量应满足：

$$(CaO\text{-}ZrO_2)/SiO_2 \geqslant 1.5 \qquad (3\text{-}16)$$

或者 $$ZrO_2 \leqslant CaO-1.5SiO_2 \tag{3-17}$$

在这种耐火材料中，如果不含 Al_2O_3 和 Fe_2O_3 时，其液相出现的温度高达1710℃，但如果还含 Al_2O_3 和 Fe_2O_3（往往如此），液相出现温度即会严重降低。

研究结果表明，当 $MgO-ZrO_2$ 质耐火材料中 ZrO_2 满足式（3-17）给出的条件时，并且次晶相为 $CaO \cdot ZrO_2 + 2CaO \cdot SiO_2$ 时，可以获得最大高温强度值，如图 3-69 所示。该图是 R. K. Gbose 和 J. White 等人所测得的结果。这种 $MgO-ZrO_2$ 质耐火材料的基质是采用高纯镁砂(0.36 SiO_2,0.08 Al_2O_3,0.08 Fe_2O_3,1.01 CaO 和0.03 B_2O_3）并配有 ZrO_2 和调节 CaO/SiO_2 比值的 $CaCO_3$ 和 μfSiO_2，而整体材料则按粗：中：细 = 50：20：30(颗粒料为高纯镁砂)，最后的化学组成为2.73% 和 5.79% ZrO_2，0.33% 和 2.1% SiO_2，$(CaO-ZrO_2)/SiO_2$ = 0.94 ~4.18，$CaO \cdot ZrO_2$ 最高为8.5%。

图3-69表明，尽管 SiO_2 含量波动很大，造成高温强度值数据分散。但是，各曲线都在$(CaO-ZrO_2)/SiO_2 \approx 2.2$ 时通过最高点。进一步研究则得出，最大高温（1500℃和1600℃）强度值发生在$(CaO-ZrO_2)/SiO_2 \approx 2.2 \sim 2.5$ 的时候。这种情况可由部分 CaO 固溶于 MgO 中而导致$(CaO-ZrO_2)/SiO_2$ 比值移向偏大一侧。

3.5.5 $MgO-ZrO_2$ 砂的合成

$MgO-ZrO_2$ 砂合成的方法有两种，即烧结合成法和电熔合成法。

3.5.5.1 烧结合成 $MgO-ZrO_2$ 砂

烧结合成 $MgO-ZrO_2$ 砂是将轻烧 MgO 和 ZrO_2 原料按设计要求混合—细磨—成球/压块—高温烧结的工艺而制得的。在烧结过程中，ZrO_2 将按配料中的 CaO/SiO_2 比值不发生反应（在 $CaO/SiO_2 < 1.5$ 时）或同 CaO 反应形成 $CaO \cdot ZrO_2$(在 $CaO/SiO_2 \geqslant 1.5$ 时)。后者是首先吸收 CaO 形成 C-ZrO_2，然后再同多余的 CaO 反应生成 $CaO \cdot ZrO_2$：

$$CaO + ZrO_2 \longrightarrow 3CaO \cdot ZrO_2 \tag{3-18}$$

通过烧结法制得 $MgO-ZrO_2$ 砂，具有均匀的显微结构，图3-70示

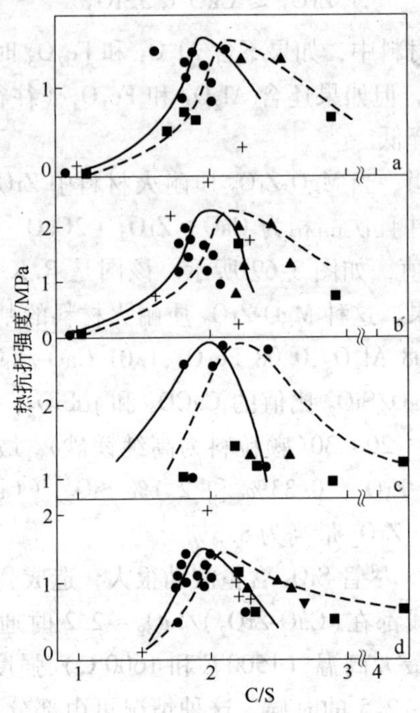

图 3-70 含有镁砂-A 的混合物的热抗折强度（MPa）与有效 C/S 的关系

a—烧成温度 1600℃，试验温度 1500℃；b—烧成温度 1700℃，试验温度 1500℃；
c—烧成温度 1760℃，试验温度 1500℃；d—烧成温度 1700℃，试验温度 1600℃

● —2.0% ~2.14% SiO_2；▲ —1.42% ~1.69% SiO_2；▼ —1.26% SiO_2；

■ —0.35% SiO_2； + —2.0% ~2.2% SiO_2，1.3% Fe_2O_3

（虚线和空心符号表明同样数据与硅酸盐中估计的 C/S 的关系）

出了一个重要例子（表 3-18 列出了其化学成分、性能和矿物组成）。由图 3-71 看出，方镁石主晶相呈圆滑表面的多边形晶体，尺寸均匀，一般在 50 ~150μm 之间，一些较小（小于 50μm）晶体填充孔隙或大晶体之间，结构致密，晶界紧密接触；方镁石晶体之间分布十分均匀的 ZrO_2 和 $CaO \cdot ZrO_2$（图 3-71a），两种固相互相胶结。由图 3-71b 看出，MgO-ZrO_2 砂结构相当致密，显微结构的特点是：几乎没有多少贯通气孔，仅分布少许近乎圆形的封闭气孔（小于 30μm）。

表 3-18 高纯烧结镁锆砂与电熔镁锆砂理化性能比较

项目		高纯烧结镁锆砂	日本电熔镁锆砂		
			1	2	3
ZrO_2 加入量/%		3	3	6	9
化学成分/%	MgO	95.5	97.26	96.27	93.97
	ZrO_2	2.9	2.1	3.47	5.66
	CaO	1.0	0.12	<0.01	0.08
	Fe_2O_3	0.45	0.18	0.13	0.13
体积密度/$g \cdot cm^{-3}$		3.30	3.49	3.53	3.52
显气孔率/%		3.0	3.6	2.4	3.1
晶粒尺寸/μm		150	190	124	71
矿物组成	MgO	特强	特强	特强	特强
	ZrO_2	稍强	稍强	稍强	强
热震稳定性（1100℃水冷）		好	差	差	差

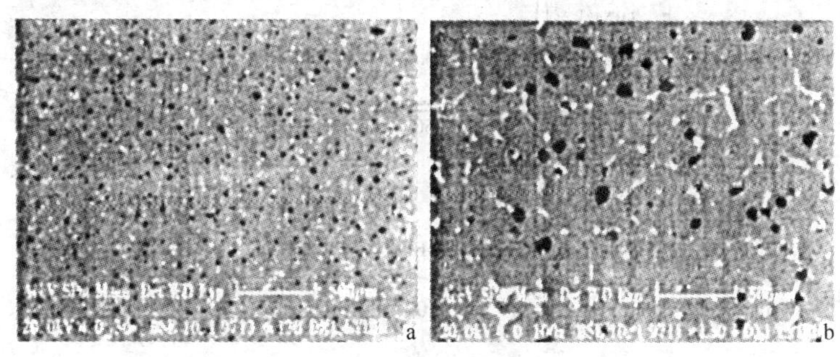

图 3-71 $MgO-ZrO_2$ 砂显微结构

图 3-72 为局部晶间结构的细节。该图表明，合成 $MgO-ZrO_2$ 砂优于海水镁砂，其结合相为 ZrO_2, $ZrO_2 + CaO \cdot ZrO_2$（组成见图 3-73 和图 3-74），$CaO \cdot ZrO_2$ 完全改善了晶界的状态，表明更能确保这种材料的耐火性能和抗侵蚀性能。

少量 ZrO_2 加入 MgO 中的另一个效果是促进了方镁石晶体长大。例如，日本曾经在生产大晶粒海水镁砂时，通过加入少量 ZrO_2 时成

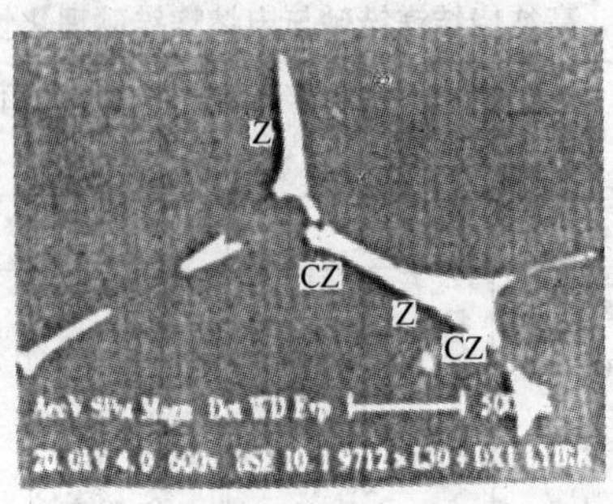

图 3-72 烧结 $MgO-ZrO_2$ 砂局部晶间结构

Z—ZrO_2 结合相；CZ—锆酸钙（$CaZrO_3$）

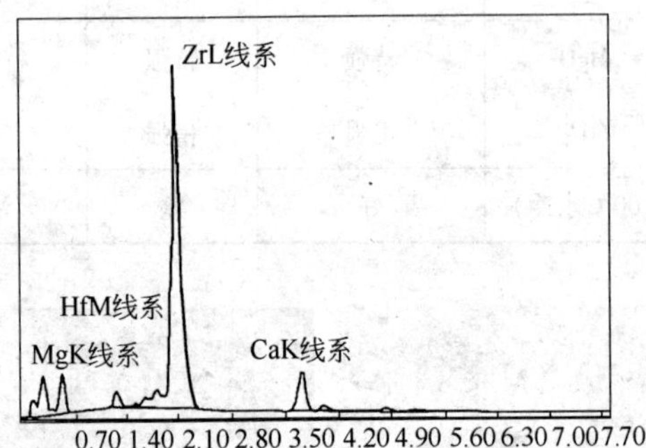

氧化物化学成分	w_B/%	x_B/%	K-Ratio	Z	A	F
MgO	2.49	6.77	0.0076	1.1103	0.4511	1.0068
HfO_2	3.38	1.76	0.0240	0.8414	0.9928	1.0005
ZrO_2	84.34	75.02	0.5421	0.9060	0.9575	1.0008
CaO	7.75	15.16	0.0457	1.0874	0.7570	1.0009
IL	2.03	1.29	0.0134	0.8443	0.9571	1.0009
总计	100.0	100.0				

图 3-73 结合相 ZrO_2 的组成

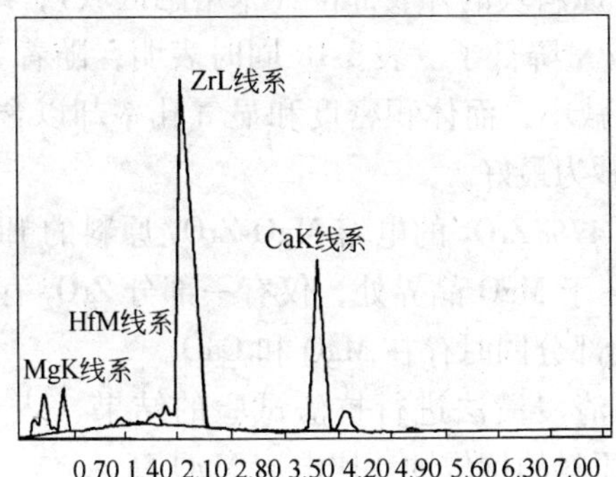

氧化物 化学成分	w_B/%	x_B/%	K-Ratio	Z	A	F
MgO	1.13	2.59	0.0034	1.0861	0.4511	1.0060
HfO_2	3.20	1.41	0.0227	0.8232	1.0140	1.0005
ZrO_2	69.00	51.91	0.4415	0.8833	0.9756	1.0029
CaO	26.67	44.08	0.1612	1.0622	0.7961	1.0002
总计	100.0	100.0				

图 3-74 结合相 $CaZrO_3$ 的组成

功地将原来约 50μm 的方镁石晶粒提高到 100μm，其原因是在三相（二固相 $MgO + ZrO_2$ 或 $MgO \cdot ZrO_2/CaO \cdot ZrO_2$ 或 $MgO + CaO \cdot ZrO_2$ 和一个液相）范围内，由于少量次晶相对于主晶相（MgO）晶体长大有促进作用，结果发生一种晶体（主晶相）长大得快，而另一种晶体（次晶相）长大得慢，而且次晶相量越小，其促进作用就越大。相反，随着抑制相（次晶相）量的增加，其促进效应减少，因为分布在方镁石晶界处的 ZrO_2、$CaO \cdot ZrO_2$ 会抑制方镁石晶体长大。

3.5.5.2 电熔 $MgO-ZrO_2$ 砂

电熔 $MgO-ZrO_2$ 砂是通过电弧炉生产出来的，表 3-18 列出了在 MgO 原料中添加 3%、6% 和 9% 的 ZrO_2，并在间歇式电弧炉中熔融所获得的电熔 $MgO-ZrO_2$ 砂，表 3-18 表明，粉碎成适当粒度后的电熔 $MgO-ZrO_2$ 原料中，ZrO_2 的化学成分与原料中添加量相比，其含量有所降低（降低约 30%～40%）。通过对 $MgO-ZrO_2$ 原料块的观察发现，

ZrO_2 大多聚集于原料块的外表部位（未熔融区域），结果则导致熔融部位中的 ZrO_2 含量降低了。表 3-18 同时表明，随着 ZrO_2 含量增加，方镁石晶粒尺寸减小，而体积密度和显气孔率却以含 3.47% ZrO_2 的电熔 MgO-ZrO_2 砂为最好。

通过对含 3.47% ZrO_2 的电熔 MgO-ZrO_2 原料的 EPMA 测定得出：大部分 ZrO_2 存在于 MgO 晶界处，仅有一部分 ZrO_2 存在于 MgO 晶粒内，ZrO_2 存在的部分同时存在 MgO 和 CaO。

采用高频炉渣浸渍法进行抗渣试验的结果（表 3-19）则表明，电熔 MgO-ZrO_2 原料的抗侵蚀性比电熔 MgO 高。

表 3-19 侵蚀试验结果

项 目	1	2	3	电熔 MgO
ZrO_2/%	(2.1)	(3.47)	(5.66)	(比较)③
蚀损指数（C/S = 1.2）①	98	82	86	100
蚀损指数（C/S = 3.0）②	99	88	94	100

①渣（C/S = 1.2，Al_2O_3 = 2，总 Fe = 18）；温度：1650℃；时间：15min。

②渣（C/S = 3.0，Al_2O_3 = 2，总 Fe = 18）；温度：1650℃；时间：15min。

③ 99.05 MgO，小于 0.01 ZrO_2，0.50 CaO，0.08 Fe_2O_3，3.47 B. D，3.0 AP，d = 500μm。

其中以含 3.47% ZrO_2 者为最好（表 3-19）。EPMA 测定结果表明，渣浸后的 MgO-ZrO_2 原料中存在 ZrO_2 外也有 SiO_2 存在（原料渣浸前没有 SiO_2）。这就说明，渣中 SiO_2 和 CaO 成分虽然通过晶界浸入内部，但由于有 ZrO_2 存在，结果则抑制了 SiO_2 同 MgO 反应生成低熔相，而提高了 MgO-ZrO_2 原料的抗侵蚀性能。最近，杨秀丽和李冰等人采用含 10.03% ZrO_2 的 MgO-ZrO_2 质耐火材料进行抗侵蚀试验。他们从两种不同的炉渣（CaO/SiO_2 = 1.48，37.33% Al_2O_3 和 CaO/SiO_2 = 1.96，26.99% Al_2O_3）使用静态坩埚法对 MgO-ZrO_2 砖抗侵蚀性进行研究得出：两种炉渣对 MgO-ZrO_2 砖的侵蚀情况略有不同，其侵蚀机理为：渣中 CaO 与砖中 ZrO_2 发生反应生成高熔点物相 CaO · ZrO_2，并在方镁石晶间形成了致密保护层，从而阻止了渣对 MgO-ZrO_2 砖的继续侵蚀。这表明，MgO-ZrO_2 质耐火材料具有良好的抗渣性，因而可提高使用寿命。然而，如表 3-20 所示，以电熔

$MgO-ZrO_2$砂为原料生产的 $MgO-ZrO_2-C$ 试样却不能增加抗渣性。通过对试验后的残余试样的显微结构研究发现，$MgO-ZrO_2$ 砂中方镁石晶界处（ZrO_2 粒子存在部位）崩毁严重。原因被认为是与 ZrO_2 和碳以及金属反应有关。

表 3-20 试样的性质

项 目	A	B
MgO		75
$MgO-ZrO_2$（试样 2）	75	
碳	20	20
Al-Mg	5	5
结合剂	+a	+a
体积密度/$g \cdot cm^{-3}$	2.89	2.84
显气孔率/%	4.0	4.2
抗折强度(1400℃)/MPa	14.4	13.1
蚀损指数(C/S=1.2)①	103	100
蚀损指数(C/S=3.0)②	106	100

①渣（C/S=1.2，Al_2O_3=2+总 Fe=18）；温度：1650℃；时间：4h。
②渣（C/S=3.0，Al_2O_3=2+总 Fe=18）；温度：1650℃；时间：4h。

通过以上讨论可以得出如下结论：

（1）含 3.5%ZrO_2 的电熔 $MgO-ZrO_2$ 原料的体积密度大，显气孔率低，组织结构致密。

（2）随着 ZrO_2 含量增加，电熔 $MgO-ZrO_2$ 原料中方镁石晶体尺寸减小。

（3）$MgO-ZrO_2$ 砂中的 ZrO_2 成分主要存在于 MgO 晶界处，而晶内却相当少。

（4）在 CaO/SiO_2 为 1.2~3.0 的熔渣条件下，ZrO_2 为 3.5% 的电熔 $MgO-ZrO_2$ 原料的耐蚀性能最好。

（5）对用后 $MgO-ZrO_2$ 残余试样的显微结构研究发现，由于 ZrO_2 的存在抑制了渗透的 SiO_2 成分同 MgO 的反应生成 CMS 和 C_3MS_2 等低熔点相的可能，因而提高了耐蚀性能。

(6) 不过，以 $MgO-ZrO_2$ 砂为原料生产 $MgO-ZrO_2-C$ 砖时则不能进一步提高 MgO-C 质耐火材料的耐蚀性能。

3.6 $MgO-TiO_2$ 质耐火材料

3.6.1 概述

20 世纪初，A·C·别列日诺就提出以 TiO_2 或者钛铁矿（FeO·TiO_2）作为烧结剂，以活性 MgO 为原料，在回转窑内生产致密的烧结镁砂。随后又证实，只要向镁砂混合料中添加约 3% 的 TiO_2 以及 5% 的活性 MgO 即可制得致密镁质耐火制品。例如，当采用冶金镁砂混合料与加入 3% TiO_2 和 5% 活性 MgO，经 45MPa 压力成型的试样于 1600℃烧成的镁质耐火砖，其 CCf 为 110MPa，B. D 为 3.04g/cm^3，AP 为 12.8%，t_0 为 1550℃。

后来，П·С·马梅金和П·Н·嘉奇柯夫等人较为详细地介绍了以 TiO_2 或 FeO·TiO_2 为烧结剂生产的高密度（AP 不超过 8%）镁质耐火制品的方法。高致密镁质耐火制品是通过将冶金镁砂与烧结促进剂 1.0%~1.5% TiO_2 或 FeO·TiO_2 共同细磨至 -200mesh 达 95% 的共磨粉成型/压块于 1250~1350℃烧成所获得镁砂制成混合料，用 80MPa 压力压成试样后，在低于 1650~1720℃的条件下烧成所获得的产品，其指标为 CCf 为 174~280MPa，B. D 为 3.20~3.30 g/cm^3，AP 为 0.7%~6.4%，热震稳定性：水冷两次出现裂纹，1650℃ ×2h，PLC 为 0.1%~0.4%。

由于上述耐火制品在烧成中需要单层码砖，从而导致工艺复杂等制品本身的固有缺点，所以这类高致密镁质耐火制品并未获得推广应用。

尽管如此，TiO_2 用于碱性耐火材料却一直受到工艺家注意。其原因是在镁砂中添加少量 TiO_2 时可以提高它们的抗水化性以及在镁质坩埚中引入少量 TiO_2 可以大大降低气孔率。而向镁质耐火材料中配入多量 TiO_2 以生产 $MgO-TiO_2$ 质耐火材料则是 20 世纪 90 年代以后的事情。这类 $MgO-TiO_2$ 质耐火材料具有特殊的性能，因而在某些特定的条件应用可获得较好的使用效果。

3.6.2 $MgO-TiO_2$ 质耐火材料中的固相关系

$MgO-TiO_2$ 二元系相图如图 3-75 所示。在该二元系中，形成了三个二元化合物：$MgO \cdot 2TiO_2$（$T_s = 1652℃$），$MgO \cdot TiO_2$（$T_s = 1630℃$）和 $2MgO \cdot TiO_2$（$T_s = 1732℃$）。它们都是耐火度高的，其中 $2MgO \cdot TiO_2$ 最高，属于尖晶石族矿物（为了叙述方便，可简写为 Spinel（Ti））。所谓 $MgO-TiO_2$ 质耐火材料，也可称之为方镁石-镁钛尖晶石质耐火材料。

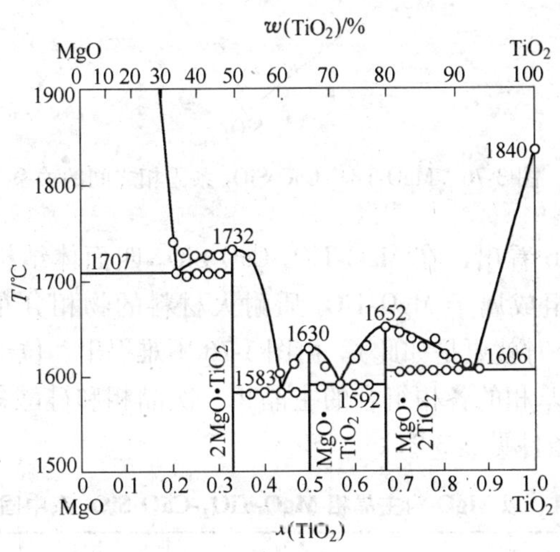

图 3-75 $MgO-TiO_2$ 二元系相图

如所了解的，Spinel（Ti）在高温下可固溶于 MgO 中，而温度下降后又会从方镁石中脱溶出来，但由于其固溶量有限，所以图 3-75 中并未标出。通常，MgO-Spinel（Ti）质耐火材料都是使用镁砂和含 TiO_2 材料所制造的。由于镁砂中含有 CaO、SiO_2、Al_2O_3 和 Fe_2O_3 等杂质成分，因而它们属于六元系。在这个六元系中，当 $CaO/SiO_2 < 2$ 时，Al_2O_3 和 Fe_2O_3 可固溶于 MgO-Spinel（Ti）中。在这种情况下，该六元系即可简化为 $MgO-TiO_2-CaO-SiO_2$ 四元系。图 3-76 所示为 $MgO-TiO_2-CaO-SiO_2$ 系固相之间的关系。

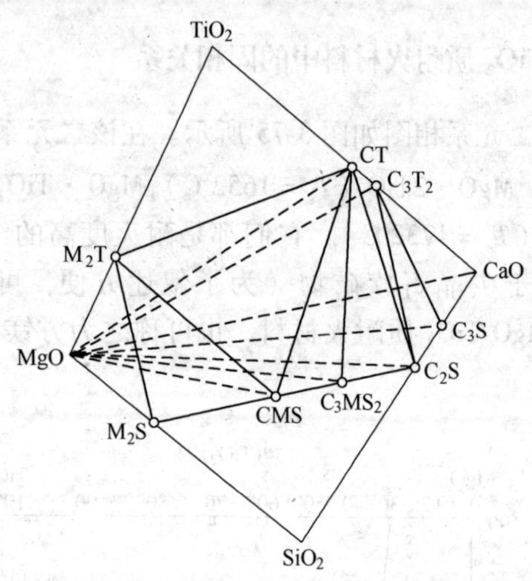

图 3-76 $MgO-TiO_2-CaO-SiO_2$ 系固相之间的关系

由图 3-76 看出，在 $MgO-TiO_2-CaO-SiO_2$ 四面体结构中位于 MgO 顶角附近的组成属于 $MgO-TiO_2$ 质耐火材料的物相分布区域（对于 $CaO/SiO_2<2$ 时就更是如此）。由图 3-76 不难得出，位于 MgO 顶角附近以 MgO 为基相的各相组合的主晶相、次晶相和硅酸盐相的变化及其所要求的条件见表 3-21。

表 3-21 以 MgO 为主晶相 $MgO-TiO_2-CaO-SiO_2$ 系中固相关系

条件		主晶相	次晶相（固相）	硅酸盐相
$C/S=0$		M	M_2T	M_2S
$0<C/S<1.0$		M	M_2T	M_2S CMS
$C/S=1.0$		M	M_2T	CMS
当 $C/S>1.0$ 时	$(C-T)/S<1.0$	M	M_2T CT	CMS
	$(C-T)/S=1.0$	M	CT	CMS
	$1.0<(C-T)/S<1.5$	M	CT	CMS C_3MS_2
	$(C-T)/S=1.5$	M	CT	C_3MS_2
	$1.5<(C-T)/S<2.0$	M	CT	C_3MS_2 C_2S
	$(C-T)/S=2.0$	M	CT	C_2S
$(C-T)/S>2.0$ 且 $(C-1.5T)/S<2.0$		M	CT C_3T_2	C_2S
$(C-1.5T)/S=2.0$		M	C_3T_2	C_2S
$2.0<(C-1.5T)/S<3.0$		M	C_3T	C_2S C_3S
$(C-1.5T)/S=3.0$		M	C_3T	C_3S

当 $CaO/SiO_2 \leqslant 1.0$ 时，$MgO-TiO_2$ 质耐火材料的相组合取决于 CaO/SiO_2，而当 $CaO/SiO_2 > 1.0$ 时，情况较为复杂，因为这时 $MgO-TiO_2$ 质耐火材料的相组合还取决于 $(CaO-TiO_2)/SiO_2$ 或者 $(CaO-1.5TiO_2)/SiO_2$（表3-21）。

由表3-21可见：

（1）当 $CaO/SiO_2 \leqslant 1.0$ 时，$MgO-TiO_2-CaO-SiO_2$ 系中矿物相为 $MgO-2MgO \cdot TiO_2-2MgO \cdot SiO_2$ 和/或 $CaO \cdot MgO \cdot SiO_2$，属于方镁石-镁钛尖晶石质耐火材料。

（2）当 $CaO/SiO_2 > 1.0$ 且 $(CaO-TiO_2)/SiO_2 < 1.0$ 时，$MgO-TiO_2-CaO-SiO_2$ 系中矿物相为 $MgO-2MgO \cdot TiO_2-CaO \cdot TiO_2-CaO \cdot MgO \cdot SiO_2$，属于含 $CaO \cdot TiO_2$ 的方镁石-镁钛尖晶石质耐火材料。

（3）当 $1.0 \leqslant (CaO-TiO_2)/SiO_2 \leqslant 2.0$ 时，$MgO-TiO_2-CaO-SiO_2$ 系中矿物相为 $MgO-CaO \cdot TiO_2-3CaO \cdot MgO \cdot 2SiO_2$ 和/或 $2CaO \cdot SiO_2$，属于含 $MgO-CaO \cdot TiO_2$ 质耐火材料。

（4）当 $(CaO-TiO_2)/SiO_2 > 2.0$ 且 $(CaO-1.5TiO_2)/SiO_2 < 2.0$ 时，$MgO-TiO_2-CaO-SiO_2$ 系中矿物相为 $MgO-CaO \cdot TiO_2-3CaO \cdot 2SiO_2-2CaO \cdot SiO_2$，属于含 $MgO-CaO \cdot TiO_2-3CaO \cdot 2TiO_2$ 质耐火材料。

（5）当 $2.0 < (CaO-1.5TiO_2)/SiO_2 \leqslant 3.0$ 时，$MgO-TiO_2-CaO-SiO_2$ 系中矿物相为 $MgO-3CaO \cdot TiO_2-2CaO \cdot SiO_2$ 和/或 $3CaO \cdot SiO_2$，属于含 $MgO-3CaO \cdot 2TiO_2$ 质耐火材料。

对于 MgO-Spinel（Ti）质耐火材料来说，当其 $CaO/SiO_2 \leqslant 1.0$ 时，由于硅酸盐相为 $2MgO \cdot SiO_2$ 和/或 $CaO \cdot MgO \cdot SiO_2$，前者熔点温度为1860℃比后者熔点温度为1492℃高得多，因而说明当 $CaO/SiO_2 < 0.5$ 时可以获得高耐火度和高的高温强度的 MgO-Spinel（Ti）质耐火材料。

对于含 $CaO \cdot TiO_2$ 的 MgO-Spinel（Ti）质耐火材料来说，由于所含硅酸盐相为 $CaO \cdot MgO \cdot SiO_2$，其熔点温度仅1492℃，说明它对材料高温性能的危害较大，所以选择高纯原料特别是低硅镁砂是设计这类耐火材料组方的最优选择之一。

3.6.3 关于 TiO_2 促进 MgO 的烧结

如前所述，MgO 具有熔点高，抗渣性强的优点，所以作为碱性耐火材料，其应用十分广泛。但却存在难烧结和吸水性的缺陷。

为了提高 MgO 烧结性降低烧结温度，一个普遍的解决办法是通过添加 TiO_2 等外加剂来改善其烧结性和抗水化性。

TiO_2 促进 MgO 烧结可以举出钛精矿粉促进天然菱镁矿粉料烧结的例子。原料化学成分见表 3-22，其结果则列入图 3-77 中。

表 3-22 原料化学成分

名称	化学成分，w/%					
	MgO	CaO	SiO_2	Al_2O_3	Fe_2O_3	TiO_2
菱镁矿	47.30	0.59	0.57	0.14	0.22	—
钛精矿	5.76	0.93	2.45	1.29	5.59	47.14

图 3-77 表明，钛精矿添加量达到 0.5% 时，可明显提高镁砂的体积密度，此后再增加量其作用则较少了。

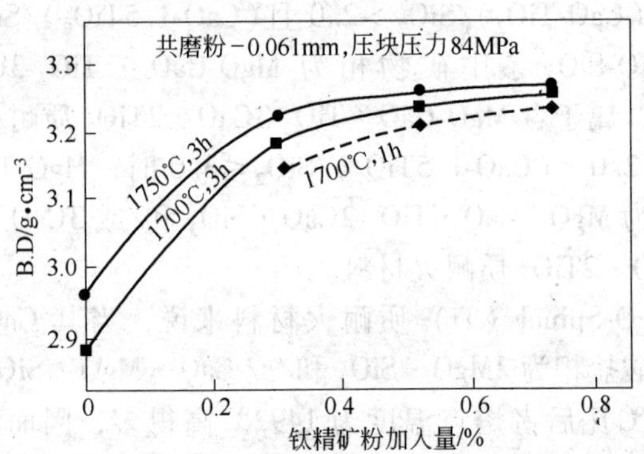

图 3-77 钛精矿粉加入量对菱镁矿粉烧结试样体积密度的影响

烧结试样的显微结构照片如图 3-78 所示。该图表明，$2MgO \cdot TiO_2$ 分布于方镁石的晶界处，二者牢固结合，其直接结合程度发达，几乎见不到硅酸盐相。

$2MgO \cdot TiO_2$ 在烧结过程中，是由式（3-19）反应获得的：

$$2(FeO \cdot TiO_2) + MgO + \frac{1}{2}O_2 \longrightarrow 2MgO \cdot TiO_2 + MgO \cdot Fe_2O_3 \quad (3\text{-}19)$$

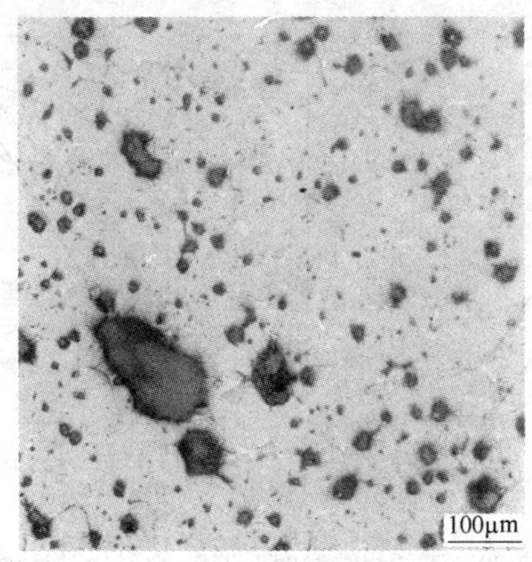

图 3-78 钛精矿促进天然菱镁矿烧结的镁砂显微结构照片

然后同方镁石形成间隙固溶体，在冷却中脱溶。

不过，采用粉末状 TiO_2 或含钛材料时，添加少量却难以使组织均匀和致密化。相反，若添加量过多，在烧结过程中，由于添加物与 MgO 发生反应，生成过多的基质为低熔点的化合物，这会影响镁砂的高温性能，降低其抗渣性。

为了解决上述问题，采用将 MgO 细粉表面涂覆少量的钛系有机化合物的办法，如 T-50{$Ti[OCH(CH_3)_2][OC(CH_3)CHCOCH_3]_2$}等。

在烧结 MgO 粉体中加入 0 ~ 0.5% 的 TiO_2 涂层剂，经 1400 ~ 1600℃，2h 烧结的试样，其结果如图 3-79a 所示。图中表明，无 TiO_2 和 0.1% TiO_2 的试样在 1400℃时几乎没有烧结，而加 0.5% TiO_2 的试样，其体积密度则达到 3.0g/cm^3。在 1500 ~ 1600℃烧结后，涂层量为 0.3% 以下的试样，体积密度逐渐提高；1500℃烧结体由 2.1g/cm^3 增至 3.2g/cm^3，1600℃ 烧结体由 2.6g/cm^3 增至 3.3g/cm^3。而涂层量提高到 0.5% 时却不能继续明显地提高烧结体的体积密度。

与试样体积密度对应的显气孔率指标也显示出同样的趋势，如图 3-79b 所示，图中表明，无 TiO_2 涂层和 0.1% TiO_2 涂层的试样是很难烧结的。而添加 0.3% 和 0.5% TiO_2 涂层的试样，其显气孔率仅为

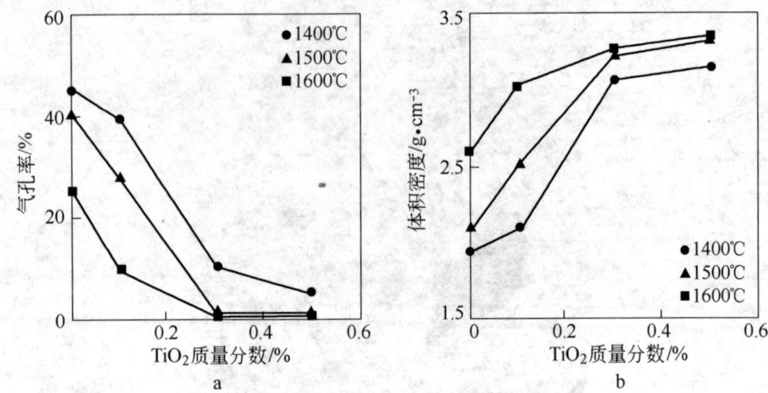

图 3-79　不同烧结温度下 TiO_2 涂层量对氧化镁烧结体体积密度和气孔率的影响

10% ~ 5%，说明 MgO 已充分烧结了。在 1500 ~ 1600℃ 烧结后，1500℃烧结的 0 ~ 0.3% TiO_2 涂层的试样的显气孔率为 41% ~ 2%；1600℃烧结的同材质试样的显气孔率则为 25% ~ 1%。而涂层量提高到 0.5% 的试样，1600℃烧结后的显气孔率亦为 1%。

上述结果说明，以 T-50 作为 MgO 烧结促进的涂层剂时，其 TiO_2 涂层添加量为 0.3% TiO_2 就已足够了。

图 3-80 所示为从室温到 1700℃ 机压 MgO 粉体试样的收缩结果。该图表明，TiO_2 包裹的 MgO 试样比未被 TiO_2 包裹的同材质试样的收缩大，表明它烧结进行得激烈。

当以图 3-80 的结果为基准绘制阿雷尼斯活化能曲线图时，可得图 3-81。

比较图 3-81 中各曲线看出，添加 0.1% 和 0.5% TiO_2 涂层的试样在 1700℃ 内的烧结存在三个阶段，这与池末明生等人研究活性 MgO 烧结的结果是一致的，但由于两种 MgO 粉体的活性差异较大，因而烧结温度范围也有较大差距。相反，在 1700℃ 以内，未添加 TiO_2 涂层的同材质试样，仅出现两个阶段，还未出现第三个阶段。这说明该种 MgO 粉体试样烧结第三个阶段的温度应高于 1700℃。由此则说明 MgO 粉体中添加 TiO_2 涂层能显著地促进烧结。

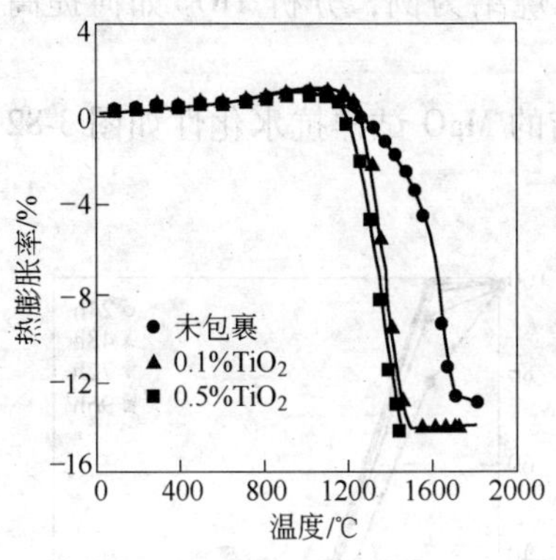

图 3-80 氧化镁致密化的烧结收缩

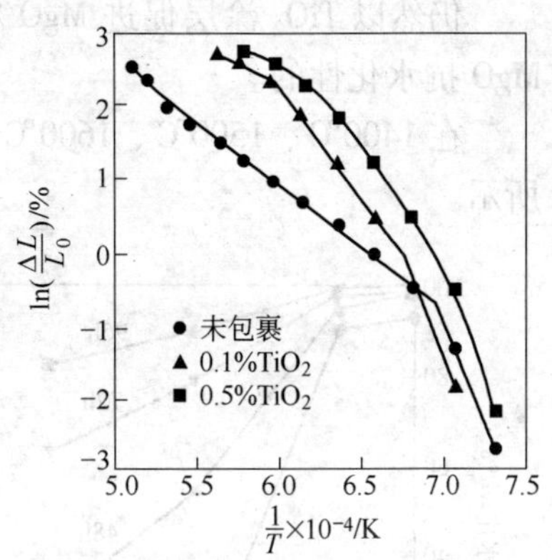

图 3-81 烧结收缩作为氧化镁致密化 $1/T$ 的参数

TiO_2 促进 MgO 烧结的原因被认为是 Mg^{2+}、Ti^{4+} 两种离子半径 $r_{Mg}=0.065nm$，$r_{Ti}=0.068nm$ 很接近，后者易于固溶 MgO 中，结果则使空位浓度增加和产生错位，而促进 MgO 的扩散烧结。另外的原因可能与产生液相有关。因为 TiO_2 可同 MgO 反应在晶粒间界处生成 $2MgO \cdot TiO_2$，$MgO \cdot TiO_2$ 和 $MgO \cdot 2TiO_2$，其熔点很低，可促进 MgO 致密化，同时还可在 MgO 表面形成一层抗水化的保护膜。

由此可见，采用 T-50 作为 MgO 烧结促进剂，在包裹层的 MgO 颗粒烧结时存在以上两种作用，因此在 TiO_2 涂层的量少时，比起固溶更容易促进扩散烧结，促进晶粒长大。相反，如果增加 TiO_2 添加量，未固溶 TiO_2 就会同 MgO 反应，生成低熔点化合物，促进烧结体的致密化。根据这样的促进效果，可以认为在烧结初期 TiO_2 颗粒间生成轴颈，随后轴颈生长成颗粒。

由图 3-80 和图 3-81 表明，添加 0.1% 和 0.5% TiO_2 涂层的 MgO 粉体试样表现出相同的烧结倾向（与未添加 TiO_2 涂层的 MgO 粉体试样不同的倾向），这就说明在 TiO_2 涂层促进 MgO 粉体烧结的因素中，TiO_2 的固溶是促进 MgO 烧结的主要原因。

TiO_2 促进 MgO 致密化，提高抗水化性已是人所共知的事实。然而，对 TiO_2 提高 MgO 抗水化机理的看法至今尚未统一。

仍然以 TiO_2 涂层促进 MgO 粉体烧结为例，分析 TiO_2 如何提高 MgO 抗水化性的。

在 1400℃、1500℃、1600℃烧结的 MgO 试样抗水化性如图 3-82 所示。

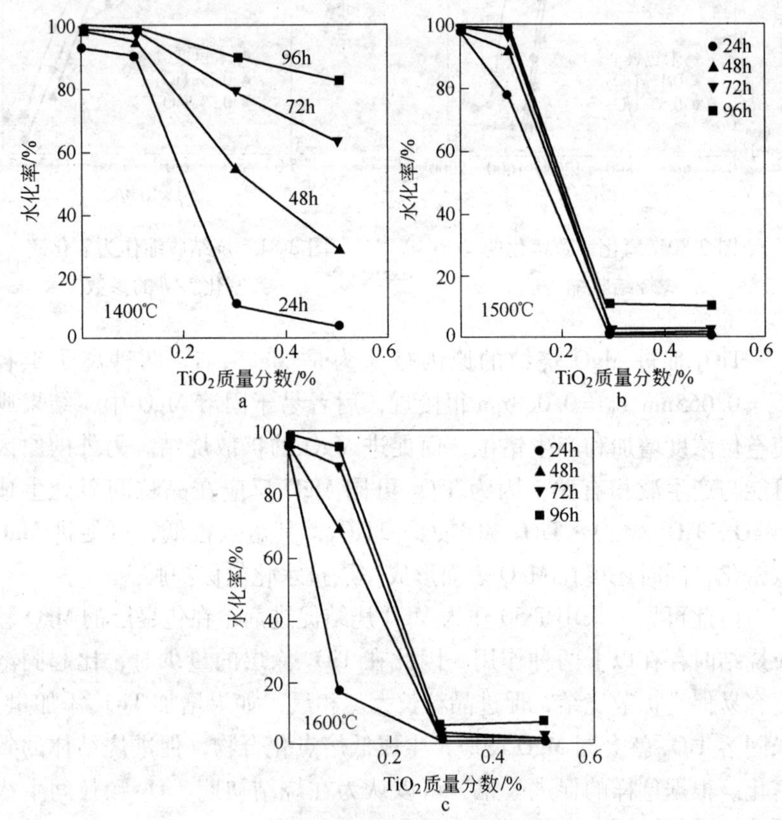

图 3-82 在各种煅烧温度下 TiO_2 涂层量对氧化镁烧结体水化率的影响

如图 3-82a 所示，当烧结温度为 1400℃时，未包裹和包裹 0.1% TiO_2 的烧结试样，几乎都水化了，而包裹 0.3% 和 0.5% TiO_2 的 MgO 试样，其水化反应则大幅度地被抑制了。但当水化反应的时间延长到 48h 和 96h，即使添加 0.5% TiO_2 包裹的 MgO 粉体试样的水化率增加到30%和83%。这表明在如此低的烧结温度下，即使是添加 TiO_2 包裹的 MgO 粉体试样，其抗水化性也是相当低的。

如图3-82b所示，当烧结温度提高到1500℃时，添加0.1% TiO_2 包裹的 MgO 粉体试样，经过24h的水化试验，其水化率也达到了77%。而添加0.3%和0.5% TiO_2 涂层的 MgO 试样，其水化率仅0.1%，表明在很大程度上抑制了水化反应。该图还表明，这些试样，经过96h水化试验，其水化率也只有0.1%。

如图3-82c所示，在1600℃烧结之后，未包裹 TiO_2 的 MgO 粉体试样，24h水化反应达到95%，添加0.1% TiO_2 包裹的 MgO 粉体试样，24h水化率为18%，说明在很大程度上抑制了水化反应。

由以上分析可见，无 TiO_2 的 MgO 试样在1400~1600℃的温度下烧结后，24h的水化率都在94%~99%，几乎完全水化了，而不受燃烧温度（1400~1600℃）的影响。添加 TiO_2 涂层包裹的 MgO 粉体试样，即使在1400℃烧结后，其水化性也在某种程度上得到改善，在1500℃、1600℃烧结后，TiO_2 涂层的加入量为0.3%时，其抗水化性已非常好。

将图3-79中的体积密度对图3-81中的水化率作图得图3-83。该

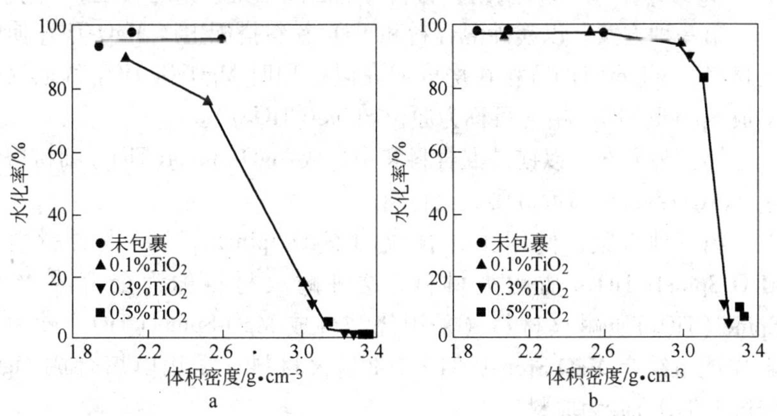

图3-83 氧化镁的体积密度和水化率的关系

a—试样在80℃的热水放置24h；b—试样在80℃的热水放置96h

图表明，24h 后（图 3-83a），未加 TiO_2 包裹的试样，体积密度不仅只有 2.6g/cm^3，水化率也高达 95%。而 TiO_2 包裹的试样，随着烧结试样体积密度的增加，水化率下降，水化得到了抑制。这种无 TiO_2 烧结试样抗水化性不同，除了致密化之外，Ti 固溶烧结体自身的抗水化性提高也是原因之一。此外，如图 3-79b 所示，96h 后，大部分试样的水化率在 80% 以上，而添加 0.3% 和 0.5% TiO_2 涂层的 MgO 试样在 1500℃、1600℃烧结后，有 4 个试样的水化率在 10% 以下，与其他试样相比，表现出良好的抗水化性。这种不同的水化倾向则是由于提高 T-50 添加量的结果。由此看来，提高添加 TiO_2 涂层用量是导致 MgO 烧结体抗水化性进一步提高的原因，显然是由于在方镁石晶界处生成了 MgO · $2TiO_2$、MgO · TiO_2 和 2MgO · TiO_2 等低熔点钛化物，除了促进致密化外，在 MgO 表面形成一层抗水化的保护膜也是提高 MgO 抗水化性的重要原因。换而言之，通过添加超过固溶量的 TiO_2 即可进一步提高 MgO 的抗水化性。

3.6.4 MgO-Spinel（TiO_2）质耐火材料的结构和性能

当 TiO_2 作为镁基耐火材料的主要成分时，即可获得 MgO-Spinel（TiO_2）质耐火材料。

MgO-Spinel（TiO_2）质耐火材料可以通过下述方案进行生产：

第一种方案，以镁砂混合料和 TiO_2 粉料搭配生产 MgO-TiO_2 质耐火材料，Spinel（TiO_2）相在烧成或高温处理时 MgO 和 TiO_2 就地反应形成 Spinel（TiO_2）相（可称为原位 Spinel（TiO_2））。

第二种方案，以镁砂混合料和预合成 MgO-Spinel（TiO_2）细粉搭配生产 MgO-Spinel（TiO_2）质耐火材料。

第三种方案，使用预先合成的 MgO-Spinel（TiO_2）混合料生产 MgO-Spinel（TiO_2）质耐火材料。这种耐火材料称为全合成 MgO-Spinel（TiO_2）质耐火材料（采用烧结合成 MgO-Spinel（TiO_2）砂为原料）或再结合 MgO-Spinel（TiO_2）质耐火材料（采用电熔合成 MgO-Spinel（TiO_2）砂为原料）。

MgO-Spinel（TiO_2）质耐火材料的成分控制，主要是 MgO/TiO_2 比例的控制，具体如下：

理论上认为，MgO-Spinel(TiO_2)质耐火材料的主要化学成分为 MgO 和 TiO_2。根据 MgO-TiO_2 二元相图（图 3-75），MgO-2MgO · TiO_2 亚二元系中任何组成都属于 MgO-2MgO · TiO_2(Spinel(TiO_2))质耐火材料的组成范围（即 0 ~50% TiO_2，100% ~50% MgO)。由图 3-75 看出，该亚二元系最低共熔点温度只有 1707℃，位于约 35% TiO_2 及 65% MgO 处。图 3-75 同时表明，当 TiO_2 加进镁质耐火材料中会导致其熔化温度迅速下降，即 TiO_2 由 0 增加到 35%，MgO + TiO_2 混合物熔融温度由 2800℃迅速降低到 1707℃，几乎降低了 1100℃。说明接近低共熔点处组成的材料不可能获得高的高温性能。

通常认为，MgO-Spinel(TiO_2)质耐火材料中的 TiO_2 含量为 2% ~25%，理论的含量为 2% ~20%。

从组织结构上观察，发现 TiO_2 含量小于 2% 时，Spinel(TiO_2)相难以完全填充 MgO 颗粒间的间隙，结果会导致材料在碱性气氛下的耐久性和热稳定性无法提高。而当 TiO_2 含量高于 20% 时，MgO 含量相对降低，这会导致材料强度不够，高温性能下降。

应当注意到，为了提高 MgO-Spinel(TiO_2)质耐火材料在碱性气氛中的抗侵蚀性能，虽然认为 TiO_2 的最小限量为 2% 可能足够了。但是，这一限量对于提高高温强度和抗热震性还是有些低。为了提高 MgO-Spinel(TiO_2)质耐火材料的高温性能和热震稳定性，则认为 TiO_2 含量应不低于 5% 较为合适。这就是说，为了提高 MgO-Spinel(TiO_2)质耐火材料在碱性气氛中耐蚀性和高温强度、热震稳定性，认为需要配入 10% 的 TiO_2。因此，这类耐火材料中 TiO_2 的合适用量应为 5% ~15%，最好控制在 5% ~10% 之内。

MgO 含量由下式确定：

$$w(\mathrm{MgO}) = 100 - w(\mathrm{TiO_2})$$

这是在不考虑杂质成分的情况下得出的。然而，对于 MgO-Spinel(TiO_2)质耐火材料来说，除了 MgO 含量之外，镁砂中还含有 CaO、SiO_2、Al_2O_3 和 Fe_2O_3 等杂质。在这种情况下，杂质总量、杂质类型和相对含量也是影响 MgO-Spinel(TiO_2)质耐火材料物相组合和高温性能的重要因素。也就是说，镁砂纯度，即 MgO 含量是影响 MgO-Spinel

(TiO_2)质耐火材料高温性能的重要参数，从而说明，选用高纯原料是适当的。

就杂质种类而言，认为以 CaO 和 SiO_2 对 MgO-Spinel(TiO_2)质耐火材料高温性能影响最大，而 Al_2O_3 和 Fe_2O_3 会同 MgO 反应形成尖晶石，它们往往同 Spinel(TiO_2)形成复合 Spinel，因而对 MgO-Spinel(TiO_2)质耐火材料高温性能的负面影响较少。

镁砂中 CaO/SiO_2 比决定了 MgO-Spinel(TiO_2)质耐火材料中硅酸盐相的种类，如果使用 $CaO/SiO_2 \leqslant 1.0$ 的镁砂，那么其硅酸盐相为 $2MgO \cdot SiO_2 + CaO \cdot MgO \cdot SiO_2$。在这种情况下，只有当 $CaO/SiO_2 < 0.5$ 时，才能获得以 $2MgO \cdot SiO_2$ 为主的硅酸盐相，从而获得较高高温强度的材料。而当镁砂中 $CaO/SiO_2 > 1.0$ 时，就应配入较高含量的 TiO_2，以保证 $2MgO \cdot TiO_2$ 持续存在。因为：

$$CaO + TiO_2 = CaO \cdot TiO_2 \qquad (3\text{-}20)$$

$$3CaO \cdot SiO_2 + 2TiO_2 + MgO = 2CaO \cdot TiO_2 + CaO \cdot MgO \cdot SiO_2 \qquad (3\text{-}21)$$

或者

$$2CaO \cdot SiO_2 + TiO_2 + MgO = CaO \cdot TiO_2 + CaO \cdot MgO \cdot SiO_2 \qquad (3\text{-}22)$$

或者

$$3CaO \cdot MgO \cdot 2SiO_2 + TiO_2 + MgO = CaO \cdot TiO_2 + 2(CaO \cdot MgO \cdot SiO_2) \qquad (3\text{-}23)$$

上述反应形成的 $CaO \cdot TiO_2$ 为高熔点物相，但 $CaO \cdot MgO \cdot SiO_2$ 的熔点温度仅 1492℃，因而对耐火材料高温性能的危害很大，故应尽量降低其含量。也就是说，降低镁砂中 SiO_2 含量是提高 MgO-Spinel(TiO_2)质耐火材料高温性能的重要途径。

镁砂中 Fe_2O_3 和 Al_2O_3 杂质成分由于可同 MgO 生成尖晶石，并与 Spinel(TiO_2)结合为复合尖晶石，因而少量 Fe_2O_3 和 Al_2O_3 不会对 MgO-Spinel(TiO_2)质耐火材料高温强度产生明显的负面影响，但过高也是不适宜的。

MgO-Spinel(TiO_2)质耐火材料的生产原则上都可沿用 MgO-Spinel

(Al_2O_3) 质耐火材料的生产工艺。

全合成 MgO-Spinel(TiO_2)质耐火材料的颗粒和基质都是以 MgO-Spinel(TiO_2)合成料为原料，所以其相组成都是均匀的，$2MgO \cdot TiO_2$ (其实为 Spinel(TiO_2)) 相沿方镁石晶体的晶界形成连续相，并同后者呈牢固的直接结合。而采用镁砂和 MgO-Spinel(TiO_2)合成料或/和 TiO_2 粉料搭配生产的 MgO-Spinel(TiO_2)质耐火材料，其骨料颗粒为镁砂颗粒，而基质则为 MgO-Spinel(TiO_2)或 Spt 相。基质组织结构与全合成 MgO-Spinel(TiO_2)质耐火材料相似，即 $2MgO \cdot TiO_2$ 沿镁砂颗粒的界面形成连续相，并与镁砂颗粒结合牢固，直接结合组织发达。

采用前述工艺，于 1400 ~ 1700℃烧成 MgO-Spinel(TiO_2)质耐火制品性能见表 3-23。

由表 3-23 可以看到以下结果:

(1) TiO_2 含量为 15% ~16% 的烧成 MgO-Spinel(TiO_2)质耐火制品的抗热震性能比较理想，并以 8.5% TiO_2 时为最高。根据原料设计方案观察，即以镁砂混合料和(MgO-Spinel(TiO_2)合成料 + TiO_2) 细粉搭配的 MgO-Spinel(TiO_2)质耐火制品热震性能最高。

(2) 当以 62% Fe_2O_3、16% CaO 和 17% CuO 等为侵蚀剂进行 12h (每小时更换一次侵蚀剂) 回转试验的结果表明，镁砂混合料和 MgO-Spincl(TiO_2)合成料细粉 (TiO_2 含量为 15%) 搭配生产的 MgO-Spinel(TiO_2)质耐火制品的抗侵蚀性最佳，而用全合成的 MgO-Spinel(TiO_2)料生产的 MgO-Spinel(TiO_2)质制品抗侵蚀性却没有任何优势。

(3) 烧成 MgO-Spinel(TiO_2)质耐火制品 (含 8% ~16% TiO_2) 的抗渗透性较理想。其中，镁砂混合料与 MgO-Spinel(TiO_2)合成料细粉搭配，和镁砂混合料与 (MgO-Spinel(TiO_2)合成料 + TiO_2) 细粉搭配所生产的 MgO-Spinel(TiO_2)质耐火制品都具有优异抗渗透性，而且不相上下。对于 Fe_2O_3-CaO-CuO 质侵蚀剂的渗透，这两类制品 (TiO_2 = 10%) 的渗透深度只有同材质的镁质制品的 1/7。

以上这些重要结果，为设计在不同环境中应用 MgO-Spinel(TiO_2) 质耐火材料的具体配方提供了重要依据。

表 3-23 各种组方的 MgO-Spinel（TiO_2）质烧成砖性能比较

$w(TiO_2)$/%	AP/%				TWB/次				蠕变/%				侵蚀深度/mm				渗透深度/mm			
	1	2	3	4	1	2	3	4	1	2	3	4	1	2	3	4	1	2	3	4
0	19.0				3				0.8				6.0				70			
0.5	18.3				5				0.8				5.8				68			
1.0	15.0				9				0.9				3.0				20			
1.5			22				14				0.5				3.2				22	
2.0	16.2	18.2			10	16			0.9	0.7				2.8			18	19		
3.0			18	21.4			20	12			0.8	1.1			2.6	2.6			19	18
5.0		14.2	14.2	18.2		20	21	13		1.0	1.0	1.0		2.3	2.3	2.5		18	18	17
8.5			16.0				25				0.9				3.8				14	
10	14.0	14.1	14.2	17.6	20	21	21	17	1.0	1.1	1.1	0.9	2.9	2.3	2.3	2.5	12	10	10	13
15		14.0		14.8		20		14		1.1		1.0		1.7		2.5		13		13
16			14.0				23				1.0				1.9				13	
20	14.1	13.5		14.5	17	19		12	1.1	1.1		1.1	2.8	2.1		2.4	6	16		10
23.5			13.0				21				1.1				2.1				15	
30	14.3				10				1.2				3.0				20			

注：1—镁砂 + TiO_2 粉；2—镁砂 + MgO-Spinel（Ti）细粉；3—镁砂 + MgO-Spinel(Ti)/TiO_2 细粉；4—全合成 MgO-Spinel（Ti）混合料。

3.6.5 MgO-Spinel（TiO_2）质耐火材料的应用

根据不同的应用目的，即可选用不同 TiO_2 源及其含量的原料同镁砂搭配生产具有相应性能的 MgO-Spinel(TiO_2)质耐火材料。

研究结果证明，MgO-Spinel(TiO_2)质耐火材料是适合替代 $MgO-Cr_2O_3$ 质耐火材料用作有色金属冶炼炉里衬耐火材料。例如，用作处理碱性熔体的冶炼炉/精炼炉里衬耐火材料。

在这种条件下使用 MgO-Spinel(TiO_2)质耐火材料时，由于该材料中的 $2MgO \cdot TiO_2$ 相存在于 MgO 颗粒之间，它可有效地防止高温熔体渗透进入其内部气孔中。另外，在与含铁碱性熔体接触时，MgO 与 Fe_2O_3 反应在耐火材料的表面形成一种复合氧化物固溶体（复合尖晶石固溶体），它们在同碱性熔体接触时非常稳定，而且这种固溶体还能有效地防止碱性熔体渗入耐火材料内部的气孔中，从而降低了耐火材料的蚀损。

在上述条件下应用的 MgO-Spinel(TiO_2)质耐火材料，采用镁砂混合料同 MgO-Spinel(TiO_2)合成料细粉，或者采用镁砂混合料同(MgO-Spinel(TiO_2)合成料 + TiO_2）细粉搭配生产的 TiO_2 含量为 10% ~ 15% 的 MgO-Spinel(TiO_2)质耐火材料是正确的选择(表3-21)。

MgO-Spinel(TiO_2)质耐火材料应用的另一领域是钢包用耐火材料和炉外精炼用耐火材料。

MgO-Spinel(TiO_2)质耐火材料对于高碱度钢包熔渣具有很高的抵抗能力。因为这类熔渣接触到 MgO-Spinel(TiO_2)质耐火材料时，材料中 TiO_2 成分同熔渣中 CaO 反应生成了高耐火相 $CaO \cdot TiO_2$，而提高了熔渣的黏度，以及伴随 CaO 与 TiO_2 反应时的膨胀，可使气孔变窄，起塞子的作用，这可阻止熔渣向耐火材料内部的气孔中渗透，限制耐火材料的熔解蚀损。

对于 $CaO-Al_2O_3$ 系熔渣，MgO-Spinel(TiO_2)质耐火材料中 TiO_2 同熔渣中 CaO 反应生成高熔点相 $CaO \cdot TiO_2$，并导致 Spinel 沉积，这都有利于提高耐火材料的耐蚀性能。

MgO-Spinel(TiO_2)质耐火材料其他应用是制造高密度制品（因为

MgO 同 TiO_2 反应生成 $2MgO \cdot TiO_2$ 相而致密地烧结在一起），具有高热导率，所以具有良好热传导性，适合制作坩埚或作为炉管材料。这类高密度的耐火材料具有优良的抗热震性，它可用作探测高温熔体的传感器，例如与高温熔体接触的测量装置的各种终端（如热电偶）的保护管等。

4 镁基三元复相耐火材料

MgO 同二元耐火氧化物组成的复相耐火材料称为镁基三元复相耐火材料，如 $MgO-ZrO_2-SiO_2$ 质、$MgO-CaO-ZrO_2$ 质、$MgO-CaO-TiO_2$ 质、$MgO-Spinel-ZrO_2$ 质和 $MgO-Al_2O_3-TiO_2$ 质耐火材料都是 MgO 同二元氧化物组成的复相耐火材料的重要例子，现分别讨论如下。

4.1 $MgO-ZrO_2-SiO_2$ 质耐火材料

1986 年，陶瓷结合的 $MgO-ZrO_2$ 质耐火砖问世了。这种耐火材料是以 80% 镁砂和 20% 锆英石为原料生产出来的。因此，它们是镁砂-锆英石质耐火材料，属于 $MgO-ZrO_2-2MgO \cdot SiO_2$ 质耐火材料范畴。该耐火材料于 1987 年首次砌筑在玻璃窑蓄热室格子体的高碱冷凝区域，目的是取代镁砖和 $MgO-Cr_2O_3$ 砖。因为镁砖抵抗碱的侵蚀性差，而镁铬砖则存在潜在的污染问题。鉴于这种 $MgO-ZrO_2-2MgO \cdot SiO_2$ 质耐火砖的成功应用,1994 年则成功制成了向上述 $MgO-ZrO_2-2MgO \cdot SiO_2$ 质耐火砖中添加 ZrO_2 的（ZrO_2 富化的）$MgO-ZrO_2-2MgO \cdot SiO_2$ 质耐火砖。这种 ZrO_2 富化的 $MgO-ZrO_2-2MgO \cdot SiO_2$ 质耐火砖首次砌筑在玻璃窑蓄热室窑顶上的应用也获得了成功。从此以后，由于 $MgO-ZrO_2-2MgO \cdot SiO_2$ 质耐火砖在玻璃窑蓄热室和熔化室的使用中表现出良好的抗侵蚀性，因而获得了推广使用。

上述 $MgO-ZrO_2-2MgO \cdot SiO_2$ 砖的配方特点是以镁砂为骨料，而以镁砂和锆英石细粉为基质，即为 $MgO/(MgO-ZrO_2 \cdot SiO_2)$ 配方。为了镁砂骨料得到保护，基质的组成应在图 3-65 中 $MgO-2MgO \cdot SiO_2-ZrO_2$ 三角形内的 P-MgO 连线上靠近 P 点区域。而 ZrO_2 富化的 $MgO-ZrO_2-2MgO \cdot SiO_2$ 砖的基质组成应在图 3-65 中 $MgO-P-ZrO_2$ 三角形靠近 P 顶角区域。可见，它属于 $MgO/(MgO-ZrO_2-ZrO_2 \cdot SiO_2)$ 配方。

由此看来，上述的 $MgO-ZrO_2-2MgO \cdot SiO_2$ 质耐火材料是以镁砂为骨料，而以镁砂和锆英石（为了提高耐蚀性可添加 ZrO_2 细粉）混合料为细粉而制成的。其生产工艺与 MgO-Spinel(Al_2O_3)质耐火材料的生产工艺相同，但烧成温度相对低一些。可见，MgO-ZrO_2-2MgO · SiO_2（有时添加 ZrO_2 粉）质耐火材料也可以称为方镁石-锆英石质耐火材料。

根据图 3-65 MgO-ZrO_2-2MgO · SiO_2 质耐火材料的基质组成应位于 MgO-ZrO_2-2MgO · SiO_2 三角形中的 MgO-P 连线之上时初熔温度较高，可提高材料的高温性能。通过性能测试的结果表明，超过这一范围，其热震性能将明显下降。此外，由于 ZrO_2 比 2MgO · SiO_2 的抗侵蚀性能高，故采用向材料中添加 ZrO_2 细粉来提高抗侵蚀性能。

对于像玻璃窑等热工设备的应用，认为基质只有全部为 ZrO_2-2MgO · SiO_2 系，才能将镁砂颗粒保护起来，因而锆英石细粉含量可达 20%。超过这一数量，材料的热震性能将会明显降低。

按上述思路设计的配方所获得的 MgO-ZrO_2-2MgO · SiO_2 质耐火材料，至少属于 MgO-ZrO_2-CaO-SiO_2-Al_2O_3-Fe_2O_3 六元系，在杂质成分中，以 CaO 成分对高温性能的危害最大。因为 CaO 杂质成分将与 MgO 和 SiO_2 反应生成 CaO · MgO · SiO_2，使材料中的硅酸盐相由 2MgO · SiO_2(T_f = 1860℃)转变为 CaO · MgO · SiO_2(T_f = 1492℃)，这会严重降低该类耐火材料的高温性能。按照图 4-1，在 2MgO · SiO_2-

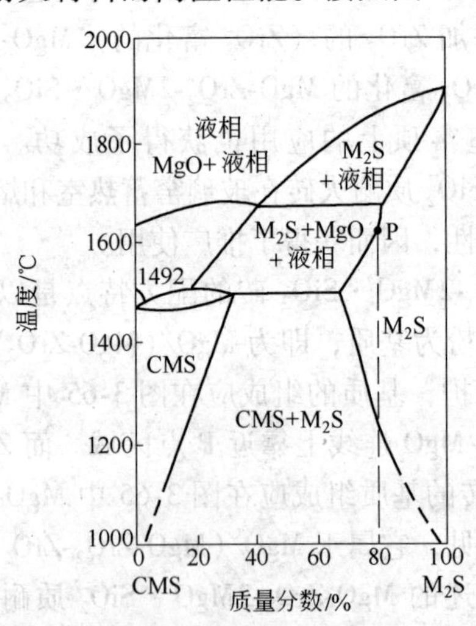

图 4-1 CMS-M_2S 系相图

$CaO \cdot MgO \cdot SiO_2$ 系中，只有当 $2MgO \cdot SiO_2/CaO \cdot MgO \cdot SiO_2 > 80/20$ 时，其初熔温度才会明显上升。在这种情况下，混合料中的 $CaO/SiO_2 < 0.2$（质量比）时，才可使 CaO 对 $MgO-ZrO_2-2MgO \cdot SiO_2$ 质耐火材料高温性能的危害降低到最低限度。

$MgO-ZrO_2 \cdot SiO_2$ 质耐火材料在烧成的过程中（对于烧成制品而言）或者在使用时（对于不烧成材料而言），$ZrO_2 \cdot SiO_2$ 会按式(4-1)分解：

$$ZrO_2 \cdot SiO_2 \longrightarrow ZrO_2 + SiO_2 \tag{4-1}$$

对于纯净 $ZrO_2 \cdot SiO_2$ 来说，反应（4-1）是在高温下发生的。通常 $ZrO_2 \cdot SiO_2$ 在 1540℃才开始缓慢分解，直到 1650℃，2h 分解可达 10%，只有当温度超过 1700℃时，分解反应才能快速进行；在 1870℃时，$ZrO_2 \cdot SiO_2$ 的分解可达 95%，如图 4-2 所示，分解产物为 $m-ZrO_2$ 和 SiO_2 玻璃。在 $ZrO_2 \cdot SiO_2$ 分解后的 ZrO_2 成分中，除 $m-ZrO_2$ 之外，尚有一定数量的高温型 $t-ZrO_2$ 保留下来。

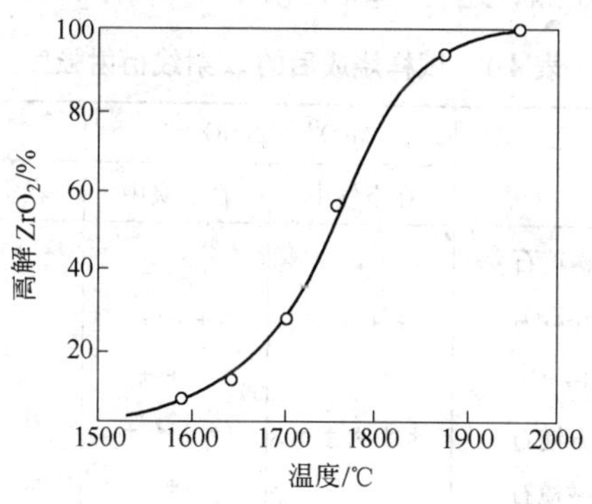

图 4-2 $ZrO_2 \cdot SiO_2$ 热分解与温度的关系

对于 $MgO-ZrO_2 \cdot SiO_2$ 系来说，MgO 同 $ZrO_2 \cdot SiO_2$ 则按式(4-2)反应：

$$2MgO + ZrO_2 \cdot SiO_2 = 2MgO \cdot SiO_2 + ZrO_2 \tag{4-2}$$

该反应在低于 1000℃时就已开始，温度升高后反应过程极为迅速。反应活化能为 200kJ/mol，而系统致密化活化能为 750kJ/mol，材料的强度为400MPa。

对于上述情况，花桐诚司等人（1991）曾经用粉末压块的反应性作了对比研究。其结果是，纯净锆英石试样在1300℃ ×5h ~1500℃ ×5h烧成后没有锆英石的分解情况，而且锆英石亦未变化。与此不同的是，$MgO + ZrO_2 \cdot SiO_2$混合物压块在1300℃ ×5h烧成时，锆英石开始消失并生成m-ZrO_2；在1400℃以上即由m-ZrO_2向t-ZrO_2转变，而且还原气氛对m-ZrO_2 ⟶t-ZrO_2转变有促进作用，见表4-1；同时，温度对这一转化过程的影响也很大。用光学显微镜和SEM-EDX对在1500℃的焦炭中烧成的MgO-$ZrO_2 \cdot SiO_2$试样的研磨面进行观察发现，其组织呈不均匀状态，在MgO颗粒和锆英石颗粒之间有Mg、Si成分重叠区，经X射线证实它是$2MgO \cdot SiO_2$。此外，锆英石颗粒内有明显的斑点状组织，Zr成分与Si成分分离，可以认为是锆英石分解反应引起的。由于MgO颗粒与锆英石颗粒的反应，在颗粒组织中观察到有空隙，这也就解释了$ZrO_2 \cdot SiO_2$复合MgO质耐火材料的显气孔率有增加趋势的原因。显然，这与MgO固溶了ZrO_2有密切关系。

表4-1 试样烧成后的X射线衍射强度

项目		MgO① + $ZrSiO_4$②		$ZrSiO_4$③	
		在空气中	在焦炭中	在空气中	在焦炭中
1300℃ ×5h	锆英石	+		+ + + + +	+ + + + +
	m-ZrO_2	+ + + +	+ + +		
	t-ZrO_2		+ + +		
	方镁石	+ + + + +	+ + + +		
	橄榄石	+	+		
	顽辉石				
1400℃ ×5h	锆英石			+ + + + +	+ + + + +
	m-ZrO_2				
	t-ZrO_2	+ + + + +	+ + + + +		
	方镁石	+ + + +	+ + + +		
	镁橄榄石	+	+		
	顽辉石	+	+		

续表 4-1

项 目		MgO① + $ZrSiO_4$②		$ZrSiO_4$③	
		在空气中	在焦炭中	在空气中	在焦炭中
1500℃ ×5h	锆英石			+ + + + +	+ + + + +
	$m-ZrO_2$				
	$t-ZrO_2$	+ + + + +	+ + + + + +		
	方镁石	+ + + +	+ + + +		
	镁橄榄石	+	+		
	顽辉石				

①MgO 的质量分数为 50%。②$ZrSiO_4$ 的质量分数为 50%。③$ZrSiO_4$ 的质量分数为 100%。

研究发现,在含 $ZrO_2 \cdot SiO_2$ 含量相对较低的情况下,即 $ZrO_2 \cdot SiO_2$ 的 MgO 质耐火材料 $ZrO_2 \cdot SiO_2$ 含量相对较低时的性能和显微结构受 $ZrO_2 \cdot SiO_2$ 含量的影响。通过显微结构的研究发现,$MgO-ZrO_2 \cdot SiO_2$ 质耐火材料，由于 $ZrO_2 \cdot SiO_2$ 含量增加，既提高了 ZrO_2 含量，也使 SiO_2 含量增加了。因而对材料的高温性能有副作用。

所以认为，含 $ZrO_2 \cdot SiO_2$ 相对较低的 MgO 质耐火材料中存在最佳 $ZrO_2 \cdot SiO_2$ 含量问题。当 $ZrO_2 \cdot SiO_2$ 配入量在 5% 以下时，硅酸盐相尚未聚集成团块状,高温固相间的直接结合不很理想；当 $ZrO_2 \cdot SiO_2$ 配入量在 5% ~7% 以上，例如 9% 时，由于带入 SiO_2 太多，导致硅酸盐相明显增加了，使高温固相间的直接结合下降。由此可见，$MgO-ZrO_2-2MgO \cdot SiO_2$ 系耐火材料中的 $ZrO_2 \cdot SiO_2$ 配入量为 5% ~ 7%，其直接结合较为理想。

显微结构研究还表明，对于配入 5% $ZrO_2 \cdot SiO_2$ 的 $MgO-ZrO_2-2MgO \cdot SiO_2$ 质耐火材料的烧成温度为 1600 ~ 1650℃，见表 4-2。

由表 4-2 看出，在 1600℃ 以下的温度烧成时，高温固相发育不良，而且往往被硅酸盐相包裹；在 1600 ~ 1650℃ 中烧成时，可获得良好的直接结合结构，硅酸盐相被断开。这种情况只是在 $ZrO_2 \cdot SiO_2$ 含量不是很高时才观察到。

表 4-2 显微结构与烧成温度的关系

烧成温度/℃			1500	1550	1600	1650	1670
基质	方镁石	尺寸/μm	18	20	25	33	40
		晶型	不完整	较完整	完整	完整	完整
	硅酸盐相分布状态		分散	较分散	开始聚集	聚集成团块于气孔（裂纹）一侧和三晶交接处	聚集成团块于气孔（裂纹）一侧和三晶交接处
	$fZrO_2$		已出现微细 ZrO_2 晶体	开始从硅酸盐相中以小粒状解脱出来	从硅酸盐相中以粒状解脱出来	隔断硅酸盐相，$fZrO_2$ 发育较好	隔断硅酸盐相，$fZrO_2$ 发育良好
	直接结合程度		很低	低	较高	高	很高
颗粒			未发现 $fZrO_2$	见到微小 $fZrO_2$ 晶体，但对直接结合无作用	$fZrO_2$ 晶体长大，但对直接结合无作用	$fZrO_2$ 晶体进一步长大，隔断硅酸盐相与 MgO 的结合	$fZrO_2$ 晶体进一步长大，隔断硅酸盐相与 MgO 的结合
颗粒与基质间气孔性质			贯通	V 开始闭合	进一步闭合	封闭	封闭

普通 MgO-$ZrO_2 \cdot SiO_2$ 质耐火材料 $ZrO_2 \cdot SiO_2$ 含量相对较低时在烧成过程中，其基质中的 $ZrO_2 \cdot SiO_2$ 首先分解为fZrO_2 和 SiO_2，后者又与 MgO 结合为 $2MgO \cdot SiO_2$，细小的fZrO_2 晶粒悬浮在硅酸盐液相中。随着烧成温度的提高，fZrO_2 的悬浮粒子逐步聚晶长大并从硅酸盐相中解脱出来。fZrO_2 不被硅酸盐相所润湿，迫使硅酸盐相逐步向气孔（裂纹）和高温固相三晶交接处迁移并聚集成团块，最后以团块状存在于气孔（裂纹）一侧和高温固相的三晶交接处。在显微镜下观察到的fZrO_2(PSZ)的聚晶并从液体硅酸盐相中开始解脱出来，其温度在1500℃以下。

普通 MgO-$ZrO_2 \cdot SiO_2$ 质耐火材料（$ZrO_2 \cdot SiO_2$ 含量相对较低时）在烧成过程中，其基质中的 $ZrO_2 \cdot SiO_2$ 首先分解为fZrO_2 和 SiO_2，后者又与 MgO 结合为 $2MgO \cdot SiO_2$，细小的fZrO_2 晶粒悬浮在硅酸盐液相中。随着烧成温度的提高，fZrO_2 的悬浮粒子逐步聚晶长大并从硅酸盐相中解脱出来。由于fZrO_2 不被硅酸盐相所润湿，迫使硅酸盐相逐步向气孔（裂纹）和高温固相三晶交接处迁移并聚集成团块，最后以团块状存在于气孔（裂纹）一侧和高温固相的三晶交接处。在显微镜下观察到的fZrO_2(PSZ)的聚晶并从液体硅酸盐相中开始解脱出来，其温度在1500℃以下。

在烧成过程中，少部分fZrO_2 还会通过镁砂颗粒中的方镁石晶粒间界向深部迁移、聚晶，形成fZrO_2“桥”，将方镁石连接起来，并隔断晶界和气孔（裂纹）。同时，硅酸盐相则向气孔（裂纹）一侧和三晶交接处迁移凝聚成团块。通过对不同烧结温度烧成试样的显微结构进行研究得出，fZrO_2 沿镁砂颗粒中方镁石晶粒间界向深部迁移的温度在1500℃以上，接近约1550℃。

配入 $ZrO_2 \cdot SiO_2$ 的镁质耐火材料，由于 $ZrO_2 \cdot SiO_2$ 在烧成过程中分解为fZrO_2 和 SiO_2，后者又与 MgO 结合为 $2MgO \cdot SiO_2$。因此，这类耐火材料也属于 MgO-ZrO_2-硅酸盐系统。

经对显微结构研究发现，在这个二固相（MgO 和 ZrO_2）和一液相（硅酸盐相）的系统中，方镁石晶粒长大得快，而fZrO_2 晶粒则长大得慢；而且快长相被慢长相稀释时其晶体尺寸减小，说明第二相的抑制效应是随着其量的增加而变大的。

显微结构研究还表明，在方镁石晶粒长大比$fZrO_2$晶粒长大快得多的系统（含硅酸盐相）中，快长相方镁石晶粒倾向于在慢长相$fZrO_2$晶粒周围长大。

上述结果，也可在其他二固相和一液相系统中观察到。

MgO-ZrO_2-$2MgO \cdot SiO_2$质耐火材料的这种显微结构特征是根据$ZrO_2 \cdot SiO_2$含量不超过9%的情况下得出的。然而，这种耐火材料在玻璃窑蓄热室中应用难以获得高寿命。

使用结果表明，用作蓄热室中部格子砖的MgO-ZrO_2-$2MgO \cdot SiO_2$质格子砖，其$ZrO_2 \cdot SiO_2$的配入量应达到约20%，使其基质能全部转化为ZrO_2-$2MgO \cdot SiO_2$耐侵蚀物相，而使镁砂颗粒受到保护。图4-3所示为一种MgO-ZrO_2-$2MgO \cdot SiO_2$质耐火材料的显微结构。该图表明，其基质为$ZrO_2 + 2MgO \cdot SiO_2$连续相，镁砂颗粒边缘也由于类似的$ZrO_2 + 2MgO \cdot SiO_2$反应形成了羽绒状的$2MgO \cdot SiO_2 + ZrO_2$组成的覆盖层，它可保护镁砂颗粒不被侵蚀。同时，由于在烧成过程中，砖料之间的反应可使其致密，因而其显气孔率均比一般碱性砖低2%～3%。这会导致材料具有良好的抗侵蚀性和抗渗透能力。使用结果表明，这种MgO-ZrO_2-$2MgO \cdot SiO_2$质耐火材料对于SiO_2和V_2O_5具有很高的抵抗能力。典型的方镁石-镁橄榄石-锆英石质耐火砖的性能见表4-3。

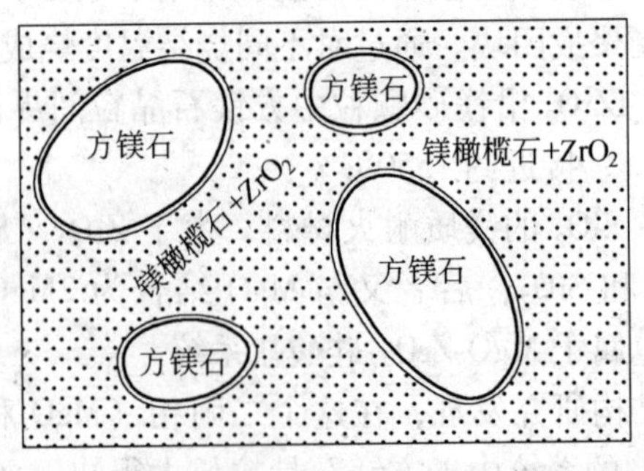

图4-3 RUBINAL E2 新砖结构

表 4-3 方镁石-镁橄榄石-锆英石质耐火砖性能

性 能		RUBINAL E2	RUBINAL EF2	RUBINAL V2
密度/$g \cdot cm^{-3}$		3.12	3.10	3.25
显气孔率/%		14	15	10
常温耐压强度/MPa		90	100	100
荷重软化温度，$T_{0.5}$/℃		1630	1570	1680
蠕变(1500℃,5～25h,0.2MPa)/%		1.3	—	0.3
化学成分/%	SiO_2	9.5	10	6.5
	Al_2O_3	0.2	1.2	0.5
	Fe_2O_3	0.2	1.2	0.2
	CaO	1.5	1.0	0.5
	MgO	75	73	77.8
	ZrO_2	13.5	13.5	13.5

新牌号 RUBINAL V2 砖可以提高上部格子体的使用寿命，因为：

(1) 几乎没有含 CaO 的结合相，基本上不受 SiO_2 和 V_2O_5 的侵蚀。

(2) 镁橄榄石的形成早已发生在烧成的过程中。

(3) 镁砂颗粒已被羽绒状镁橄榄石和 ZrO_2 保护起来，可防止 SiO_2 的深入和侵蚀。

(4) 低气孔率（10%）可防止砖的严重渗透和致密化。

新日本钢铁公司名古屋厂在 1992 年开发了 $MgO-ZrO_2 \cdot SiO_2$ 质浇注料，在钢包渣线使用，与原来的锆英石砖相比，使用寿命提高了 25%，耐火材料单耗降低了 22%，费用降低了 20%，该浇注料为 84% MgO、8% ZrO_2、6% SiO_2 和 2% Al_2O_3，其显气孔率为 15.7%。

通过归纳已有的研究结果得出，当以镁砂和锆英石混合料（含 10% $ZrO_2 \cdot SiO_2$）制成浇注料时，其侵蚀速率最低，而且其渣浸透指标也不高。这种耐火材料在使用过程中由于锆英石分解后以柔软的薄膜填充于基质中，从而抑制了熔渣渗透。但是，该柔性基质却非常容易受到侵蚀，而降低了其耐用性能。不过，这可通过预合成的 MgO-ZrO_2-2MgO · SiO_2 质料得到解决。

4.2 MgO-CaO-Fe_2O_3 质耐火材料

为了讨论 MgO-CaO-C_2F 系耐火材料中氧化铁在使用过程中的行为，首先讨论氧化铁的高温稳定性和在还原条件下的还原情况。

根据氧化铁含量较高的 MgO-CaO 砂在不同条件下的稳定情况，着重讨论相应条件下其化学矿物学成分和典型性能指标，并据此对不同条件下使用情况作出估计。其目的是对高 C_2F 镁钙砂烧结炉底料的设计、制造进行简单的科学概括。

4.2.1 氧化铁和 C_2F 的稳定性

用 O/Fe 比例即 Fe-O 系凝聚相的组成如图 4-4 所示［A. Muan, E. F. Osborn(1965)］，它表明在 Fe-O 即 Fe-FeO-Fe_2O_3 系中的许多凝聚相可以和气相处于平衡，其中存在的形态既决定于温度也与系中的氧分压有关。

正如图 4-4 所表明的那样，在单一凝聚相区内，为了确定凝聚相的组成，温度和氧压都应固定；而在两个凝聚相区内，当温度和氧压两个参数中固定一个，凝聚相的组成即能完全确定。因此，氧分压等压线在单一凝聚相区内呈对角线方向而在两个相区内则是水平的，即平行于组成线。

随着 O/Fe 比值下降，铁氧化物由 Fe_2O_3 →FeO · Fe_2O_3 →FeO，并且在低于500℃以下时 FeO 并不存在，而只存在 FeO · Fe_2O_3 和 Fe。

如果用每一个稳定相的压力—温度范围来表示时，则如图 4-5 所示。它表明 Fe_2O_3 在高温下有转变为低价铁的倾向，氧分压下降时更为明显。

H · 舒尔兹（1968）指出，当1400℃，p_{O_2}降低到 10^{-6}MPa 时，Fe_2O_3 可以完全分解为 FeO，p_{O_2}在降低到 10^{-10}MPa 亦可以分解为

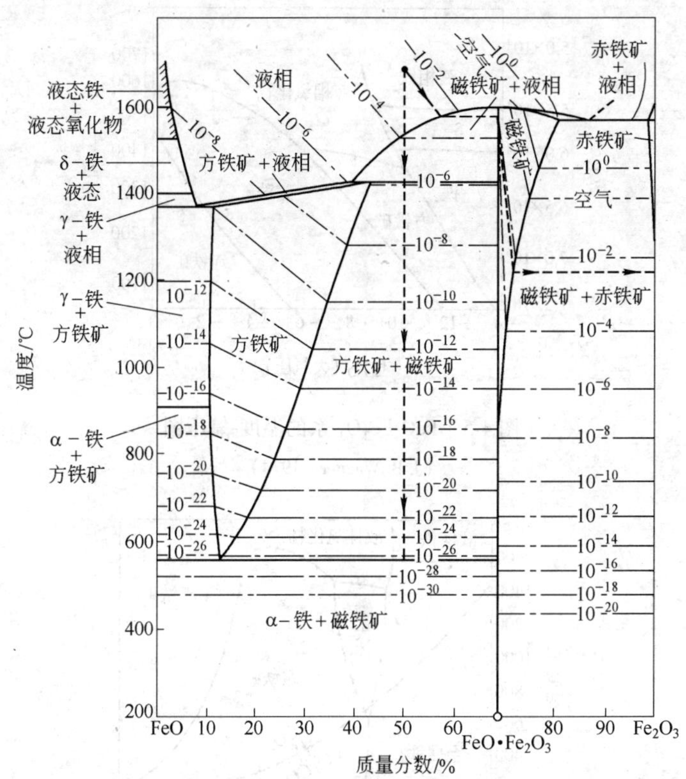

图 4-4 $FeO-Fe_2O_3$ 系中的相关系

Fe(图 4-5)。在平衡条件下，当温度约为 1000℃，$p_{O_2} \approx 10^{-14}$ MPa 时，$FeO-Fe_2O_3$ 系中就不再存在任何铁的氧化物了，而只存在 Fe。

氧化铁与碳共同存在时，即会发生如下反应：$FeO + CO \rightarrow Fe + CO_2$，此反应的温度与 $\lg p_{CO_2}/p_{CO}$ 的关系由图 4-6 来说明。如果 CO_2 分压高就会生成高价氧化铁，图 4-6 中附加的曲线是石墨的 $2CO \rightleftharpoons CO_2 + C$（石墨）平衡反应数据，它说明在较高的温度（约 1000℃）有过剩碳存在时就会使铁的任何氧化物还原成铁。

铁的氧化物结合在其他化合物中时，其稳定范围与氧化物会有差别，但一般说，温度提高后，具有由高价铁转化为低价铁的倾向，氧

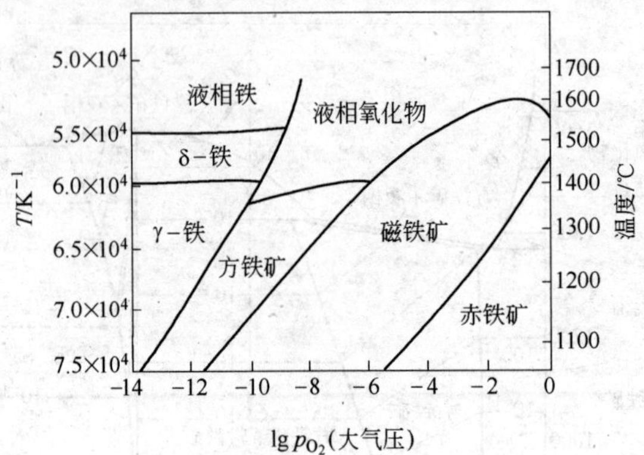

图 4-5 FeO-Fe_2O_3 系的温度-氧压图

（J. B. Wagner，1974）

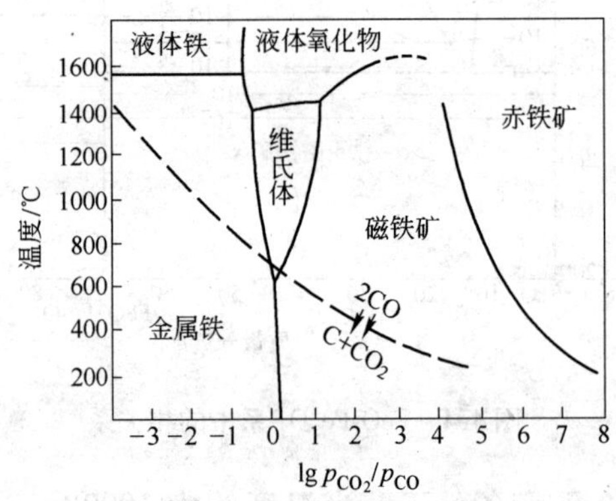

图 4-6 氧化温度曲线

（虚线以下为石墨与铁共存）

压下降时就更是如此。

C_2F（$2CaO \cdot Fe_2O_3$）在高温下的还原反应自由焓见表 4-4［Walter M. Siegl（1989）］。它表明在充分的还原条件下，500 ~ 800K 之间，C_2F 即能按式（4-3）分解：

$$2CaO \cdot Fe_2O_3 \rightleftharpoons 4CaO + 4FeO + O_2 \qquad (4\text{-}3)$$

以温度约高于 700℃ 时变得较为明显。

表 4-4　500 ~ 1000K C_2F 生成方铁矿和 CaO 的还原反应的自由焓

$2CaO_2 \cdot Fe_2O_3 \rightleftharpoons 4CaO + 4FeO + O_2$				
T/K	$\Delta G_T^{\ominus}$/MJ · mol^{-1}	p_{O_2}/MPa	CO_2/CO	H_2O/H_2
500	-518	7567×10^{-56}	9245×10^{-3}	7878×10^{-5}
600	-493	1091×10^{-44}	4051×10^{-2}	1629×10^{-3}
700	-469	1018×10^{-36}	1162×10^{-1}	1382×10^{-2}
800	-444	9420×10^{-31}	2539×10^{-1}	6660×10^{-2}
900	-420	3932×10^{-26}	4571×10^{-1}	2182×10^{-1}
1000	-397	1864×10^{-22}	7166×10^{-1}	5450×10^{-1}
1100	-374	1790×10^{-19}	1010	1112
1200	-351	5170×10^{-17}	1308	1947
1300	-329	5933×10^{-15}	1593	3033
1400	-308	3229×10^{-13}	1828	4273
1500	-266	9817×10^{-12}	2013	5595
1600	-267	1841×10^{-10}	2135	6871
1650	-257	7000×10^{-10}	2197	7554
1700	-245	2856×10^{-9}	2436	8890
1723	-240	5341×10^{-9}	2557	9583
1800	-235	1540×10^{-8}	1884	7663

图 4-7 所示为 C_2F 的自由焓。$FeO \cdot Fe_2O_3$ 和 FeO 的还原反应 [Trömel. G. W. Zischkal(Hrsg)(1972)和 Walter M. Siegl(1989)]为：

$$2Fe_2O_3 \rightleftharpoons FeO + O_2 \tag{4-4}$$

$$\frac{1}{2}Fe_2O_3 \rightleftharpoons \frac{3}{2}Fe + O_2 \tag{4-5}$$

$$2FeO \rightleftharpoons 2Fe + O_2 \tag{4-6}$$

图 4-7 说明，在大约低于 700℃时，C_2F 比 FeO 稳定，此时 C_2F 的分解反应按式（4-7）进行：

$$2CaO \cdot Fe_2O_3 \rightleftharpoons 2CaO + 2Fe + \frac{3}{2}O_2 \tag{4-7}$$

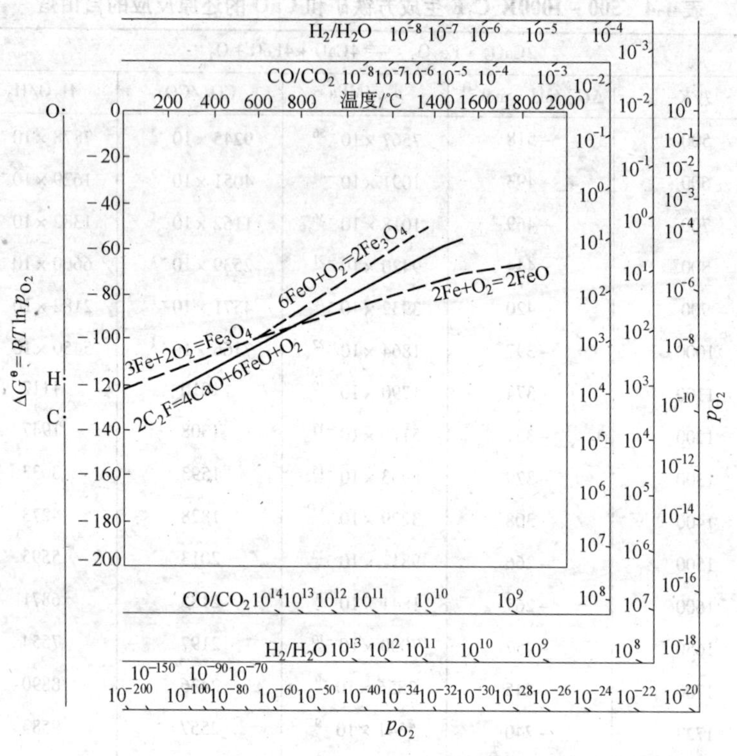

图 4-7 铁酸二钙的自由焓

H_2 和 CO 对 C_2F 的还原能力如图 4-8 和图 4-9 所示（Walter M. Siegl，1989），是估计 C_2F 在还原条件下稳定性的基础。

在很低的氧分压下，氧化铁在 MgO 中的溶解度很高，并能形成镁方铁矿和 CaO，而熔体则会全部被再吸收，如图 4-10 和图 4-11 所示（R. F. Johmson and Arnulf Muan，1969）。由图 4-11 看出，当 FeO 含量很高的镁方铁矿与 CaO 共存时，只要 MgO/FeO 超过 2.33，就不存在液态熔融相。而且高 C_2F 死烧镁砂中的 C_2F 按如下方程式分解：

$$2CaO \cdot Fe_2O_3 + xMgO \rightleftharpoons (x+4)(Mg,Fe)O + 4CaO + O_2 \tag{4-8}$$

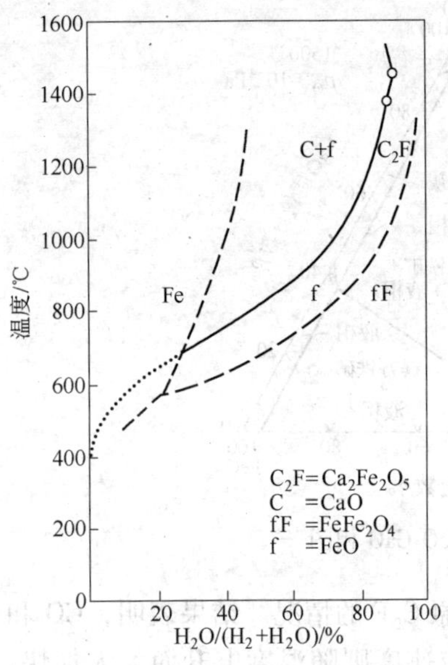

图 4-8 H_2 对铁酸二钙的还原能力

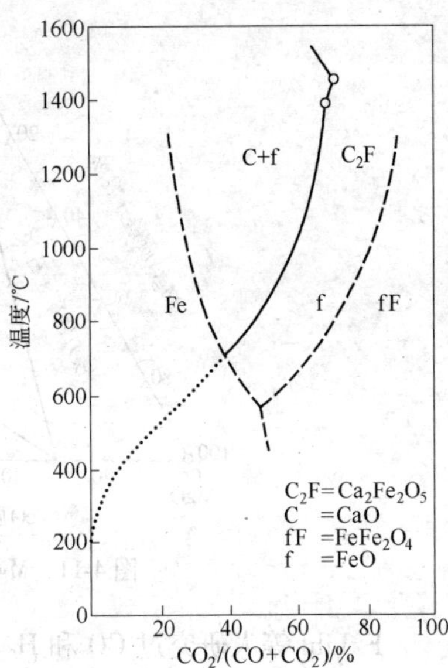

图 4-9 CO 对铁酸二钙的还原能力

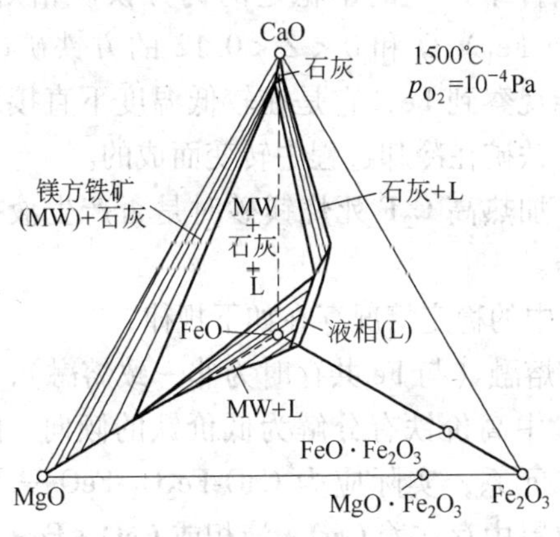

图 4-10 MgO-(Fe_2O_3)-FeO-CaO 相图

式中，$x>9.3$。

在极强的还原条件下，高 C_2F 死烧镁砂中的 C_2F 约在 600℃ 开始还原，由 900℃往上则大量还原，生成极细的 CaO 和 FeO 或 Fe。其中 FeO 却要到 1200℃以上才能实际上如数进入 MgO 中。

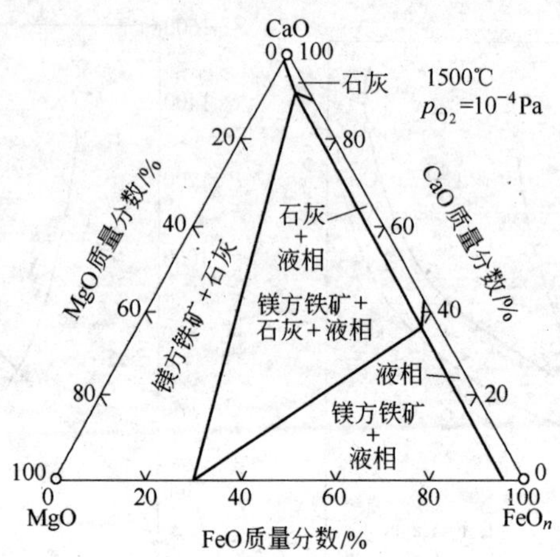

图 4-11 MgO-FeO-CaO 相图

F. Lihl 等人研究过 CO 和 H_2 还原 C_2F 的情况。结果表明，CO 和 H_2 都能在 500℃时还原 C_2F，其反应速度则随温度上升而大大加快。在极强的还原条件下产生的不稳定的钙方铁矿相则分解成 $0<Y<0.34$ 的（$Fe_{1-Y}\cdot Fe_Y$）O 和 $0<Z<0.12$ 的方铁矿（$Fe_{1-Z}\cdot Ca_Z$）O。除此之外，还能观察到 Fe，它是在较低温度下直接还原形成的或是高温下形成的方铁矿在冷却过程中转变而成的。

由此可见，加热高 C_2F 死烧镁砂时是否产生液相，完全取决于气体相的氧分压。

C_2F 在空气中的稳定情况存在如下规律：

C_2F 为一致熔融（与 Fe 共存时为非一致熔融），熔点为 1449℃。但是，由于 C_2F 中高价铁有分解为低价铁的倾向，因而不存在单纯的 CaO-Fe_2O_3 二元系，实际应为 CaO-Fe_2O_3-FeO 三元系。在 1600℃时，高钙耐火材料中存在着 CaO + 液相或 CaO + Fe + 液相的平衡，如图 4-12 所示（Gurry 和 Darkeni（1950））。

当 $CaO/Fe_2O_3 = 0.7$ 时，含有 MgO 的 CaO-氧化铁系材料，在 1500℃的空气中（绝对的氧化条件下），除 C_2F 熔体之外，也有含 FeO 较少的镁方铁矿，如图 4-13 和图 4-14 所示（R. E. Johnson 等（1965），Arnulf Muan）。其中图 4-14 是图 4-13 的侧系 MgO-CaO-Fe_2O_3 的投影。

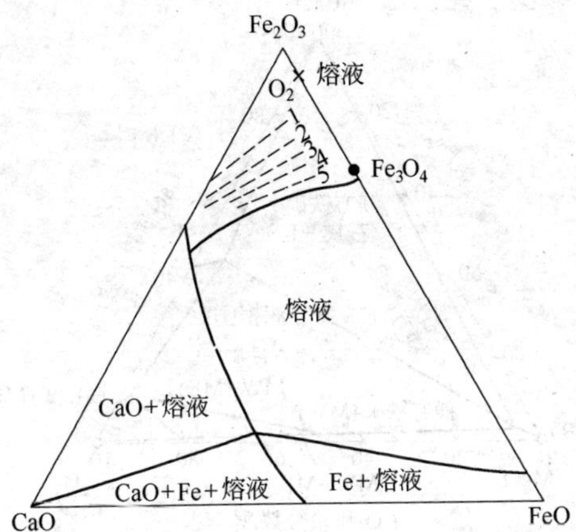

图 4-12 FeO-Fe_2O_3-CaO 三元系在 1600℃时的状态图

1—O_2 0.1MPa，1400℃；2—O_2 0.1MPa，1500℃；

3—O_2 0.1MPa，1600℃；4—O_2 0.02MPa，1600℃；

5—O_2 0.02MPa，1575℃

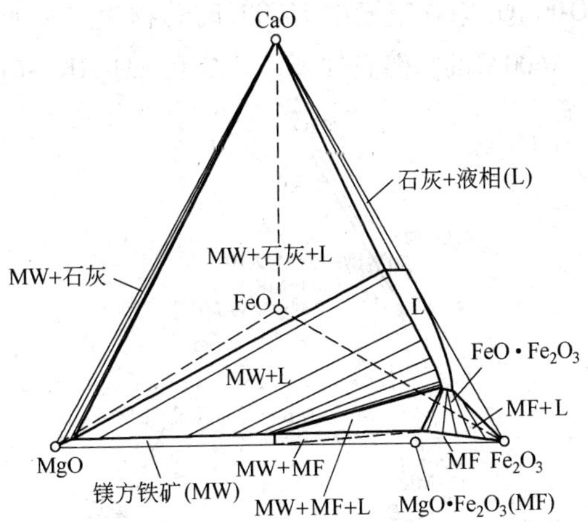

图 4-13 MgO-Fe_2O_3(FeO)-CaO 系相图

（在空气中，1500℃下）

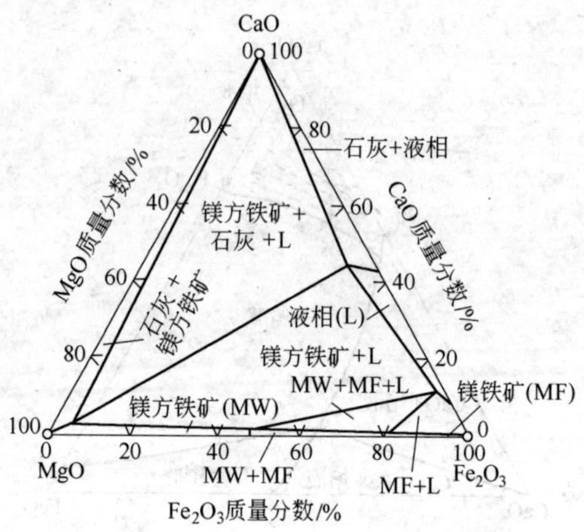

图 4-14 $MgO-Fe_2O_3-CaO$ 系相图

（在空气中，1500℃下）

4.2.2 $MgO-CaO-2CaO \cdot Fe_2O_3$ 质耐火材料组成

$MgO-CaO-Fe_2O_3$ 系在空气中 1600℃时的物相关系如图 4-15 所示。该图表明，在 1600℃的高温条件下，MgO-(MgO-MK)-(CaO-MK)组成

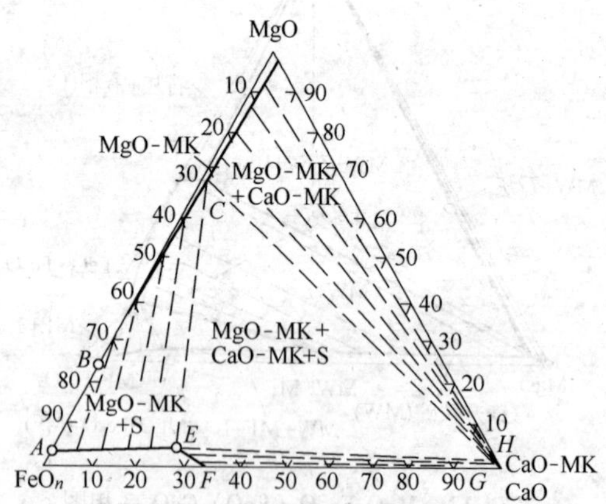

图 4-15 FeO_n-CaO-MgO 与 Fe 共存时于 1600℃的状态

MK—固溶体；S—熔液

亚三角形中为（MgO-MK）+（CaO-MK）固相区。在这个组成的三角形中，1600℃的高温条件下不存在液相，说明该相区混合物组成是含氧化铁的 MgO-CaO 质耐火材料。

然而，在上述系统中增加 SiO_2（碱性耐火材料往往含有 SiO_2 杂质成分）时，C_2F 的存在会使共熔温度显著降低，$MgO\text{-}2CaO \cdot SiO_2$ 系要在 1800℃才会出现熔体，但 $MgO\text{-}2CaO \cdot SiO_2$ 系在 1308℃时就出现熔体了，即使在高 CaO/SiO_2 比值时也会在 1385℃时出现熔体（图 4-16），这可由图 4-17 进一步说明。

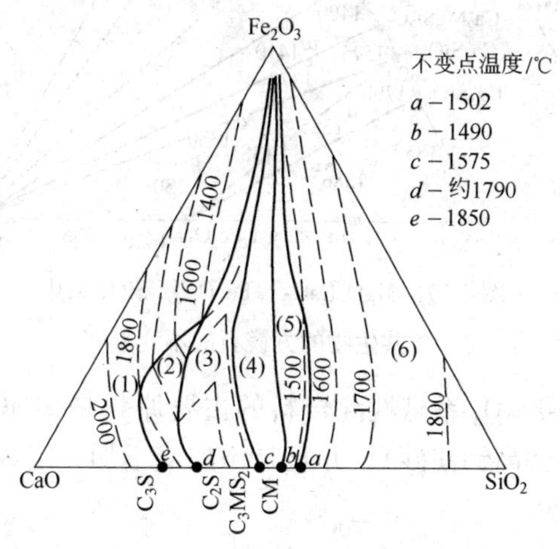

图 4-16 $CaO\text{-}MgO\text{-}Fe_2O_3\text{-}SiO_2$ 四元系熔液结晶图

（MgO = 70%）

4.2.3 电炉炉底用碱性混合料

$MgO\text{-}CaO\text{-}Fe_2O_3$ 系碱性混合料最初由欧洲采用阿尔卑斯山的天然原料制成的合成砂为主要原料，其中 CaO 30%，Fe_2O_3 7%。显然，它属于早期半稳定性的富含 MgO 的 MgO-CaO 砂范畴，以这种合成砂为颗粒料并配入烧结镁砂细粉（含 97% 以上 MgO）所制成的碱性混合料含有一定量的 fCaO，这种材料用于正常操作的电炉炉底具有非常高的耐用性能。

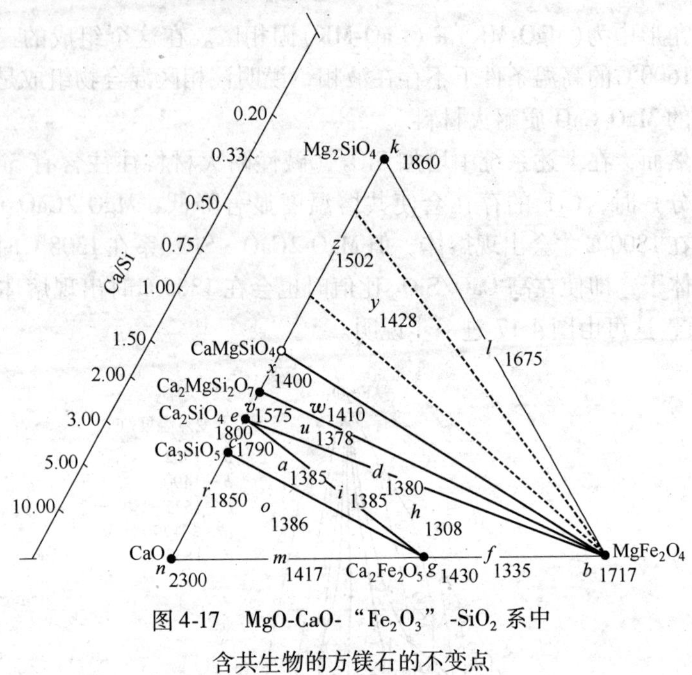

图 4-17　MgO-CaO-“Fe_2O_3” -SiO_2 系中含共生物的方镁石的不变点

MgO-CaO-Fe_2O_3 系碱性混合料的主要原料是 2CaO · Fe_2O_3 胶结 MgO（俗称高铁高钙镁砂），并且是添加或不加一定数量的高纯镁砂细粉制成的。

4.2.3.1　生产工艺和理化性能

2CaO · Fe_2O_3 胶结 MgO 生产工艺简单，只需将破碎的镁白云石（或轻烧镁白云石粉或其他 CaO）和菱镁矿（或轻烧 MgO 或其他 MgO），以及铁粉（如果 MgO 或 CaO 原料中 Fe_2O_3 含量足够高，如欧洲就不加）按一定比例（烧结后满足产品的化学矿物组成即可）细磨后成型高温烧结即成。具体工艺应根据烧结设备等情况做出调整。图 4-18 所示为国内初期和国内曾经主要采用的工艺流程。

2CaO · Fe_2O_3 胶结 MgO 中主要有 SiO_2、Al_2O_3、Fe_2O_3、CaO 和 MgO 五种化学组分，SiO_2 和 Al_2O_3 含量受到严格限制，特别是 SiO_2 含量依原料状况、使用条件和经济指标等的不同而做出 $w(SiO_2) \leqslant 1.5$、$w(SiO_2) \leqslant 1.2$、$w(SiO_2) \leqslant 1.0$ 的明确划分。

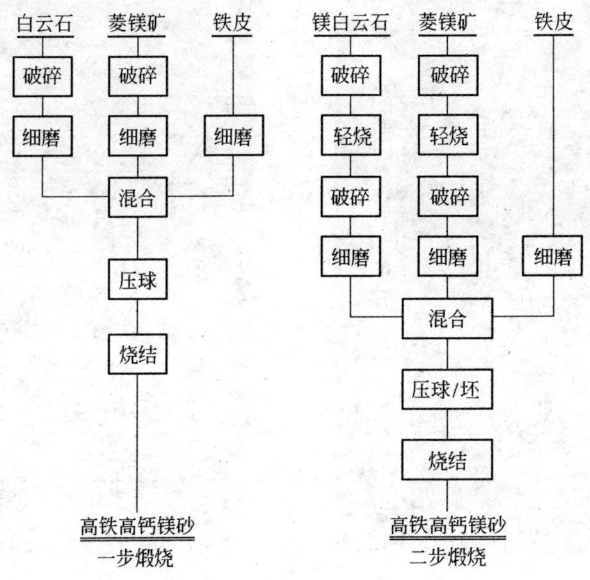

图 4-18 高铁高钙镁砂工艺流程

4.2.3.2 显微结构

在 $2CaO \cdot Fe_2O_3$ 胶结 MgO 中，常见矿物有方镁石（MgO）、铁酸二钙（$2CaO \cdot Fe_2O_3$）、铁铝酸四钙（$4CaO \cdot Al_2O_3 \cdot Fe_2O_3$）、铁酸镁（$MgO \cdot Fe_2O_3$）、硅酸二钙（$2CaO \cdot SiO_2$）、硅酸三钙（$3CaO \cdot SiO_2$）和方钙石（CaO）以及方镁石固溶体（$MgO_{ss}$）等。以上矿物随产品化学组成的不同而呈不同的共生组合。即使是同一化学组成的产品，如果其热工制度不同，其显微结构亦有明显差别，如图 4-19 ~ 图 4-22 所示。

图 4-19 所示为没有 fCaO 的 $2CaO \cdot Fe_2O_3$ 胶结 MgO 的典型显微结构，主晶相为 MgO，胶结相为 $2CaO \cdot Fe_2O_3$ 等。

当将上述样品的磨光片在电炉中经 1300℃ ×3h 再烧后，分别于炉内自然冷却，迅速取出投入水中或油中淬冷到室温，立即在显微镜下观察，发现样品的显微结构发生了很大变化，提供了高温状态下的确切信息，如图 4-21 所示。

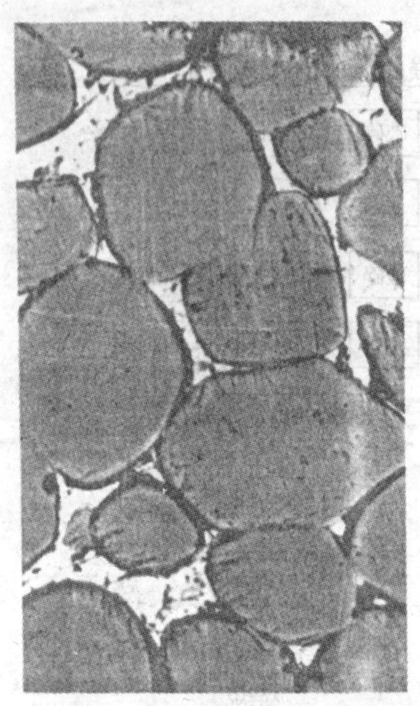

图4-19 $2CaO \cdot Fe_2O_3$ 胶结 MgO 显微结构
暗灰色浑圆粒为 MgO,晶间白色连续胶结相为 $2CaO \cdot Fe_2O_3$ 等(样品理化指标为 SiO_2 1.07%、Al_2O_3 0.46%、Fe_2O_3 7.10%、CaO 7.29%、MgO 83.94%、BD 3.30g/cm^3、AP 2.0%)

图4-20 1300℃ ×3h 缓冷样显微结构
暗灰色浑圆粒为 MgO_{ss},内部白点为 $MgO \cdot Fe_2O_3$;晶间白色连续 IL 0.13%、胶结相为 $2CaO \cdot Fe_2O_3$ 等

1300℃ ×3h 缓冷样品，主晶相为含少量 $MgO \cdot Fe_2O_3$ 脱熔相的 MgO_{ss}，胶结相为 $2CaO \cdot Fe_2O_3$ 等（图 4-20），已十分接近正常工业产品的情况（与图 4-19 对比）。

1300℃ ×3h 水冷样品，主晶相为含大量 $MgO \cdot Fe_2O_3$ 脱熔相的 MgO_{ss}，胶结相为 $2CaO \cdot Fe_2O_3$ 和 fCaO。$2CaO \cdot Fe_2O_3$ 有的刚刚显露尚未发育成形（图 4-21），有的呈线形连续闭合状连晶（或称皮膜）形式将一部分 fCaO 包裹起来（图 4-22）。

1300℃ ×3h 油冷样品，主晶相为 MgO_{ss}，胶结相主要为 fCaO，没有 $2CaO \cdot Fe_2O_3$ 存在（图 4-23）。

另外，仔细观察还会发现，上述样品中主晶相晶体尺寸明显存在

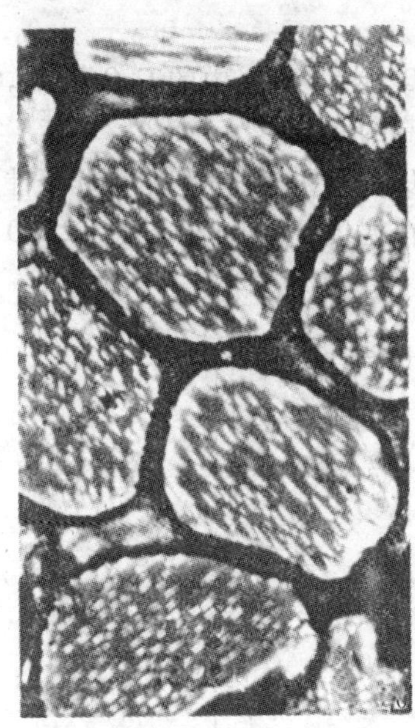

图 4-21 1300℃ ×3h 水冷样显微结构
浅灰色浑圆粒为 MgO_{ss}；内部白点或白条为 MgO · Fe_2O_3；晶间暗灰色为 fCaO；白色为刚刚显露没有发育成形的 2CaO · Fe_2O_3 雏晶

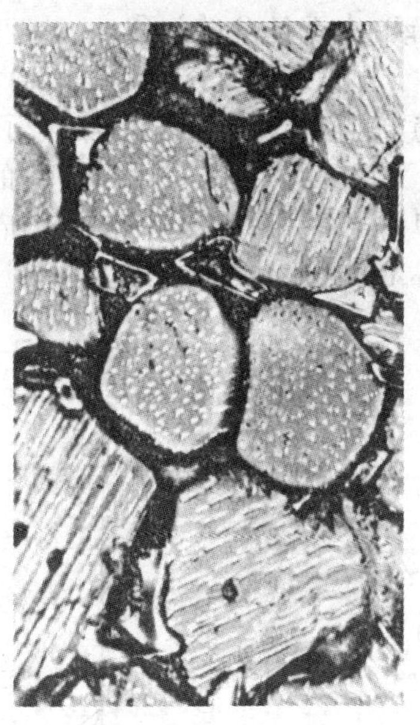

图 4-22 1300℃×3h 水冷样显微结构
浅灰色浑圆粒为 MgO_{ss}；内部白点或白条为 MgO · Fe_2O_3；晶间暗灰色为 fCaO；白色轮廓线形连续闭合状连晶为 2CaO · Fe_2O_3 皮膜（内部暗灰色也为 fCaO）

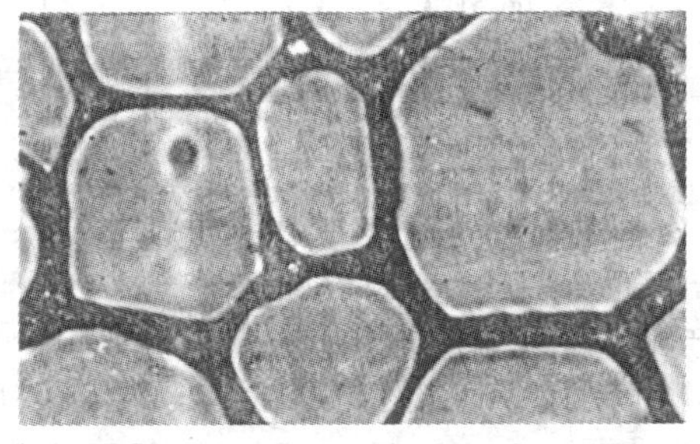

图 4-23 1300℃ ×3h 油冷样显微结构
浅灰色浑圆粒为 MgO_{ss}；晶间主要为 fCaO

MgO_{ss}大于 MgO 的关系。

显微结构研究揭示，$2CaO \cdot Fe_2O_3$ 胶结 MgO 中的 CaO 被 Fe_2O_3 稳定，不容易水化；并且赋予了材料高的烧结性。

$2CaO \cdot Fe_2O_3$ 胶结 MgO 中的 $2CaO \cdot Fe_2O_3$ 在 1300℃ ×3h 条件下早已完全分解。按照图 4-24 所示，在温度高于 1150℃ 时，$2CaO \cdot Fe_2O_3$ 就会分解而消失。

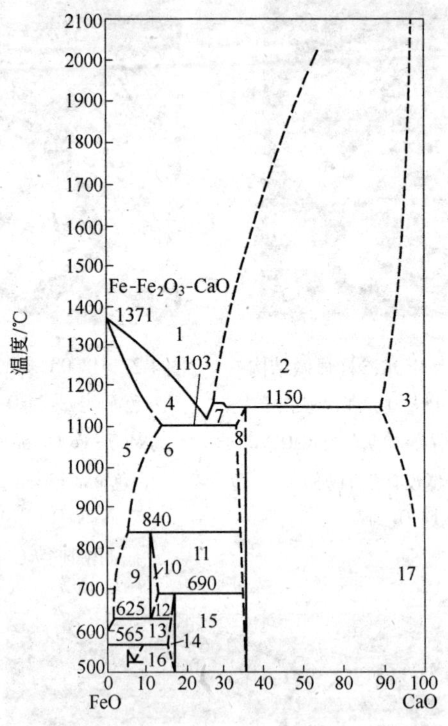

图 4-24 FeO-CaO 二元系相平衡图

1—S + (Fe)；2—S + CaO + (Fe)；3—CaO + (Fe)；4—S + CW + (Fe)；5—CW + (Fe)；6—CW + C_2F + (Fe)；7—S + C_2F + (Fe)；8—C_2F + (Fe)；9—CW + CW_3F + (Fe)；10—CW_3F + (Fe)；11—CW_3F + C_2F + (Fe)；12—CW_3F + CWF + (Fe)；13—CW + CWF + (Fe)；14—CWF + (Fe)；15—CWF + C_2F + (Fe)；16—WF + CWF + (Fe)；17—CaO + C_2F + (Fe)

（图注中 W 代表 FeO，S 代表溶液）

在升温过程中或在高温下，Fe^{2+}/Fe^{3+} 升高，Fe_2O_3 失去 O^{2-} 转化为 FeO 并扩散进入 MgO 内形成 MgO_{ss}，CaO 则主要滞留在 MgO_{ss} 之间形成胶结相。其总的反应式为

$$2CaO \cdot Fe_2O_3 + MgO \longrightarrow MgO_{ss} + fCaO + O_2 \uparrow \tag{4-9}$$

也就是说，$2CaO \cdot Fe_2O_3$ 胶结 MgO 在高温下主要有 MgO_{ss} 和 fCaO 两种高熔点固相，表明它完全具有 MgO-CaO 系材料的特点。此时的 MgO_{ss} 主晶相晶体尺寸大（图 4-19 和图 4-23 对比），耐火性能高；fCaO 能捕捉钢中杂质，净化钢水。

如果温度降低，Fe^{2+}/Fe^{3+} 降低，意味着 FeO 获取 O^{2-} 转化为 Fe_2O_3，并且在 MgO_{ss} 内固溶度下降。降温缓慢时，FeO 能比较完全地转化为 Fe_2O_3 从 MgO_{ss} 内迁出，充分与主晶相间的 fCaO 反应生成 $2CaO \cdot Fe_2O_3$ 连续胶结相。（如图 4-19 和图 4-20）；降温比较快时，一部分 Fe_2O_3 来不及迁出就以 $MgO \cdot Fe_2O_3$ 脱溶相形式赋存于 MgO_{ss} 内，迁出的一部分 Fe_2O_3 势必生成 $2CaO \cdot Fe_2O_3$ 胶结相，剩余的 CaO 则以 fCaO 胶结相存在（图 4-21）；降温特别快时，MgO_{ss} 中的 FeO 来不及转化为 Fe_2O_3 而仍以 MgO_{ss} 形式保留下来，主晶相之间主要为 fCaO 胶结相（图 4-23）。

可见，适量的铁是一种既不对 MgO-CaO 系材料高温性能构成明显的副作用，又能保证 MgO-CaO 系材料常温下不水化的良好添加剂。因而 $2CaO \cdot Fe_2O_3$ 胶结 MgO 在使用条件下具有 MgO-CaO 系材料的特点和性能，是一种良好的碱性耐火原料。

4.2.3.3 MgO-CaO-$2CaO \cdot Fe_2O_3$ 系混合料的技术性能

就电炉熔池用 MgO-CaO-$2CaO \cdot Fe_2O_3$ 系碱性混合料而言，首先要考虑尽量限制 SiO_2 和 Al_2O_3 含量，更重要的是 CaO 和 Fe_2O_3 应按比例保持在一定的范围，以保证在使用过程中能够分离出一定数量的 fCaO，来提高该类材料对电炉渣中 SiO_2 侵蚀的抵抗能力。通常的作法是将具有某种化学矿物组成的 $2CaO \cdot Fe_2O_3$ 胶结 MgO 按照严格的粒度组成配成混合料。这种做法的优点是工艺简单，烧结性好，但基质容易被熔渣所侵蚀。

针对这种情况，一种办法是提高 $2CaO \cdot Fe_2O_3$ 胶结 MgO 原料中 MgO 含量，另一种办法是配入一定数量纯度较高的镁砂，当然还有

其他办法，具体应视使用条件和制品价格等权衡考虑。其中制作简便、成本较低、效果良好的，是同时采用 $2CaO \cdot Fe_2O_3$ 胶结 MgO 和高纯度镁砂等的混合料。表 4-5 列出了几种典型的 $MgO\text{-}CaO\text{-}2CaO \cdot Fe_2O_3$ 系碱性混合料的技术性能。作为热补料时，还应控制 -0.074mm的含量。当然具体的配方还需根据使用条件、生产能力和制品价格综合考虑来确定。

表 4-5 几种典型的 $MgO\text{-}CaO\text{-}2CaO \cdot Fe_2O_3$ 系碱性混合料的技术性能

性能		AC 电炉			DC 电炉	铁合金电炉
		冷铺（补）	冷铺（补）	热补	冷捣打	冷捣打
化学成分/%	MgO	≥88	≥83	≥83	≥80	≥82
	CaO	4~6	7~9	6~8	10~15	8~10
	Fe_2O_3	4~6	5~7	6~8	3.5~4.5	6~8
	SiO_2	≤1.2	≤1.5	≤1.5	≤1.3	≤1.5
	IL		≤0.5			
耐压强度/MPa	1200℃×3h	≥10	≥10	≥10	≥10	≥10
	1600℃×3h	≥25	≥30	≥30	≥25	≥25
线收缩率/%	1200℃×3h	≤0.5	≤0.5	≤0.5	≤0.5	≤0.5
	1600℃×3h	≤3.0	≤3.0	≤3.0	≤3.0	≤3.0
粒度/mm		0~5	0~5	0~6	0~5	0~5

4.2.3.4 $MgO\text{-}CaO\text{-}2CaO \cdot Fe_2O_3$ 系混合料在使用中的变化

用 $MgO\text{-}CaO\text{-}2CaO \cdot Fe_2O_3$ 系混合料施工时，在 AC 炉上很少捣打，实际上只是冷铺（补）和热补而已；只是在 DC 电炉和铁合金电炉上才进行捣打（在 DC 电炉上无法修补，而在铁合金电炉上可以修补）。

在熔池烧结时，由于含有适量的 $2CaO \cdot Fe_2O_3$ 低熔相，能良好烧结形成陶瓷结合，使工作表面坚实，耐装废钢时的机械撞击。随着钢水覆盖熔池范围增大，氧分压下降，$2CaO \cdot Fe_2O_3$ 分解：

$$2Ca_2Fe_2O_5 \rightleftharpoons 4CaO + 4FeO + O_2\uparrow \qquad (4\text{-}10)$$

由于大量还原钢水的氧分压极低，所以发生反应，FeO 扩散进入方镁石晶格中形成固溶体：

$$xMgO + 4FeO \rightleftharpoons (x+4)(Mg \cdot Fe)O \tag{4-11}$$

图 4-25 ~ 图 4-27 所示为 $2CaO \cdot Fe_2O_3$ 的分解过程。

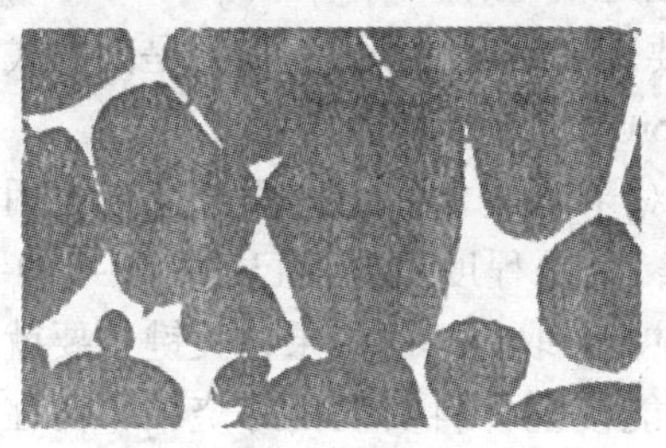

图 4-25 原质层显微结构

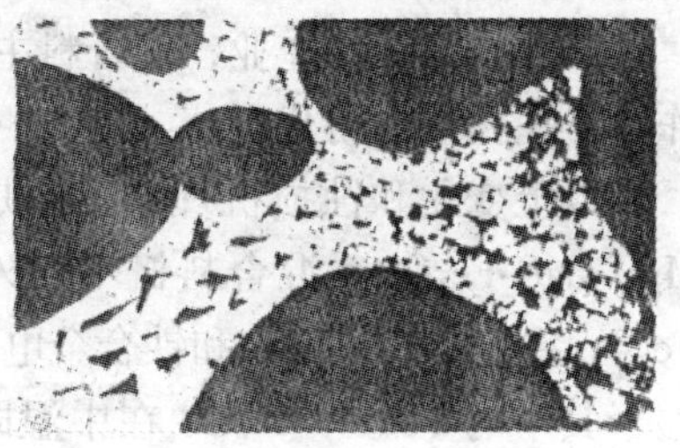

图 4-26 距工作表面 25mm 处显微结构

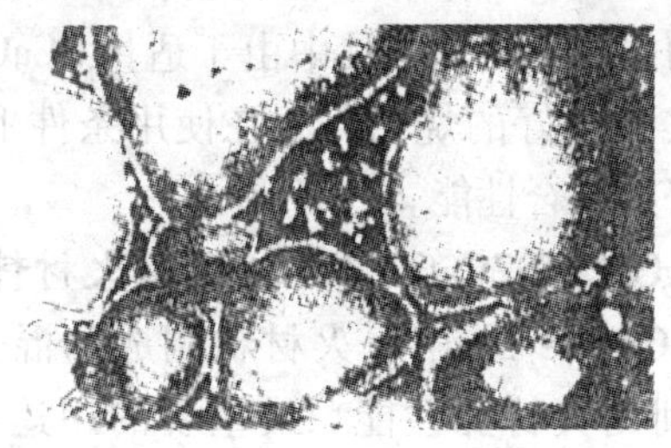

图 4-27 距工作表面 20mm 处显微结构

方镁石晶体尺寸由于吸收 FeO 而变大，彼此间直接结合程度增加，反过来提高了熔池混合料的耐火性能；热面中 MgO 对 FeO 的吸收反作用于烧结收缩，总的烧结收缩则保持在允许范围内。

当混合料与熔渣接触时，对混合料构成化学侵蚀的主要是 SiO_2 和 FeO，此时主要发生：

$$2CaO + SiO_2 \longrightarrow Ca_2SiO_4 \tag{4-12}$$

$$FeO + (Mg \cdot Fe)O \longrightarrow (Mg \cdot Fe)O \tag{4-13}$$

反应（4-12）的结果是生成高熔点相 $2CaO \cdot SiO_2$，并赋存在于主晶相方镁石固溶体晶体之间，阻止熔渣进一步渗透。反应（4-13）只是相对增加了方镁石固溶体中 Fe^{2+} 的浓度，促进晶体长大，使工作面致密化，虽然熔点有所降低，但这一反应仅局限于工作表面很薄的层带中，只有在最表面 Fe^{2+} 浓度相当高时，才逐渐溶入渣中。由于反应（4-12）和反应（4-13）都在工作面进行，反应产物又是高熔点物相，所以熔渣对该混合料的侵蚀是较轻的。

如果是连续性作业，混合料主要表现为熔蚀损毁；如果是间歇式作业，往往伴有粉化剥落（$2CaO \cdot SiO_2$ 相变）发生。

以上变化和蚀损机理，无论是对于 AC、DC 还是铁合金电炉用 $MgO\text{-}CaO\text{-}Fe_2O_3$ 系混合料概不例外，只是程度不同而已。$MgO\text{-}CaO\text{-}Fe_2O_3$ 系适于 AC、DC 和铁合金电炉，并取得好的效果，关键主要就在于其中的 $2CaO \cdot Fe_2O_3$ 在中温既能使混合料实现良好烧结，而在使用条件下又转化为高熔点相。

$MgO\text{-}CaO\text{-}2CaO \cdot Fe_2O_3$ 系碱性混合料的原料和制品的生产工艺都很简单，该料的主要原料和制品中由于适量 $2CaO \cdot Fe_2O_3$ 的存在，使其在中温既可实现良好的烧结，而在使用条件下又转化为高熔点相，因此具有良好的综合性能。

4.2.3.5 $MgO\text{-}CaO\text{-}2CaO \cdot Fe_2O_3$ 质耐火材料的用途

$MgO\text{-}CaO\text{-}2CaO \cdot Fe_2O_3$ 质耐火材料制成的混合料有多种用途，可以不同的方式利用其特殊性能。最重要的用途可以归纳于表4-6中。

表 4-6 $MgO\text{-}CaO\text{-}2CaO \cdot Fe_2O_3$ 质耐火材料的用途

类 型	用 途	类 型	用 途
熔池混合料	电弧炉	隔热喷补料	中间包
熔池修补料	电弧炉	泥浆喷补料	中间包
喷补料	电弧炉、碱性吹氧转炉、钢包		

下面将详细说明这些用途。

A 熔池混合料和熔池喷补料

现在电弧炉的熔池大多采用熔池混合料做衬和修补。制品范围从烧结白云石到低铁镁质混合料，然而在这个用途范围内，高 C_2F 的 MgO 混合料已在市场上占很大份额。

a 熔池混合料的粒度分布

熔池混合料的粒度分布，在致密化能力和良好的施工性能方面，已达到最优水平。在熔池烧结时，含 C_2F 的混合料能发挥其尽早深入地形成陶瓷结合的优点，通过这个过程，熔池很快变得能耐废钢装炉时的机械冲击。

随着钢水覆盖熔池的范围增大，氧浓度下降，反过来提高了熔池的耐火度，而烧结收缩率则保持在可允许的范围内。热面的 FeO 吸收也反作用于烧结收缩率。针对氧化铁的侵蚀，高 MgO 混合料的耐侵蚀性自然比白云石混合料强。一定的 CaO 含量在抗渣化方面有许多优点，这尤其对熔池斜面寿命有决定性影响。

因此，高 C_2F 混合料把烧结优良的优点与高度的耐 FeO 侵蚀和耐深部渣渗入相结合。

b 喷补料

在电弧炉中一直使用大量的喷补料，尽管由于在侧壁中使用了水冷部件，再加上炉次次数的增加和冶炼作业改善（例如用泡沫渣操作），其单位消耗已大大降低了。此外，在 BOF 中，喷补料常用于有目的地维修先期损坏的部位，常与激光-光学方法残余测厚技术相结合。修补钢包渣区、RH 和 DH 设备的潜入管当然是喷补料用途日益扩大的几个领域。

凡是用水加工的一切混合料，游离石灰的存在总是一个问题。因为游离石灰的水化，常使显微结构削弱，甚至于常常造成整个喷补层的剥落。在烧结镁砂死烧期间使 CaO 中的 Fe_2O_3 达到饱和状态，就可生产出只有在高温还原条件下才释放出石灰的混合料。

碱性混合料主要用于热补。因此，喷补层能尽早地良好烧结是很重要的。至于喷补料，不仅有了液态铁酸二钙会促进烧结，此外，铁酸二钙与常用作结合剂的水玻璃发生反应也能促进烧结。

在一个炉次过程中，碱性吹氧转炉和电弧炉中，气体相发生强烈的还原。在 LD、LD-AC 和 OBM 联合吹炼过程中，CO/CO_2 约在 3 ~ 9 之间，H_2/H_2O 为 1。在 OBM 工艺中，废气仍然有较强的还原性（CO/CO_2 为 30 ~ 50）。在电弧炉工艺中，情况当然比较复杂，然而至少在用氧气—燃料—烧嘴熔化阶段和在精炼阶段，如同在 LD 工艺中一样，煤气成分同样是还原性的，所以在任何情况下，至少可用

C_2F 部分还原而释放 CaO 来估计，同时，随着这种情况，耐火度也有所提高。对于交替受到气体相和渣的影响的混合料部位来说，这是特别重要的。

混合料主要暴露于渣侵条件下时（例如氧气顶吹转炉，电弧炉和钢包的渣区，以及 RH/DH 浸入管），就发挥了上述 CaO 过量的优点。然而，这有一个先决条件，就是尽量不要滥用硅酸盐结合剂，并且不要用黏土作增塑剂。因此，利用有机添加剂来保证喷补料的附着能力，有机添加剂能以最少的含量提高塑变值，从而有可能在大范围内改变加水量。图 4-28 用流动曲线表明了这种含 C_2F 的死烧镁砂细粒悬浮液的有机增塑剂的效果。

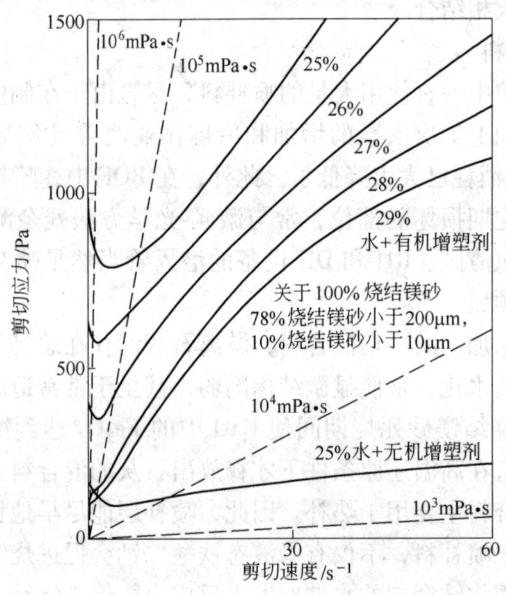

图 4-28 有机增塑剂对死烧镁砂细粒悬浮液流动性的影响

B 中间包混合料

各种高 C_2F 死烧镁砂，长期以来是中间包覆面材料的原料基础，既用于碱性中间包绝热板，也可用作隔热喷补料，首先对这种混合料来说，阻止酸性覆面渣的渗入是十分重要的。

通过有目的的粒度分布和加入气孔产生剂，可得到低热传导率和较低的强度值。在中间包中，由于富含 C_2F 的镁质料很快被钢水覆盖，因此 C_2F 很早就分解，没有形成液相，所以避开了富含 C_2F 的镁砂的良好烧结性能。于是被渗入后的混合料的显微结构仍然不致密而多孔，甚至在 10h 浇铸时间后都容易从永久衬上除去。

当然，中间包混合料也要求，结合剂加入量必须限制在最低限度，须用有机添加剂使之达到理想的加工性能（水的需要量、气孔率、黏度等）。在使用富含 C_2F 的死烧镁砂时，在中间包混合料中，最好避免目前常用的死烧镁砂和橄榄石合用的方法，因为在操作过程中，这会导致形成大量的 Ca-Mg-硅酸盐。这样一来，浇铸时间长约 10h 这条优点就没有了。

4.3 $MgO-CaO-Al_2O_3$ 质耐火材料

4.3.1 $MgO-CaO-Al_2O_3$ 质耐火材料的分类

$MgO-CaO-Al_2O_3$ 三元相图（图 4-29）是探讨和开发 MgO-CaO-

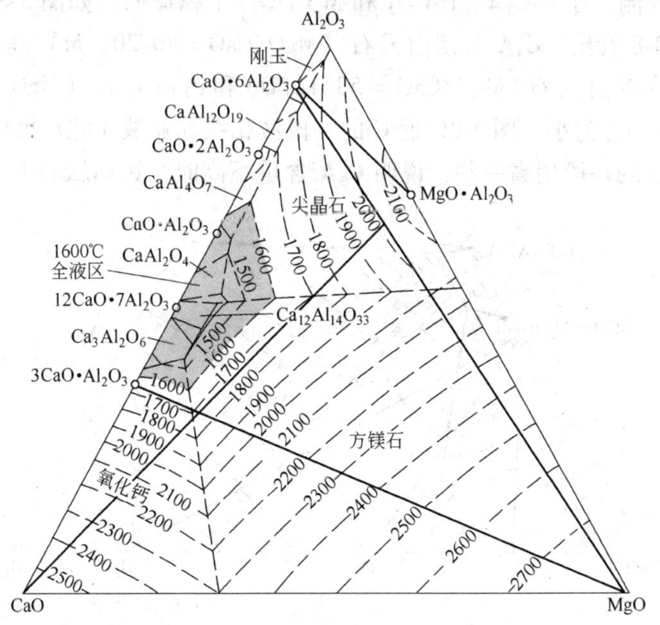

图 4-29 $MgO-CaO-Al_2O_3$ 系中液线温度的相图

Al_2O_3 质耐火材料最重要和最基本的相关相图。由图 4-29 看出，在 1600℃时，全液相区域非常小，而且压缩于 CaO-Al_2O_3 边界中间的狭小区域，说明在 MgO-CaO-Al_2O_3 三元系中存在能作为耐火材料应用的广阔物相组成区域。它们可以划分为：

（1） MgO-CaO-3CaO · Al_2O_3 质（简写成 M-C-C_3A）；

（2） MgO-CaO-MgO · Al_2O_3 质（简写成 M-C-Spinel）；

（3） MgO-MgO · Al_2O_3-CaO · 6Al_2O_3 质（简写成 M-Spinel-CA_6）；

（4） Al_2O_3-MgO · Al_2O_3-CaO · 6Al_2O_3 质（简写成 A-Spinel-CA_6）；

其中（1）~（3）属于含 Al_2O_3 的 MgO-CaO 基耐火材料系列。

4.3.2 MgO-CaO-C_3A 质耐火材料

MgO-CaO-Al_2O_3 三元系中贫 Al_2O_3 的相区属于 MgO-CaO-C_3A 质耐火材料相分布区域，如图 4-30 所示。MgO-CaO-C_3A 亚三元系为 MgO-CaO-Al_2O_3 三元系中的一个组成三角形，反应点 1450℃，在三角形外侧。作 C-C_3A、D-C_3A 和 M-C_3A 三个纵截面，如图 3-8 所示。从图 3-8 看出，C_3A 对镁白云石（MgO/CaO = 80/20，M）高温性能的影响较白云石（MgO/CaO = 58/42，D）和钙白云石（MgO/CaO = 20/80，C）为小。图 3-8C 近 C 的一段液相线和亚液相线温度较图3-8 D 近 D 的一段稍高一些，说明 C_3A 含量不高时，钙白云石 C 略胜于

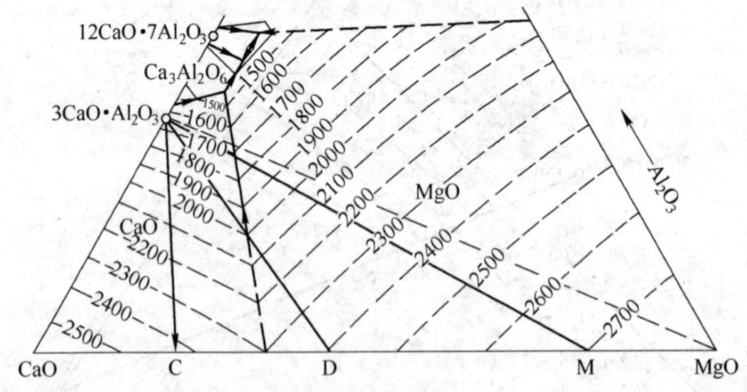

图 4-30 MgO-CaO-Al_2O_3 系的一部分

白云石 D，但前者易于水化。

临界条件下（即 $CaO/Al_2O_3 = 3$）即为 $MgO-C_3A$ 质耐火材料。作 $MgO-C_3A$ 纵截面，如图 4-31 所示。该图表明，其液相线温度随 $MgO-C_3A$ 混合物中 MgO 含量的增加迅速上升，这说明 C_3A 含量较低时，对镁质耐火材料的高温性能的影响较小。但 C_3A 在 1450℃ 分解为 CaO + L，而 CaO 则于约 1700℃时熔于含铝的熔体中，使该类耐火材料变为 MgO + L（单一方镁石固相与液相处于平衡中）两相。

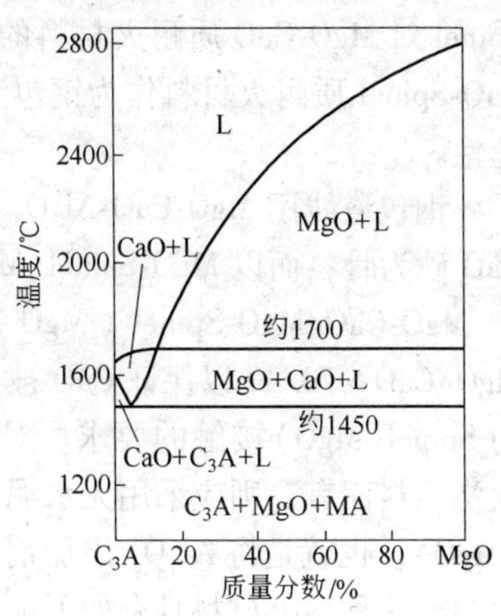

图 4-31 C-M-A 三元系 $MgO-C_3A$ 等组成截面图

4.3.3 MgO-CaO-Spinel 质耐火材料

MgO-CaO-Spinel 亚系是 $MgO-CaO-Al_2O_3$ 三元系中一个组成三角形，作 CaO-Spinel 纵截面图，如图 4-32 所示。图中表明，Spinel 容易被 fCaO 分解而成为 MgO + L，其液相出现的温度相当低，因而说明

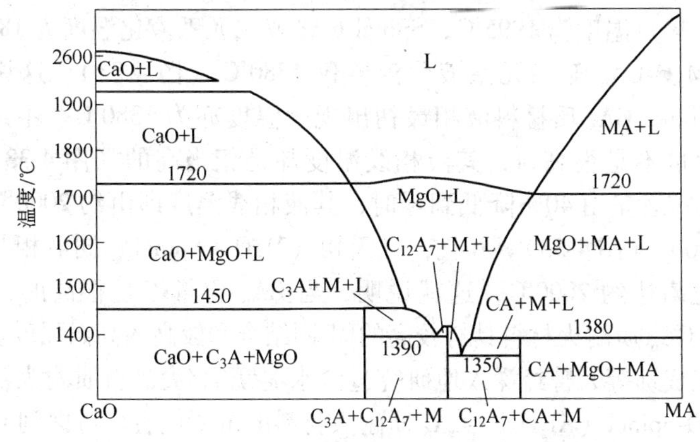

图 4-32 $MgO-CaO-Al_2O_3$ 系中 CaO-MA 纵截面图

Spinel 对 MgO-CaO 质耐火材料的高温性能危害相当大。然而，MgO-CaO-Spinel 质耐火材料作为钢包渣线部位用耐火材料却具有明显的优越性。

钢包渣线用 MgO-CaO-Al_2O_3 质耐火材料的配方设计应采用 MgO-CaO 砂为骨料而以 MgO-Spinel(MgO)混合料为基质。这种配方设计属于 MgO-CaO/MgO-Spinel（MgO）方案。通常，MgO-CaO 砂中的 MgO/CaO >70/30 以保证 CaO 被 MgO 网络所包围，从而达到 fCaO 不与 Spinel(MgO)接触的要求。对于 MgO-CaO/MgO-Spinel(MgO)质耐火浇注料而言，则应采用无水泥方案，而 Spinel 则应采用原位 Spinel (MgO)，也就是将 Al_2O_3 添加剂（细粉）加到 MgO-CaO 质耐火浇注料中。这种耐火材料具有如下优点：

（1）Al_2O_3 可提高熔渣黏性和降低基质的气孔尺寸，从而抑制熔渣的浸透；

（2）Al_2O_3 添加剂可促材料烧结，从而达到提高 MgO-CaO 质耐火材料的高温抗折强度并能降低其弹性模量，从而改善其抗热震性能。

这样一来便能提高 MgO-CaO 质耐火浇注料的使用寿命。

4.3.4 MgO-Spinel-CA_6 质耐火材料

作图 4-29 中 MgO-CA_6 纵截面如图 4-33 所示。虽然 MgO-Spinel 二元低共熔点温度为 1995℃，Spinel-CA_6 亚二元系液化温度为 1840℃，然而 MgO-CA_6 亚二元系液化温度仅 1380℃（图 4-33）。这说明纯 MgO-Spinel-CA_6 质材料液相最初出现的温度亦为 1380℃。不过，当 CA_6 含量不是很高时，其液相线温度却是相当高的（图 4-33）。例如，CA_6 含量由 40% 降低到零时，其液相线温度即由约 2000℃ 上升到 2800℃（图 4-33）。并且，二固相（MgO + Spinel）同液相共存的温度也高达约 2000℃，这就说明，当 CA_6 含量不是很高时，MgO-Spinel-CA_6 质耐火材料具有较高的固-固结合和较高的高温强度。

王成训等人曾经深入地研究过含水泥镁铝/尖晶石质耐火浇注料是 MgO-Spinel（Al_2O_3）-CA_6 质耐火材料的重要代表。考虑到 CA_6 作为含 CA_6 的 MgO 基耐火材料重要性，需要对 CA_6 及其性能作简单

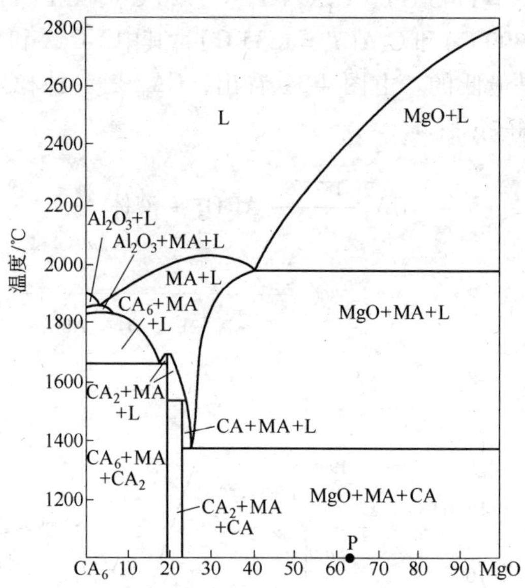

图 4-33 C-M-A 三元系 CA$_6$-MgO 等组成截面图

说明。

E. Criado 曾经在评述 CA$_6$ 作为耐火材料以及 Al$_2$O$_3$-CA$_6$ 复相耐火材料的高度重要性时指出，像莫来石一样，CA$_6$ 具有很高的耐火度（CA$_6$ 的转熔点温度超过 1875℃）。另外，这种化合物还表现出其他几种良好的技术性能，如与含氧化铁的熔渣形成固溶体的范围大，在碱性环境中有足够的抗化学侵蚀能力，在还原气氛中高度稳定，线膨胀系数接近 Al$_2$O$_3$，而且主要结晶区巨大，所以在几种多元系统中有较低的溶解性。同时，CA$_6$ 热机械强度高（σ_f = 260MPa，K_{IC} = 4.5MPa · m$^{1/2}$，E_0 = 260MPa），表明它作为耐火材料高度的重要性以及作为次相存在可使 Al$_2$O$_3$-CA$_6$ 复相耐火材料的显微结构和抗热震性能得到改善。

CA$_6$ 作为 MgO-Spinel(Al$_2$O$_3$)质耐火材料中的次相时已获得应用，其典型例子就是 MgO-Spinel(Al$_2$O$_3$)质耐火浇注料。

如图 4-34 所示，CaO · 6Al$_2$O$_3$（简写 CA$_6$）是 CaO-Al$_2$O$_3$ 二元系熔化温度最高的二元化合物。此外，尚有一系列早已熟知的二元化合物：C_2A（T_f = 1745℃）、C_3A_5（T_f = 1720℃）、CA（T_f = 1600℃）、$C_{12}A_7$（T_f = 1390℃）和 C_3A（T_f = 1535℃），其中，C_3A 和 CA 的共熔点（1360℃）是最低的。由图 4-34 看出，CA_6 是一种稳定的化合物，1875℃时分解熔融：

$$CA_6 \xrightarrow{1875℃} Al_2O_3 + 液体 \tag{4-14}$$

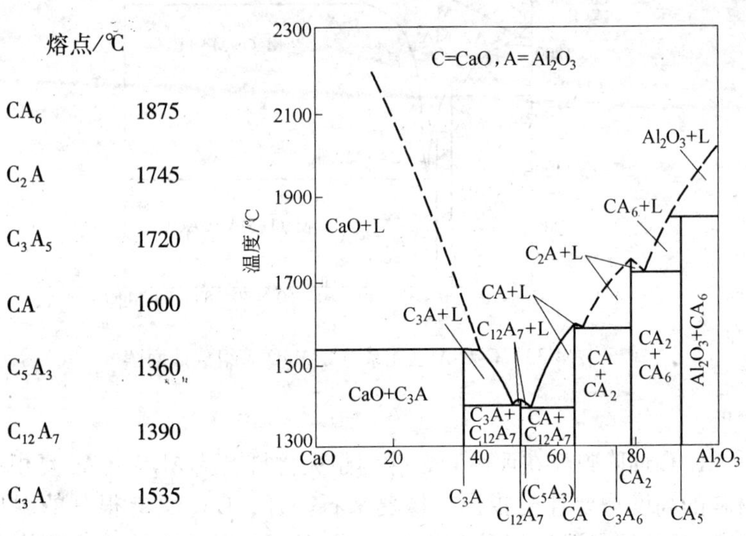

图 4-34 CaO-Al_2O_3 系

这表明 CA_6 属于高熔点复相耐火氧化物范围。

CA_6 的平均线膨胀系数与 Al_2O_3（8.5×10^{-6}/℃）相近，见表 4-7。此表中同时还列出了不同温度下 CaO 和其他铝酸钙盐的线膨胀系数以作比较。此外，CA_6 在 20～1000K 时，亦与 Spinel 的线膨胀系数（7.6×10^{-6}/K）接近（与表 4-7 中 CA_6 的数据比较）。

CA_6 的 σ_f、K_{IC} 和 E 早已进行过测定，其结果见表 4-8。CA_6 的这些数据都证明它本身作为耐火材料的高度重要性，同时也暗示出 CA_6 作为次相而存在时也会对 Spinel-CA_6 系和 Al_2O_3-Spinel-CA_6 系耐火材料的性能产生显著的影响。但它已超出本书范围。

表 4-7　钙铝酸盐的线膨胀系数值

成　分	钙铝酸盐的线膨胀系数(20℃) $T\times10^{-6}$/℃													
	200	300	400	500	600	700	800	900	1000	1100	1200	1300	1400	1500
CaO	12.4	12.5	12.7	12.9	13.0	13.3	13.5	13.6	13.6	13.5	13.6	—	—	—
$3CaO\cdot Al_2O_3$	7.8	8.1	8.8	9.0	9.3	9.6	9.8	10.0	10.2	10.3	10.5	—	—	—
$12CaO\cdot 7Al_2O_3$	4.9	5.2	5.3	5.5	5.5	5.7	5.9	6.0	6.2	6.4	6.5	6.3	5.5	—
$CaO\cdot Al_2O_3$	6.7	6.7	6.8	6.9	7.0	7.2	7.3	7.4	7.6	7.8	7.8	7.7	5.9	—
$CaO\cdot 2Al_2O_3$	1.7	1.4	1.4	1.6	1.9	2.3	2.6	2.9	3.3	3.7	4.0	4.3	4.4	—
$CaO\cdot 6Al_2O_3$	6.8	6.9	7.0	7.2	7.4	7.6	7.7	7.8	8.0	8.2	8.3	8.4	8.5	—
Al_2O_3	7.7	8.0	8.0	8.0	8.0	8.1	8.0	8.0	8.1	8.0	8.0	8.2	8.4	—

表 4-8　纯 CA_6 压块的显微结构和力学性能（热处理温度 1600℃ ×2h）

平均颗粒尺寸(热处理温度 1550℃ ×2h)				CA_6 的平均颗粒尺寸,温度与 CA_6 压块颗粒尺寸变化的关系				CA_6 压块的力学性能			
试样体积(CA_6)/%	Al_2O_3 直径/μm	CA_6 颗粒尺寸		温度×2h/℃	长 L/μm	宽 W/μm	L/W	温度/℃	K_{IC} $(p\cdot m^{1/2})$	E/GPa	σ_f/MPa
		长/μm	宽/μm								
0	1.5 ±0.5	—	—	1550	2.5 ±0.2	0.8 ±0.1	3.5 ±0.2	1500	3.8 ±0.1	150 ±15	179 ±110.82
4.21	1.3 ±0.3	3 ±1	0.3 ±0.2	1600	2.4 ±0.2	0.8 ±0.1	3.4 ±0.2	1550	4.2 ±0.05	185 ±26	207 ±190.84
6.37	1.3 ±0.3	4 ±1	0.4 ±0.3	1650	3.1 ±0.2	0.8 ±0.1	4.4 ±0.2	1600	4.2 ±0.05	195 ±22	206 ±160.85
12.69	1.7 ±0.5	5 ±2	0.5 ±0.1					1650	5.5 ±0.1	210 ±20	219 ±230.88
25.15	1.2 ±0.4	7 ±3	0.6 ±0.3								
100	—	3 ±1	0.8 ±0.1								

4.4 MgO-CaO-ZrO_2 质耐火材料

早期，ZrO_2 用作 MgO-CaO 质耐火材料中的添加物以提高其抗水化性，如图 4-35 所示。正如这两幅图所表明的，ZrO_2 对提高 MgO-CaO 质耐火材料的抗水化性能具有良好的效果，甚至好于 TiO_2。

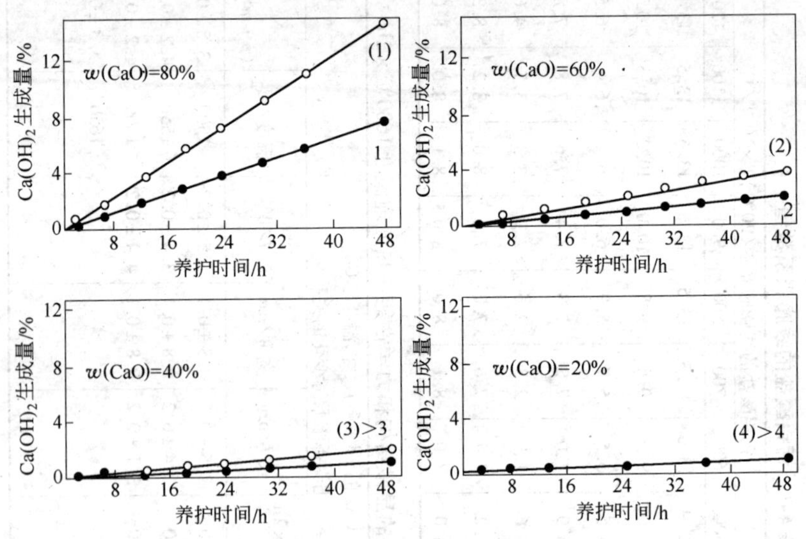

图 4-35 混合料的水化速率

(1)、(2)、(3)、(4) 为 MgO-CaO 砂；

1、2、3、4 为加 ZrO_2 · SiO_2 的 MgO-CaO 砂

ZrO_2 提高 MgO-CaO 质耐火材料的抗水化性能是由于 ZrO_2 同 CaO 反应生成 CaO · ZrO_2 并存在于方镁石晶界中，结果则导致 fCaO 以不连续的方式存在（即分散存在）于材料中，从而使其具有良好的抗水化性能。

含 ZrO_2 的 MgO-CaO 质耐火材料的进一步发展是向 MgO-CaO 质耐火材料中配入较多的 ZrO_2 数量，以对其性能进行改进，从而扩大应用范围。现在，已经开发出性能更优的 MgO-CaO-ZrO_2 质耐火材料品种，并获得了广泛的应用。

4.4.1 $MgO-CaO-ZrO_2$ 质耐火材料的分类

$MgO-CaO-ZrO_2$ 质耐火材料的分类，可以根据是否存在方钙石（fCaO）划分为三大类型。

第一类：当 $MgO-CaO-ZrO_2$ 质耐火材料中$(CaO-ZrO_2)/SiO_2 > 3$（摩尔比）时，由于 CaO 不能完全被 ZrO_2 稳定，因而该类耐火材料中有 fCaO 存在，其主要矿物相为 $MgO-CaO-CaO \cdot ZrO_2$。

第二类：当 $MgO-CaO-ZrO_2$ 质耐火材料中$(CaO-ZrO_2)/SiO_2$ 满足 $2 \leqslant (CaO-ZrO_2)/SiO_2 \leqslant 3$（摩尔比）时，由于 CaO 已被 ZrO_2 完全稳定下来，因而该类耐火材料中没有 fCaO 存在，其主要矿物相为 $MgO-CaO \cdot ZrO_2$。

第三类：当$(CaO-ZrO_2)/SiO_2 < 2$ 时，CaO 被 ZrO_2 稳定后还存在 $fZrO_2$时，其矿物相为 MgO，$CaO \cdot ZrO_2$ 和 ZrO_2。

这样看来，第一类 $MgO-CaO-ZrO_2$ 质耐火材料属于 $MgO-CaO-CaO \cdot ZrO_2$ 质耐火材料，而第二类 $MgO-CaO-ZrO_2$ 质耐火材料属于 $MgO-CaO \cdot ZrO_2$ 质耐火材料。第三类 $MgO-CaO-ZrO_2$ 质耐火材料属于 $MgO-ZrO_2-CaO \cdot ZrO_2$ 质耐火材料。

4.4.2 相关相图

$MgO-CaO-ZrO_2$ 三元系相图（图 4-36）和 $MgO-CaO-ZrO_2-SiO_2$ 系

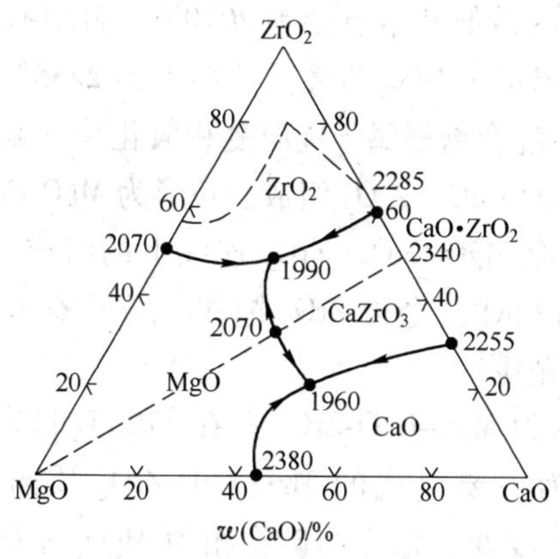

图 4-36 $MgO-CaO-ZrO_2$ 三元系相图

固相关系图（图 4-37）是探讨 $MgO-CaO-ZrO_2$ 质耐火材料最基本和最重要的两幅相关相图。

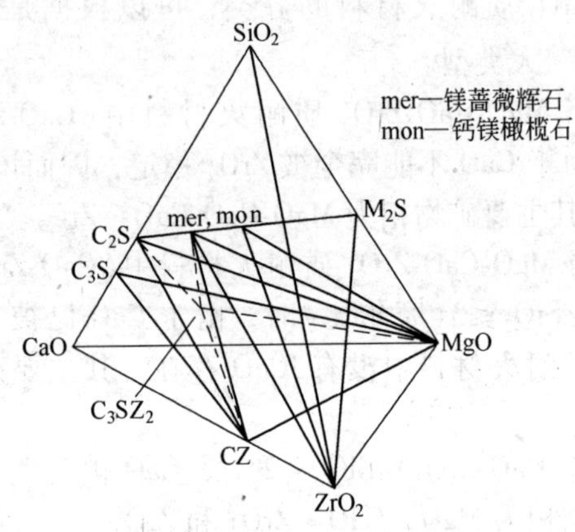

图 4-37　和方镁石相容的 $MgO-CaO-ZrO_2-SiO_2$ 系相图

图 4-36 表明，在 $MgO-CaO-ZrO_2$ 三元系中，不存在三元化合物，仅存在一个二元化合物：$CaO \cdot ZrO_2$，31. 3% CaO 和 68. 7% ZrO_2，其熔点温度为 2340℃。$MgO-CaO \cdot ZrO_2$ 连线将 $MgO-CaO-ZrO_2$ 三角形划分为 $MgO-CaO-CaO \cdot ZrO_2$ 和 $MgO-ZrO_2-CaO \cdot ZrO_2$ 两个组成三角形，前者的最低共熔点为 1960℃，后者的最低共熔点为 1990℃，而 $MgO-CaO \cdot ZrO_2$ 的最低共熔点则为 2070℃，MgO-CaO 的最低共熔点为 2380℃，$CaO-CaO \cdot ZrO_2$ 的最低共熔点为 2255℃。这就表明整个 $MgO-CaO-ZrO_2$ 系混合物都属于优质复相氧化物（高熔点）系耐火材料，其中 $MgO-CaO-CaO \cdot ZrO_2$ 组成三角形为 $MgO-CaO-ZrO_2$ 质耐火材料相分布区域。而 $MgO-CaO \cdot ZrO_2$ 连线上的组成，其 $CaO/ZrO_2 = 1$ (摩尔比)，表明 CaO 已全被 ZrO_2 饱和，属于 ZrO_2 稳定的 MgO-CaO 质耐火材料组成范围。

图 4-38 所示为 $MgO-CaO-ZrO_2$ 系在 1700℃ 的等温截面图。它表明，在以 MgO 为主要组成的 $MgO-CaO-ZrO_2$ 质耐火材料中，随着 CaO/ZrO_2 比值的改变，相应的矿物相为 $MgO_{ss} + CaO_{ss} + CaO \cdot ZrO_2$ 或 $MgO_{ss} + CaO \cdot ZrO_2 + ZrO_{2ss}$ 或 $MgO_{ss} + c\text{-}ZrO_{2ss}$ 等。由此可见，

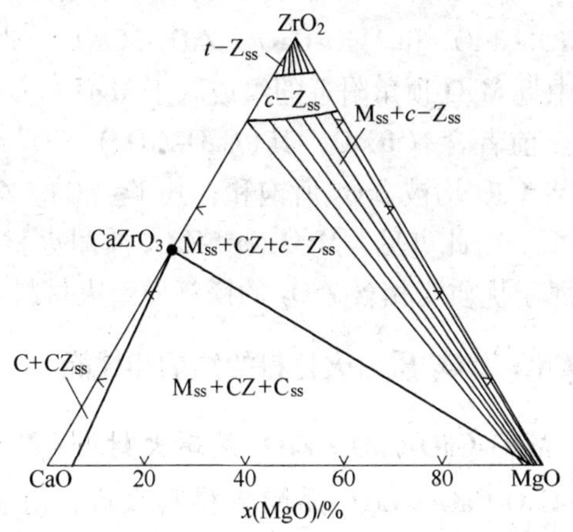

图 4-38 MgO-CaO-ZrO_2 系在 1700℃ 的等温截面图

在 1700℃ 的高温条件下，CaO/ZrO_2 >1 的 MgO-CaO-ZrO_2 质耐火材料，其相组成为 MgO_{ss} + CaO_{ss} + CaO · ZrO_2；在 CaO/ZrO_2 =1 时，其相组成为 MgO_{ss} + ZrO_{2ss}；在 CaO/ZrO_2 <1 时，其相组成亦为 MgO_{ss} + CaO · ZrO_2 + c-ZrO_{2ss}。这就是说，为了避免 MgO-CaO-ZrO_2 质耐火材料的水化，其 CaO/ZrO_2 ≤1。

然而，MgO-CaO-ZrO_2 质耐火材料并不是简单的三元系，而是 MgO-CaO-ZrO_2-SiO_2-Al_2O_3-Fe_2O_3 六元，在(CaO-ZrO_2)/SiO_2 ≥2 的条件下，SiO_2 同 CaO 反应形成 2CaO · SiO_2 和/或 3CaO · SiO_2，而 Al_2O_3 和 Fe_2O_3 不会同 MgO、SiO_2 和 ZrO_2 反应形成复相化合物，只同 CaO 反应并生成：

（1）当 Al_2O_3/Fe_2O_3 <0.64(摩尔比,下同)时，为 2CaO · Fe_2O_3 和 4CaO · Al_2O_3 · Fe_2O_3。

（2）当 Al_2O_3/Fe_2O_3 >0.64 时，则为 3CaO · Al_2O_3 和 4CaO · Al_2O_3 · Fe_2O_3。

通常，MgO-CaO-ZrO_2 质耐火材料中 Al_2O_3 和 Fe_2O_3 等杂质含量都很低，因而相组合可以粗略地用 MgO-CaO-ZrO_2-SiO_2 四元系来分析，如图 4-37 所示。

对于 MgO-CaO-ZrO_2 质耐火材料来说，其(CaO-ZrO_2)/SiO_2 >2。

由图 4-37 看出，位于 MgO-CaO-SiO_2-ZrO_2 四面体结构中的 MgO-CaO-$CaO\cdot ZrO_2$-$3CaO\cdot SiO_2$ 和 MgO-$CaO\cdot ZrO_2$-$2CaO\cdot SiO_2$-$3CaO\cdot SiO_2$ 两个亚四面体中近 MgO 顶角附近的组成属于 MgO-CaO-ZrO_2 质耐火材料相分布区域。前者含有 fCaO，其$(CaO\text{-}ZrO_2)/SiO_2>3$，固化温度为 1740℃；后者 CaO 均被 ZrO_2 所饱和，其$2\leqslant(CaO\text{-}ZrO_2)/SiO_2\leqslant3$，固化温度 1710℃。由此可见，$MgO$-$CaO$-$ZrO_2$ 质耐火材料，不管 fCaO 存在与否，均属于优质复相含 ZrO_2 的镁钙质耐火材料系列。

4.4.3 MgO-CaO-ZrO_2 质耐火材料的结构和性能

4.4.3.1 MgO-CaO-$CaO\cdot ZrO_2$ 质耐火材料

对于 MgO-CaO-$CaO\cdot ZrO_2$ 质耐火材料来说，由于$(CaO\text{-}ZrO_2)/SiO_2>3$，因而材料中存在大量的 fCaO，会给其生产和使用带来困难，因为对 fCaO 的水化问题需要进行控制。

MgO-CaO-$CaO\cdot ZrO_2$ 质耐火材料选用高纯优质镁砂和 ZrO_2 材料搭配进行生产，后者可以选择单一 ZrO_2 材料或者 MgO-CaO-ZrO_2 合成原料。其生产工艺则可将 MgO-CaO 质耐火材料生产工艺原封不动用来生产 MgO-CaO-$CaO\cdot ZrO_2$ 质耐火材料不会有问题。根据性能要求和使用环境的不同，需要对 ZrO_2 源的类型、数量和粒度进行仔细选择和平衡。

理论上认为，MgO-CaO-$CaO\cdot ZrO_2$ 质耐火材料可以采用 MgO-CaO-ZrO_2 质合成砂，也可以采用 MgO-CaO 砂与 ZrO_2 材料搭配，或者二者并用进行生产。但若用 ZrO_2 材料对 MgO-CaO 质耐火材料进行性能改善，则认为采用镁钙砂同 ZrO_2 材料搭配生产较为经济和方便。在这种情况下，则应选择优质高纯 MgO-CaO 砂，即杂质含量低，体积密度大的 MgO-CaO 砂，其 MgO/CaO 比例取决于使用要求。

这种 MgO-CaO-ZrO_2 质耐火材料在烧成过程中由于 ZrO_2 同 CaO 反应生成了 $CaO\cdot ZrO_2$。因此添加 ZrO_2 的 MgO-CaO 质耐火材料的相组成为 MgO-CaO-$CaO\cdot ZrO_2$，属于高性能的耐火材料系列。

关于添加 ZrO_2 对 MgO-CaO 质耐火材料性能的影响，主要集中在 ZrO_2 类型、颗粒大小和加入量上。

研究结果表明，在非常致密的白云石质耐火材料中添加粒状 ZrO_2，即可使材料由于热震所产生的剥落减少到最低程度，因为烧成时在白云石/镁砂基质中生成的大量 CaO · ZrO_2 晶体能有效地改进白云石质耐火材料的抗热震性能。这就是说，含 ZrO_2 的白云石质以及整个系列 MgO-CaO 质耐火材料一旦裂纹产生了，ZrO_2 又可在基质中有效地分散细裂纹，使热应力得到释放。也就是说，在该系列耐火材料产生裂纹之后，也可通过 ZrO_2 抑制裂纹扩展，推迟发生剥落的时间，提高使用寿命。

ZrO_2 添加数量对提高白云石质耐火材料抗热震性能也有明显的效果，如图 4-39a 和图 4-39b 所示。比较这两幅图还看出，在往白云石耐火材料中添加 1% ~4% ZrO_2 的条件下，ZrO_2 尺寸为 1 ~ 2mm 的粗颗粒的效果优于 0.1 ~ 1mm 细颗粒的效果。

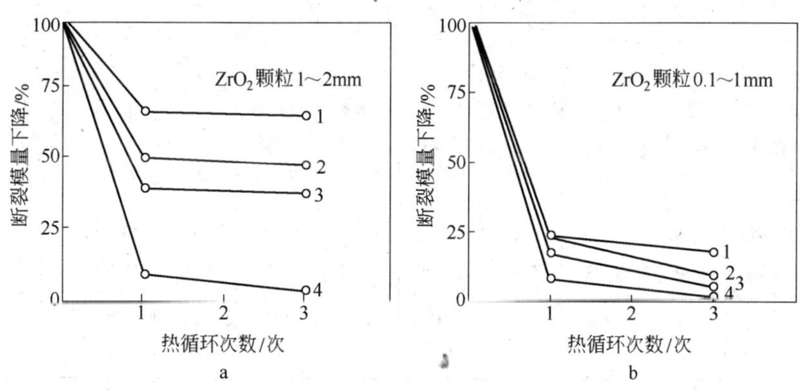

图 4-39 ZrO_2 含量对断裂模量的影响

1—4% ZrO_2；2—2% ZrO_2；3—1% ZrO_2；4—0% ZrO_2

不过，通过添加 ZrO_2 提高白云石质耐火材料抗热震性时，ZrO_2 添加数量应根据使用条件进行调节。例如，用于水泥回转窑的白云石-ZrO_2 砖以添加 3% ZrO_2 为宜，而用于钢包的白云石-ZrO_2 砖则以添加 1% ~2% ZrO_2 较为理想。当然，上面关于添加 ZrO_2 提高白云石质耐火材料抗热震性能的方法对于 MgO/CaO 比例不同的全系列 MgO-CaO 质耐火材料的抗热震性能都是有效的。例如，ZrO_2 改善镁白云石质耐火材料抗热震性能就是典型的例子。由研究结果得出，在镁白云石质耐火材料中添加粗颗粒 ZrO_2 之后，导致了其气孔率增加，弹性模量 E 下降，结果则提高了材料的抗热震性能。原因是 ZrO_2 同 CaO 反应生成 CaO · ZrO_2，并伴随 2 倍的体积增加，从而导致材料内部产生了许多微裂纹。这可终止（或阻止）裂纹的扩展，见表 4-9。正如表 4-9 所表明的，在 MgO-CaO 质耐火材料中添加 ZrO_2 之后，不仅降低了材料的弹性模量 E，提高了抗热震性能而且抗熔渣的渗透性能也明显地增强了。

表 4-9 ZrO_2 复合镁白云石砖和镁白云石砖性能

编号		1	2	3	4	5	6	7	8
化学成分/%	MgO	77	74	65	62	52	48	40	37
	CaO	23	23	35	35	48	49	60	60
	ZrO_2		3		3		3		3
体积变化/%		-1.8	+0.5	-3.5	-1.7	-4.1	-2.3	-4.8	-3.7
气孔率/%		14.8	16.7	14.5	15.8	14.2	15.2	13.8	14.1
密度/g · cm^{-3}		2.92	2.9	2.94	2.92	2.95	2.93	2.97	2.95
弹性模量/GPa		64.7	22.5	61.7	33.3	70.6	42.1	65.7	61.7
抗折强度/MPa	常温	13.23	5.98	13.92	6.37	12.74	8.92	13.52	12.54
	1400℃	4.21	3.14	3.53	2.94	3.92	4.02	4.80	5.1
蚀损指数①	侵蚀	100	118	149	125	155	178	229	185
	渗透	100	67	105	78	98	74	100	74

① 旋转渣蚀试验，1750℃，5h。

注：炉渣的化学成分为 SiO_2 34%，CaO 51%，Al_2O_3 2%，MgO 5%，Fe_2O_3 8%。

关于对 ZrO_2 改善 MgO-CaO 质耐火材料的抗热震性能的机理的理解仍然不尽一致。有人认为，添加 ZrO_2 之后在基质中生成了较为“柔软”的 CaO · ZrO_2 晶体，起到了缓冲作用或阻止了裂纹的扩展；有人则认为，μ-ZrO_2 和 PSZ 相变所伴随的体积变化，产生的微裂纹提高了 K_{IC} 值，从而改善了 MgO-CaO 质耐火材料的抗热震性能；还有人认为，添加 ZrO_2 颗粒的 MgO-CaO 质耐火材料在烧成之后产生的许多微裂纹，是由于 CaO 向 ZrO_2 颗粒中扩散发生反应生成 CaO · ZrO_2

并伴随体积膨胀（约 2 倍以上）的缘故。另外，如图 4-40 所示，CaO · ZrO_2 和白云石之间线膨胀系数差别类似白云石质耐火材料和 MgO-Spinel（MgO）质耐火材料中由于原料颗粒之间膨胀不同而导致材料内部产生微裂纹（图4-41），因而提高了阻止裂纹扩展的能力而赋予其较高的抗热震性能。

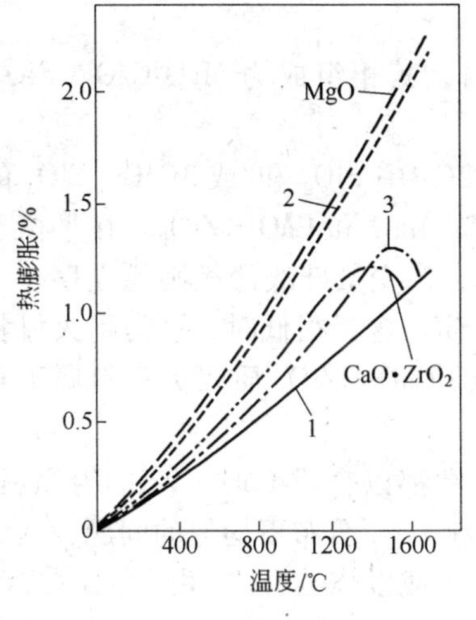

图 4-40 碱性原料的热膨胀曲线

1—尖晶石；2—白云石；3—铬矿

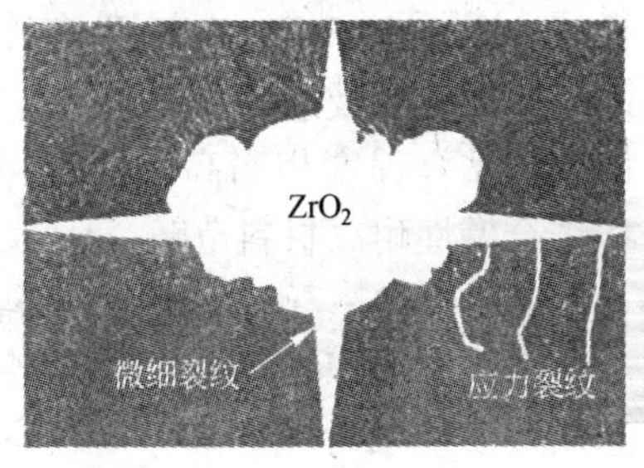

图 4-41 微细裂纹的发生机理

大量的研究结果和生产使用实践都表明，添加 ZrO_2 的 MgO-CaO 质耐火材料，不仅提高了材料的抗热震性能和抗熔渣渗透的能力，同时也改善了材料的抗水化性能，因而给材料的运输、保存带来了方便。所以，这类耐火材料的适应性和耐用性都较高。

4.4.3.2 由 ZrO_2 稳定的 MgO-CaO 质耐火材料

MgO-CaO-ZrO_2 质耐火材料的技术发展是开发 ZrO_2 含量高的 MgO-CaO-ZrO_2 质耐火材料，其中 $2 \leqslant (CaO\text{-}ZrO_2)/SiO_2 \leqslant 3$ 时，因为材料中不存在 fCaO，所以可将这类 MgO-CaO-ZrO_2 质耐火材料称为由 ZrO_2 稳定的 MgO-CaO 质耐火材料。这类耐火材料的组成位于 MgO-CaO-SiO_2-ZrO_2 四面体结构中 MgO-CaO · ZrO_2-2CaO · SiO_2-3CaO · SiO_2 亚四面体近 MgO 顶角附近的组成。其固化温度为 1710℃，见图 4-37。相组成为：

(1) 当($CaO-ZrO_2$)/SiO_2 = 2 时，其相组成为 $MgO-CaO \cdot ZrO_2-2CaO \cdot SiO_2$。

(2) 当 2 < ($CaO-ZrO_2$)/SiO_2 < 3 时，其相组成为 $MgO-CaO \cdot SiO_2-2CaO \cdot SiO_2-3CaO \cdot SiO_2$。

(3) 当($CaO-ZrO_2$)/SiO_2 = 3 时，其相组成为 $MgO-CaO \cdot SiO_2-3CaO \cdot SiO_2$。

通常，SiO_2 的含量较低，因而 $2CaO \cdot SiO_2$ 和/或 $3CaO \cdot SiO_2$ 的数量很少。所以，材料中的主晶相为 MgO 和 $CaO \cdot ZrO_2$。在平衡条件下，MgO 和 $CaO \cdot ZrO_2$ 呈直接结合，少量硅酸盐相则孤立存在于晶粒间或气孔及裂隙中。因此，当 SiO_2 含量很低时，这类耐火材料的直接结合程度相当高。显然，$MgO-CaO \cdot ZrO_2$ 质耐火材料属于直接结合碱性耐火材料范畴。

$MgO-CaO \cdot ZrO_2$ 质耐火材料通常都以合成 $CaO \cdot ZrO_2$ 为原料，当考虑到电熔 $MgO-CaO \cdot ZrO_2$ 砂存在 ZrO_2 分布不均匀的问题，认为选用优质烧结合成 $MgO-CaO \cdot ZrO_2$ 砂或以烧结合成 $MgO-CaO \cdot ZrO_2$ 砂为主生产的 $MgO-CaO \cdot ZrO_2$ 质耐火材料是合适的。在这种情况下，可以借用镁质耐火材料工艺来生产 $MgO-CaO \cdot ZrO_2$ 质耐火材料。

采用优质高纯烧结合成 $MgO-CaO \cdot ZrO_2$ 砂为原料生产的 $MgO-CaO \cdot ZrO_2$ 质耐火材料，其 MgO 和 $CaO \cdot ZrO_2$ 分布均匀，结构致密，直接结合组织发达。$MgO-CaO \cdot ZrO_2$ 质耐火材料的成分控制，特别是 MgO/CaO 比例则取决于使用条件。通常认为高 MgO/CaO 比例具有高性能。配料中 ZrO_2 数量，应满足 2≤($CaO-ZrO_2$)/SiO_2≤3 的条件，若超过这一范围，不是导致 fCaO 出现，就是导致 $3CaO \cdot MgO \cdot 2SiO_2$ 产生。当产生 $3CaO \cdot MgO \cdot 2SiO_2$ 时，其固化温度即由 1710℃下降到 1555℃，说明更进一步增加 ZrO_2 含量是不合适的。

杂质成分 SiO_2、Al_2O_3 和 Fe_2O_3 均应严格限制，以提高材料的抗侵蚀性能。

有关 $MgO-CaO \cdot ZrO_2$ 质耐火材料更详细的情况，可参见 4.4.4 节。

4.4.4 $MgO-CaO-ZrO_2$ 质耐火材料的应用

现在已经了解到，$MgO-CaO \cdot ZrO_2$ 质耐火材料（主要是向 MgO-

CaO 质耐火材料中添加少量 ZrO_2）已经成为 AOD 炉风口及风口周围区域的标准耐火材料。因为风口砖和挡板要遭受由冷空气产生的热冲击（热震），由涡流产生的磨损，由氧化反应产生的极限温度的作用，由于反应产物的腐蚀所导致的磨损等。在这些苛刻的条件下应用时，烧成的含 ZrO_2 的高纯高强 MgO-CaO 砖的性能同其他在该条件下应用的耐火砖相比，不在其之下。

对于炉外精炼来说，由于不少精炼渣中 Al_2O_3 含量较低，例如 AOD 渣，可以简化为 $CaO-SiO_2$ 系渣，$MgO-CaO \cdot ZrO_2$ 质耐火材料有可能与之相适应。当该耐火材料同 $CaO/SiO_2 \geqslant 2$ 的 $CaO-SiO_2$ 系渣相遇时，砖/渣系统应属于 $MgO-CaO-SiO_2-ZrO_2$ 四元系。由图 4-35 和表 4-9 看出，其固化温度为 1710℃ $[2 \leqslant (CaO-ZrO_2)/SiO_2 \leqslant 3]$ 及 1740℃ $[(CaO-ZrO_2)/SiO_2 > 3]$。这说明，$MgO-CaO-ZrO_2$（尤其是 $MgO-CaO-CaO \cdot ZrO_2$）质耐火材料对于 $CaO/SiO_2 \geqslant 2$ 的 $CaO-SiO_2$ 系渣的使用环境具有良好的适应性。

然而，当 $MgO-CaO \cdot ZrO_2$ 质耐火材料同 $CaO/SiO_2 < 2$（例如 $CaO/SiO_2 \approx 1.0$）的 $CaO-SiO_2$ 系渣相遇时，因为砖/渣系统的液化温度有可能由 1710℃下降到 1555℃甚至 1475℃（参看图 4-37 及表 4-9），说明 $MgO-CaO-ZrO_2$（ZrO_2 含量过高，fCaO 较少甚至没有时）质耐火材料难以与 $CaO/SiO_2 < 2$（尤其是 $CaO/SiO_2 \leqslant 1.0$）的 $CaO-SiO_2$ 系渣的操作条件相适应。不过，当 $(CaO-ZrO_2)/SiO_2$ 比值远大于 3 的材料中含有大量的 fCaO 时，那么 fCaO 即会同熔渣反应生成高熔点的 $2CaO \cdot SiO_2$ 及 $3CaO \cdot SiO_2$ 固化密集于耐火砖的表面，导致熔渣高黏化，并在耐火砖的工作面上形成坚固的保护层，提高耐用性。由此即可预计含 fCaO 量较高的 $MgO-CaO-CaO \cdot ZrO_2$ 质耐火材料可与低 CaO/SiO_2 的 $CaO-SiO_2$ 系熔渣的操作条件相适应。

对于 Al_2O_3 含量高的精炼渣，例如对钢液进行渣洗或喷吹的精炼渣均属于 $CaO-Al_2O_3$ 渣，$MgO-CaO-ZrO_2$ 质耐火材料同 $CaO-Al_2O_3$ 渣的关系，则可以用 $MgO-CaO-ZrO_2-Al_2O_3$ 四元系相关系来分析。

图 4-42 为 $MgO-CaO-ZrO_2-Al_2O_3$ 四面体结构中的底面组成的 $ZrO_2-CaO-Al_2O_3$ 系在不同高温下的液相区，беремиой 等人认为 $ZrO_2-CaO-Al_2O_3$ 三元系中存在一个三元化合物 $7CaO \cdot 3Al_2O_3 \cdot ZrO_2$，其熔

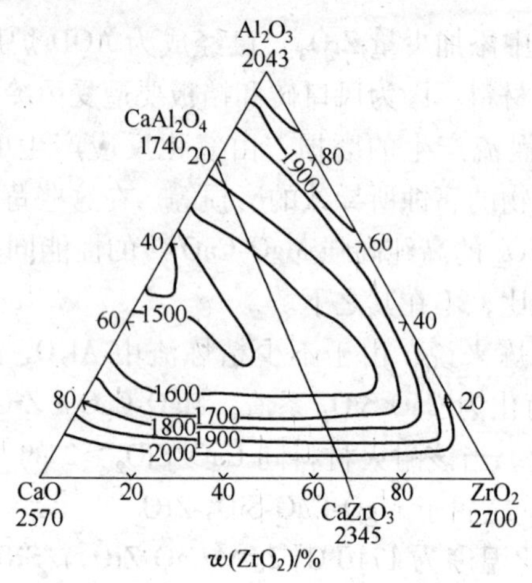

图 4-42 ZrO_2-CaO-Al_2O_3 系在不同高温下的液相区

点为 1550℃。Bartha 等人则认为三元化合物是 $6CaO \cdot 3Al_2O_3 \cdot ZrO_2$，其熔点低于 1500℃。显然，$ZrO_2$-$CaO$-$Al_2O_3$ 系内的最低共熔点温度应比三元化合物的熔点更低，陈肇友认为在 1345 ~ 1390℃之间其组成应在 $12CaO \cdot 7Al_2O_3$-$3CaO \cdot Al_2O_3$-$7CaO \cdot 3Al_2O_3 \cdot ZrO_2$（或 $6CaO \cdot 3Al_2O_3 \cdot ZrO_2$）三角形内。而由图 4-42 看出，在炉外精炼的操作温度下（1600 ~ 1700℃）液相十分广阔；而 $CaO \cdot ZrO_2$-$CaO \cdot Al_2O_3$ 最低共熔点温度低于 1550（约 1530℃）。所有这些情况均表明，MgO-CaO-ZrO_2 质耐火材料用来做 CaO-Al_2O_3 系熔渣的炉衬是不太适宜的。

MgO-CaO-ZrO_2 质耐火材料另一应用领域是水泥回转窑烧成带内衬耐火材料。通常这种含 ZrO_2 的白云石砖是采用 MgO + CaO > 97% 的烧结白云石砂，并添加少量粒状 $CaO \cdot ZrO_2$ 制成。因为硅酸盐水泥的主要化学成分是 CaO（约 65%）和 SiO_2（约 22%），主要矿物相是 $2CaO \cdot SiO_2$ 和 $3CaO \cdot SiO_2$。而添加 1% ~3% 粒状 ZrO_2 的白云石砖的化学成分与水泥熟料成分最为接近，故可为挂窑皮提供大量 CaO-水泥熟料接触面，同水泥熟料中 $2CaO \cdot SiO_2$ 反应生成 $3CaO \cdot SiO_2$，从而使水泥熟料可靠而牢固地结合在一起形成窑皮。另外，白云石-ZrO_2 砖中的 fCaO 即可使内衬砖具有结构挠性，所以添加少量粒状 ZrO_2 的烧成白云石砖即可与水泥回转窑窑壳相匹配。

然而，这种添加少量粒状 ZrO_2 的烧成白云石砖在水泥回转窑烧成带上应用也存在如下问题：

（1）热膨胀性和收缩性大；

（2）热导率高；

（3）抗水化性差；

（4）会被 Cl^- 和 SO_3 侵蚀；

（5）抗热震性能相对较低（图 4-43 和表 4-10）。

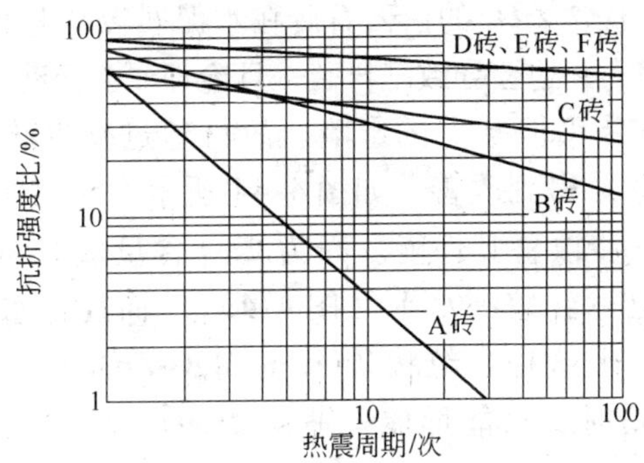

图 4-43 碱性砖的抗热震性（950℃/空气冷却）

表 4-10 水泥窑用碱性耐火材料性能

种类		A	B	C	D	E	F
		烧结白云石砖	含 ZrO_2 烧结白云石砖	含 ZrO_2、镁白云石砖	含 ZrO_2 烧结镁砖	镁尖晶石砖	镁尖晶石砖
化学成分/%	MgO	38.5	39	48	96	93	88
	CaO	59.2	58	48	1	1	1
	SiO_2	0.7	0.6	0.6	0.6	0.5	0.3
	Fe_2O_3	0.8	0.8	0.7	0.5	0.4	0.4
	Al_2O_3	0.5	0.5	0.5	0.2	4.5	10
	ZrO_2	—	2.7	1.8	1.8	—	—
密度/$g \cdot cm^{-3}$		2.77	2.83	2.90	2.97	2.88	2.95
气孔率/%		17	16	15	16	17	16
耐压强度/MPa		60	45	50	50	45	40
荷重软化温度/℃	t_a	>1700	>1700	>1700	>1700	>1700	>1700
	$t_{0.5}$	>1400	>1400	>1500	>1700	>1700	>1700
热膨胀（1200℃）/%		1.56	1.56	1.58	1.65	1.45	1.41
抗热震性(950℃～空冷)/次		25	>30	>30	>30	>30	>30

虽然，在水泥回转窑长期连续生产条件下可以利用 MgO-CaO-ZrO_2 砖的优点，克服其缺点，在烧成带上使用。但是，为了适合更加广泛的操作条件，仍应设法解决这类耐火材料所存在的问题。

图4-43中C砖（性能见表4-10）是通过向含粒状 ZrO_2 的白云石砖的基质中增加 MgO 富化以进一步提高抗热震性能，使其接近但却并没有达到 MgO-Spinel 砖的水平（图中E砖及F砖）。

白云石砖以及含 ZrO_2 的白云石砖在水泥回转窑上使用的另一问题是其残余收缩大，这会导致窑衬砖一旦冷却便会松动。由于白云石砖的永久线变化受 fCaO 成分的影响，故可通过减少砖中 CaO 含量（增加 MgO 含量）得到改善，如图4-44所示。它表明，继续减少 CaO 含量会进一步改善其性能。因为 CaO 含量低的 MgO-ZrO_2 砖，其抗热震性能已达到较高水平（图4-43），而且在水泥窑上使用的磨损也较低，但这种含粒状 ZrO_2 的 MgO-ZrO_2 砖，在水泥回转窑烧成带上使用时，只能形成一薄层 2CaO · SiO_2 接触相，它远少于白云石砖，见表4-8，而且在使用过程中窑壳温度通常较高。结果则导致一些砌体出现裂纹剥落，有时出现严重的损坏。其原因被认为 MgO-ZrO_2 砖缺少结构挠性。考虑到 MgO-ZrO_2 砖的高热膨胀，因而认为 MgO-ZrO_2 砖难以同水泥回转窑窑壳相匹配。

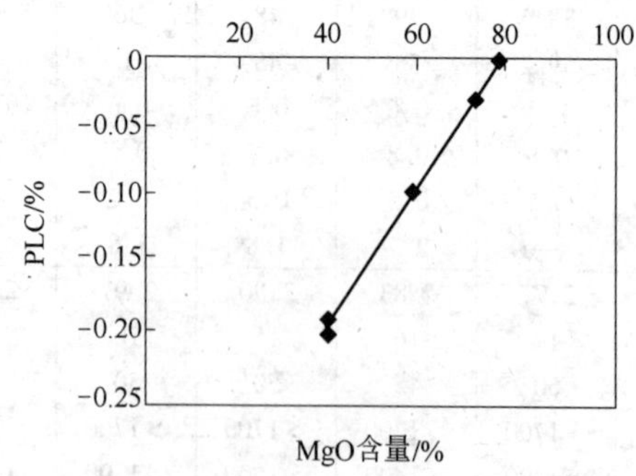

图4-44　MgO 含量和 PLC 之间的关系

（PLC：在1600℃，2h 后）

但高 MgO 含量的 MgO-CaO 砖的优点是抗水化性能高，如图 4-45 所示。高 MgO 含量的另外优点是改善了抗氯化物和硫化物的化学侵蚀性能，因为这种高 MgO 碱性耐火材料减少了能形成氯化物、硫化物等低熔点化合物的 CaO 成分。

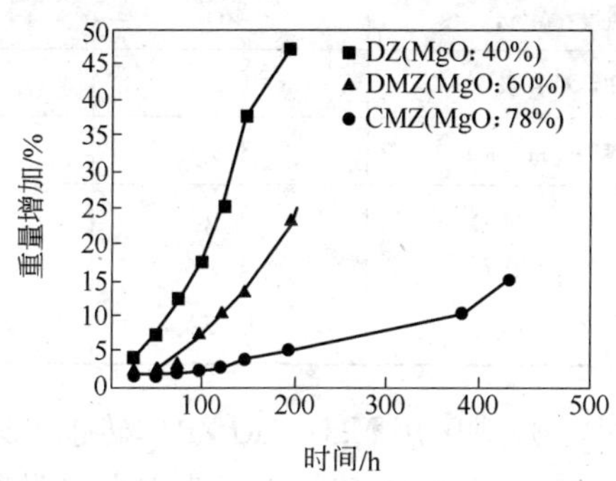

图 4-45 因水化作用造成的各种砖的增重
（温度：32℃，湿度：80%）

为了降低 $MgO-CaO-ZrO_2$ 质耐火材料的线膨胀系数和热导率，并提高抗水化性能，故应使这类耐火材料中 CaO 转变为 $CaO \cdot ZrO_2$。因为 $CaO \cdot ZrO_2$ 的线膨胀系数较小（图 4-40），热导率低，同时抗水化性能也高。

这种 $MgO-CaO-ZrO_2$ 质耐火材料中，由于基质中的 CaO 同 ZrO_2 反应生成了 $CaO \cdot ZrO_2$，同时伴有体积膨胀，结果则产生了气孔而使之获得了高的适应性，从而有助于这类耐火材料提高耐椭圆度的性能。

可适应回转窑烧成带操作条件的 $MgO-CaO-ZrO_2$ 质耐火材料（砖），可采用预反应的含 $CaO \cdot ZrO_2$ 高的镁砂为原料进行生产，见表 4-11 中的 B 砖。这种碱性耐火砖用于水泥回转窑烧成带特别容易出问题的部位内衬材质时，与比邻的 MgO-Spinel 砖相比，其蚀损降低了 1/3。通常，这种 $MgO-CaO-ZrO_2$ 砖中含约 20% 的 $CaO \cdot ZrO_2$，它比含 2% 的 ZrO_2 的镁锆砖热导率低得多，线膨胀系数也不大，因而能同水泥回转窑窑壳容易匹配。

表 4-11 镁锆砖

性 能		镁钙锆砖 A	镁钙锆砖 B
体积密度/g · cm^{-3}		3.01	3.04
显气孔率/%		15.8	17
常温耐压强度/MPa		46	38
线膨胀率(1200℃)/%		1.2	1.4
热导率(700℃)/W · (m · K)$^{-1}$		3.6	3.5
化学组成/%	MgO	82.3	75.0
	CaO	5.8	7.0
	ZrO_2	11.3	15.5

改进回转窑中心烧成区用 $MgO\text{-}CaO\text{-}ZrO_2$ 砖也可以按镁砖的设计程序进行设计，见表 4-11 中 A 砖。为了改进窑皮附着性，则需要向配料中加入 CaO 成分；为了提高耐用性，则应向配料中添加 ZrO_2 成分；而且通过优化颗粒组成（PSD）和微量添加物等，以提高应力缓和性和耐热震性。表 4-12 列出了这类碱性耐火砖质量的典型例子。

表 4-12 不同碱性耐火材料的熟料黏性

砖 号		A 砖	B 砖	C 砖	D 砖	E 砖	F 砖
砖 种		白云石砖	加 ZrO_2 的白云石砖	含 ZrO_2 的白云石砖	含 ZrO_2 的镁砖	镁尖晶石砖	镁尖晶石砖
化学组成/%	MgO	38	37	48	95	93	88
	CaO	59	58	48	1.4	1	1
	ZrO_2		2.7	1.8	1.8		
	Al_2O_3					5.0	10.5
挂窑皮试验总接触面/%		60	60	45	3	12	6

4.5 $MgO\text{-}CaO\text{-}TiO_2$ 质耐火材料

将 TiO_2 添加到 MgO-CaO 质耐火材料中之后即获得 $MgO\text{-}CaO\text{-}TiO_2$ 质耐火材料。

4.5.1 相关相图

$MgO-CaO-TiO_2$ 系统的固相关系如图 4-46 所示。其中 MgO-CaO-$3CaO \cdot 2TiO_2$ 亚三元系为含 fCaO 的 $MgO-CaO-TiO_2$ 质耐火材料的物相组成区域，而 $MgO-3CaO \cdot 2TiO_2-CaO \cdot TiO_2$ 以及 $MgO-CaO \cdot TiO_2-2MgO \cdot TiO_2$ 亚三元系则为使用 TiO_2 作为稳定剂的稳定性 $MgO-CaO-TiO_2$ 质耐火材料，其相组成亦为 $MgO-3CaO \cdot 2TiO_2-CaO \cdot TiO_2$ 和 $MgO-CaO \cdot TiO_2-2MgO \cdot TiO_2$。

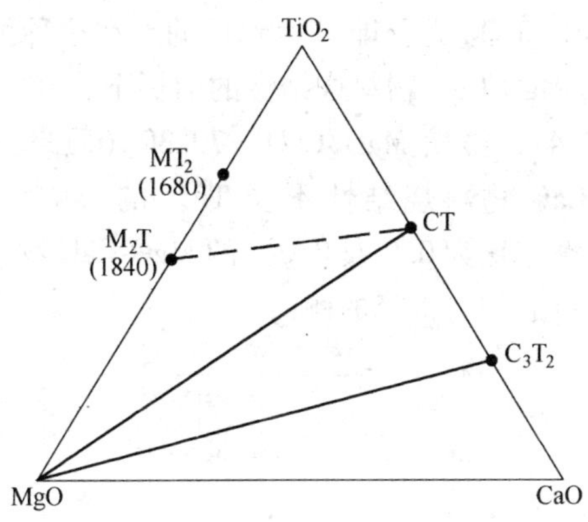

图 4-46 $MgO-CaO-TiO_2$ 系统的固相关系

然而，使用镁砂同 TiO_2 搭配生产 $MgO-CaO-TiO_2$ 质耐火材料时，由于镁砂中还含有 Al_2O_3、Fe_2O_3 和 SiO_2 等杂质成分，因而 $MgO-CaO-TiO_2$ 质耐火材料应属于 $MgO-CaO-TiO_2-SiO_2-Al_2O_3-Fe_2O_3$ 六元系。其中，Al_2O_3 和 Fe_2O_3 仅同 CaO 反应形成 $2CaO \cdot Fe_2O_3$ 和 $4CaO \cdot Al_2O_3 \cdot Fe_2O_3$（在 $Al_2O_3/Fe_2O_3 < 0.64$）或者 $3CaO \cdot Al_2O_3$ 和 $4CaO \cdot Al_2O_3 \cdot Fe_2O_3$（$Al_2O_3/Fe_2O_3 > 0.64$），而不与其他成分反应生成相应的物相。因而 $MgO-CaO-TiO_2$ 质耐火材料的物相组成可以粗略地用 $MgO-CaO-TiO_2-SiO_2$ 四元系来分析，见图 3-76。

在 $MgO-CaO-TiO_2-SiO_2$ 四面体结构位于 $CaO \cdot MgO \cdot SiO_2-2CaO \cdot SiO_2-CaO-CaO \cdot TiO_2$ 多面体内靠近 MgO-CaO 连线组成属于 $MgO-CaO-TiO_2$ 质耐火材料的物相分布区域。其中，$MgO-3CaO \cdot SiO_2-CaO-3CaO \cdot$

$2TiO_2$ 多面体内的组成为含有 fCaO 的 MgO-CaO-TiO_2 质耐火材料物相分布区域，而 MgO-CaO · MgO · SiO_2-3CaO · SiO_2-3CaO · TiO_2-CaO · TiO_2 多面体内的组成则为（使用 TiO_2 作为稳定剂的）稳定型 MgO-CaO-TiO_2 质耐火材料的物相分布区域。

4.5.2　TiO_2 改进 MgO-CaO 质耐火材料抗水化性的效果及其途径

少量 TiO_2 改进 MgO-CaO 材料的抗水化性已经进行了大量的研究工作，并获得了许多研究成果。

研究结果证实，为了改进 MgO-CaO 材料的抗水化性，通过向该类材料中添加少量 TiO_2 成分即可达到目的。在这种情况下，其技术关键是在不损害 MgO-CaO 物料烧结性的前提下，确立 TiO_2 的最佳加入量。根据图 4-47，虽然 MgO/CaO = 70/30（质量比，其摩尔比为 3.27）的 MgO-CaO 物料烧结性不受 TiO_2 的影响，但 MgO/CaO = 40/60及 30/70（摩尔比为 0.9 及 0.6）的 MgO-CaO 物料烧结性在 TiO_2 加入量大于 1% 以后却有下降的倾向。

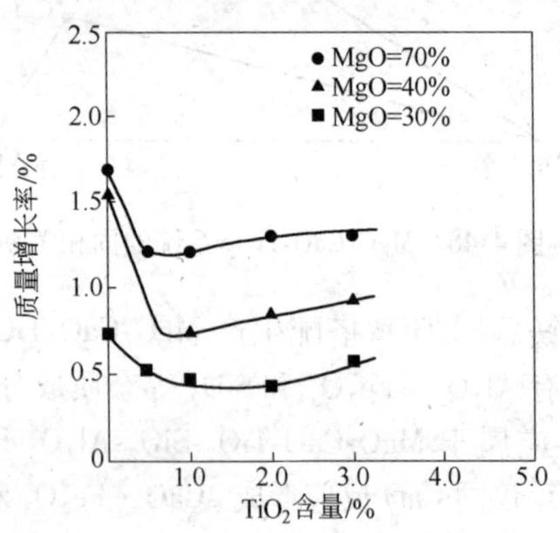

图 4-47　MgO-CaO 砂的 TiO_2 含量和质量增长率的关系

少量 TiO_2 对 MgO-CaO 材料（砂）抗水化性能的影响如图 4-48 所示。该图表明，TiO_2 约为 1% 时，MgO-CaO 材料的抗水化性能明显提高了，超过 1% 之后，MgO/CaO = 3.27 的 MgO-CaO 材料的抗水化性则呈现稳定趋势，而 MgO/CaO < 1 的 MgO-CaO 材料的抗水化性能却出现了下降的趋势。

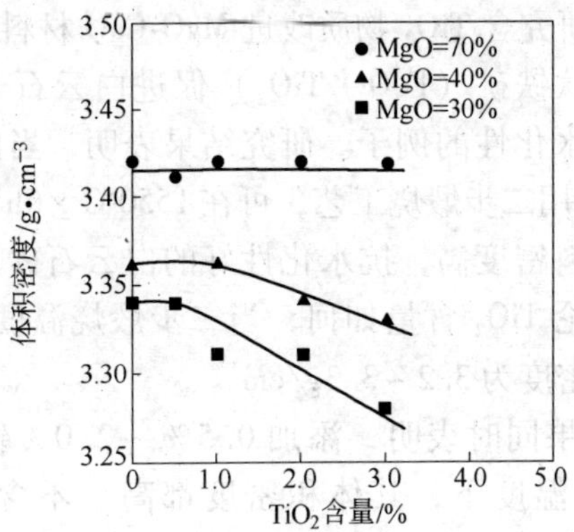

图 4-48 TiO_2 含量和烧结性的关系

由此可以得出结论：向 $MgO/CaO=3.27$ 的 MgO-CaO 材料添加 0.5% ~2.0% TiO_2，而向 $MgO/CaO=0.9$ 及 0.6 的 MgO-CaO 材料中添加 0.5% ~1.0% TiO_2 时才能不损害其烧结性而又能提高它们的抗水化性能。

表 4-13 列出了添加 1.0% TiO_2 的 $MgO/CaO=0.9$ 和 3.27 以及普通 MgO-CaO 材料的性能和抗水化性。由此表看出，与未添加 TiO_2 的 MgO-CaO 材料相比，添加 1.0% TiO_2 的同类材料明显提高了。

表 4-13 MgO-CaO 砂的性能

牌号		40		70		73
TiO_2 加入量/%		1	0	1	0	0
化学成分/%	MgO	43.1	41.9	70.2	71.0	73.2
	CaO	55.3	57.4	28.0	28.3	22.2
	SiO_2	0.11	0.18	0.17	0.17	1.05
	Fe_2O_3	0.24	0.32	0.39	0.39	1.08
	Al_2O_3	0.09	0.11	0.11	0.10	0.37
	B_2O_3	0.01	0.04	0.03	0.03	0.25
	TiO_2	1.03	—	1.09	—	—
显气孔率/%		1.7	2.0	2.1	2.6	1.5
体积密度/$g \cdot cm^{-3}$		3.36	3.36	3.42	3.42	3.35
质量增加①比例/%		0.9	2.0	0.4	0.7	1.0
除尘率/%		0.0	13.4	0.0	2.0	8.3

①高压法试验结果。

另外，关于研究含 TiO_2 物质改进 MgO-CaO 材料抗水化性的效果问题，可以举出钛铁矿（FeO · TiO_2）促进白云石（MgO/CaO ≈ 1）的烧结，提高抗水化性的例子。研究结果表明，当向白云石中添加1.0%钛铁矿，采用二步煅烧工艺，可在1550℃ ×6h 烧结制得低熔点物相含量低，材料密度高，抗水化性好的白云石砂。在这种含 TiO_2 白云石砂中，不论 TiO_2 含量如何，当二步煅烧温度高于1550℃时，材料的最高体积密度为3.2 ~3.3g/cm^3。

试验研究结果同时表明，添加0.5% ~2.0%钛铁矿的白云石物料在所有烧结温度下，其体积密度都高于不含 TiO_2 的白云石砂。这一事实证实，0.5% ~2.0%钛铁矿可以促进白云石的致密化。原因被认为是钛铁矿中主成分 TiO_2 有助于白云石的固相烧结时的致密化，而其中的低熔成分则参与液相烧结的致密化过程。

由上述分析可以得出，钛铁矿可以促进 MgO-CaO 物料烧结中的致密化过程，同时亦能提高它们抗水化性能。而少量（0.5% ~1.0%）TiO_2，虽然对提高 MgO/CaO > 1 的 MgO-CaO 物料的致密化过程没有明显的促进作用，但却能明显地提高 MgO/CaO > 1 的 MgO-CaO 物料的抗水化性能。

为了防止 MgO-CaO 砂水化的方法很多，归纳起来认为：

（1）高温或超高温烧结不能充分防止 MgO-CaO 砂的水化。

（2）添加各种杂质成分如无机氧化物和盐类等（TiO_2、Fe_2O_3 等）具有良好的效果，其添加量以完全覆盖到 CaO 表面上即可充分防止 MgO-CaO 砂的水化。但若添加量过多则会损害 MgO-CaO 砂的优良性能。

（3）表面覆膜只能减慢水化速度，但不能完全防止 MgO-CaO 砂水化产生。

（4）多种方法结合起来使用即可获得抗水化性优异的 MgO-CaO 材料。

首先，通过添加少量（约1.0%）TiO_2 来提高 MgO-CaO 材料的抗水化性。它是以活性 MgO-CaO 物料或者活性 MgO + 活性轻烧白云石粉为原料，并添加少量（约1.0%）TiO_2 微粉，均化—压球/压块—在大于1900℃二次煅烧（通常在回转窑内），可获得高纯高密度 MgO-CaO 砂。这种 MgO-CaO 砂具有良好的抗水化性。

将这类 MgO-CaO 砂破碎成所需要的粒度料后，进行碳酸化处理，按下述参数进行操作：

（1）处理温度：400~800℃。

（2）处理时间：大于1h。

（3）CO_2 分压的体积比：大于15%。

此外，气氛中水蒸气压力的体积比为2%时，有增加 $CaCO_3$ 层生成速度的效果。

碳酸化处理时，使 CaO 晶体表面上的 $CaCO_3$ 层厚度达到0.5μm时，便能获得具有充分抗水化性能的 MgO-CaO 砂，而且对于 MgO-CaO 砂的性能亦无不良影响。

如果上述 MgO-CaO 砂再用有机硅进行覆膜亦可进一步提高 MgO-CaO 砂的抗水化性能。有机硅覆膜可按 MgO-CaO(TiO_2)质耐火浇注料中关于采用有机硅对 MgO-CaO(TiO_2)砂进行覆膜的方法和步骤进行。

按上述方法所制得的高抗水化性 MgO-CaO（TiO_2）材料是生产 MgO-CaO(TiO_2)质耐火浇注料的主要原料，因而已获得了重要应用。

4.5.3 高抗水化性的 MgO-CaO(TiO_2)质耐火材料

为了解决 MgO-CaO(TiO_2)质耐火材料的生产、运输和储存中因水化导致的损毁问题，即需要生产高抗水化性的 MgO-CaO(TiO_2)质耐火材料，以获得确保在生产、运输和储存时不水化的产品。

试验研究结果表明，如果 MgO-CaO(TiO_2)质耐火材料，如 MgO-CaO(TiO_2)砖等的保存期超过6个月以上时就能满足在生产、运输和储存中不会因水化而导致其损毁。

满足6个月以上不水化的 MgO-CaO(TiO_2)质耐火制品，通常选用4.5.2节所述的 MgO-CaO(TiO_2)砂为原料，同时使用高纯镁砂为细粉，经压制成型后，于高温或超高温条件下烧成。虽然可选用传统压砖机成型 MgO-CaO(TiO_2)砖坯，但最好选用加压振动成型设备进行成型。这可防止 MgO-CaO(TiO_2)颗粒不被破碎，防止生产过程中的水化产生。

烧成的 MgO-CaO(TiO_2)砖经过碳酸化处理之后，再使用有机硅进行覆膜。由此所得到的 MgO-CaO(TiO_2)砖在空气中存放 6 个月至 1 年不会水化。

高抗水化性 MgO-CaO(TiO_2)砖也可以使用 4.5.2 节所述的 MgO-CaO(TiO_2)砂和 MgO 细粉搭配，并向配料中添加 TiO_2 微粉，按上述工艺进行生产。少量 TiO_2 微粉配入混合料中（基质中），可增强烧结，提高致密度。

烧成的 MgO-CaO(TiO_2)砖进行碳酸化处理后，再进行有机硅覆膜，便能获得高抗水化性的 MgO-CaO(TiO_2)砖。

4.5.4 MgO-CaO(TiO_2)质耐火浇注料

MgO-CaO(TiO_2)质耐火浇注料以高抗水化的 MgO-CaO(TiO_2)砂为颗粒料而以高纯镁砂为细粉，添加少量 TiO_2 微粉，选择 $\mu fSiO_2$ 作为结合剂，同时采用六偏磷酸钠作为分散剂所生产的 MgO-CaO(TiO_2)质耐火浇注料。

为了调节 MgO-CaO(TiO_2)质耐火浇注料的流变性能（流动性和工作性），需要对颗粒组成进行优化（PSD），并增加粗颗粒数量，扩宽配比中总颗粒尺寸的范围，以达到增加浇注料的流动性和工作性，提高浇注料的综合性能。

在这类耐火浇注料的制备中，需要对 TiO_2 微粉用量进行控制，因为 TiO_2 配入量高时会导致 MgO-CaO(TiO_2)质耐火浇注料的抗侵蚀性能降低。

有研究者曾经按表 4-14 的组方所设计的 MgO-CaO 质耐火浇注料试样，以表 4-15 的熔渣为侵蚀剂进行抗渣性试验所得到的结果（图 4-49）表明，纯净的 MgO-CaO 质耐火浇注料试样的抗侵蚀性能最好，但熔渣却容易渗透进入其内部的气孔中。添加 3% TiO_2 的 MgO-CaO-TiO_2 质耐火浇注料试样的抗渗透性比纯净 MgO-CaO 质耐火浇注料高，但却存在抗侵蚀性下降的倾向。就添加剂种类而言，抗渣性按 $Al_2O_3 > ZrO_2 > TiO_2$ 的顺序下降。

表 4-14 试样用材料的化学组分 (w_B/%)

试样号	1	2	3	4
MgO	82	82	82	82
CaO	12	12	12	12
添加剂		Al_2O_3 5.0	ZrO_2 5.0	TiO_2 3.0

表 4-15 熔渣的化学组分

化学组分	CaO	SiO_2	Al_2O_3	FeO	MnO	MgO
质量分数/%	45	15	12	15	8	5

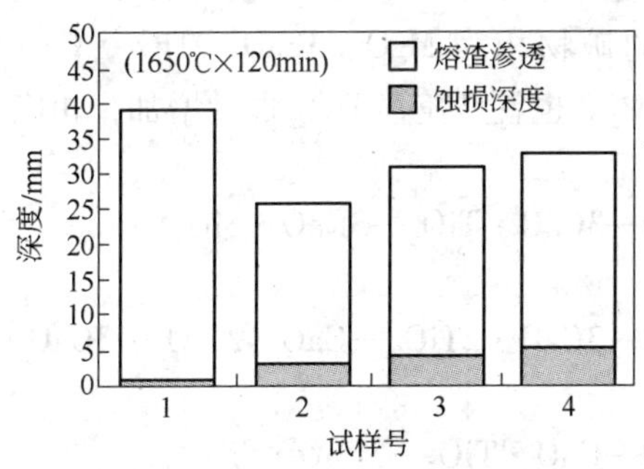

图 4-49 添加剂对磨损性能的影响

(试样号与表 4-14 中所示相对应)

为了提高 $MgO\text{-}CaO\text{-}TiO_2$ 质耐火浇注料的抗侵蚀性能，认为控制其添加量是组方设计时需要考虑的重要参数。

由试验研究结果得出，在增强烧结提高致密度而又几乎不降低抗侵蚀性时所需 TiO_2 微粉添加量为 1% ~2% 。

4.5.5 TiO_2 稳定的 MgO-CaO 质耐火材料

由图 3-76 看出，当 $(CaO\text{-}3/2TiO_2)/SiO_2 > 3$ 时，$MgO\text{-}CaO\text{-}TiO_2$ 质耐火材料中存在 fCaO，在平衡条件下，其相组合（不考虑 Al_2O_3 和 Fe_2O_3 杂质成分时）为 $MgO\text{-}CaO\text{-}3CaO \cdot 2TiO_2\text{-}3CaO \cdot SiO_2$。当 TiO_2 满足下述条件

$$(CaO\text{-}3/2TiO_2)/SiO_2 \leqslant 3 \text{ 且} (CaO\text{-}TiO_2)/SiO_2 \geqslant 1 \quad (4\text{-}15)$$

即

$$2/3(CaO\text{-}3SiO_2)/ \leqslant TiO_2 \leqslant CaO\text{-}SiO_2 \quad (4\text{-}16)$$

CaO 将全部被 TiO_2 饱和，形成 $3CaO \cdot 2TiO_2$ 和/或 $CaO \cdot TiO_2$。此时，$MgO\text{-}CaO\text{-}TiO_2$ 质耐火材料为用 TiO_2 作为稳定剂的稳定 MgO-CaO质耐火材料。

为了提高这类和定型 $MgO\text{-}CaO\text{-}TiO_2$ 质耐火材料的高温性能，就应使硅酸盐相形成高熔点的 $2CaO \cdot SiO_2$ 和 $3CaO \cdot SiO_2$。在这种情况下：

$$(CaO\text{-}3/2TiO_2)/SiO_2 \leqslant 3 \text{ 且} (CaO\text{-}TiO_2)/SiO_2 \geqslant 2 \tag{4-17}$$

即

$$2/3(CaO\text{-}3SiO_2)/ \leqslant TiO_2 \leqslant CaO\text{-}2SiO_2 \tag{4-18}$$

此时材料的矿物相为 MgO、$3CaO \cdot TiO_2$、$CaO \cdot TiO_2$、$3CaO \cdot SiO_2$、$2CaO \cdot SiO_2$。也就是随着 TiO_2 含量增加，相应的矿物相将发生如下变化：

$$MgO—3CaO \cdot TiO_2—3CaO \cdot SiO_2$$

$$\downarrow$$

$$MgO—3CaO \cdot 2TiO_2—CaO \cdot 2TiO_2—3CaO \cdot SiO_2$$

$$\downarrow$$

$$MgO—CaO \cdot TiO_2—3CaO \cdot SiO_2$$

$$\downarrow$$

$$MgO—CaO \cdot TiO_2—3CaO \cdot SiO_2—2CaO \cdot SiO_2$$

$$\downarrow$$

$$MgO—CaO \cdot TiO_2—2CaO \cdot SiO_2$$

考虑到经济性，稳定 $MgO\text{-}CaO\text{-}TiO_2$ 质耐火材料的相组成为：$MgO\text{-}3CaO \cdot 2TiO_2\text{-}3CaO \cdot SiO_2$ 或 $MgO\text{-}3CaO \cdot 2TiO_2\text{-}CaO \cdot 2TiO_2\text{-}3CaO \cdot SiO_2$。此时 TiO_2 应满足如下条件：

$$(CaO\text{-}3/2TiO_2)/SiO_2 \leqslant 3 \text{ 且} (CaO\text{-}TiO_2)/SiO_2 \geqslant 3 \tag{4-19}$$

即 $$2/3(CaO\text{-}3SiO_2)/ \leqslant TiO_2 \leqslant CaO\text{-}3SiO_2 \tag{4-20}$$

然而，MgO-CaO 质材料中除了存在 CaO 和 SiO_2 杂质成分之外，还含有 Al_2O_3 和 Fe_2O_3 等杂质成分，因而 CaO 同 Al_2O_3 和 Fe_2O_3 反应时亦应消耗一部分 CaO。在 $Al_2O_3/Fe_2O_3 < 0.64$ 时，$fCaO = CaO \cdot (1.1Al_2O_3 + 0.7Fe_2O_3 + 2.8SiO_2)$，而在 $Al_2O_3/Fe_2O_3 > 0.64$ 时，$fCaO = CaO - (1.65Al_2O_3 + 0.31Fe_2O_3 + 2.8SiO_2)$，说明式(4-15)~式(4-20)中 CaO 数量应比分析值小。

由于 TiO_2 含量高的 MgO-CaO-TiO_2 质耐火材料抗侵蚀性比纯净 MgO-CaO 质耐火材料低，因而由 TiO_2 作稳定剂的稳定 MgO-CaO 质耐火材料受到限制。除非在特殊应用场合，否则就没有必要制造这类耐火材料。

4.6 MgO-Spinel(Al_2O_3)-ZrO_2 质耐火材料

MgO-Spinel(Al_2O_3)-ZrO_2 质耐火材料是为了适应一些特殊部位而开发出来的。

4.6.1 相关相图

MgO-Al_2O_3-ZrO_2 三元系相图如图 4-50 所示，它是我们研究和开发 MgO-Spinel-ZrO_2 质耐火材料的基础。由该图看出，在 MgO-Al_2O_3-ZrO_2 三元系不存在稳定的三元化合物，仅存在一个二元化合物：MgO · Al_2O_3（简写为 Spinel）。该三元系中最低共熔点温度为 1830 ~ 1840℃。表明在 1800℃ 的高温下，纯净的 MgO-Al_2O_3-ZrO_2 混合物不会出现液相。

图 4-50 表明，Spinel-ZrO_2 亚二元系的最低共熔温度高达 1860℃，Spinel-ZrO_2 连线将 MgO-Al_2O_3-ZrO_2 三角形划分为两个部分，MgO-Spinel-ZrO_2 和 Spinel-ZrO_2-Al_2O_3 两个三角形，其最低共熔点温度分别

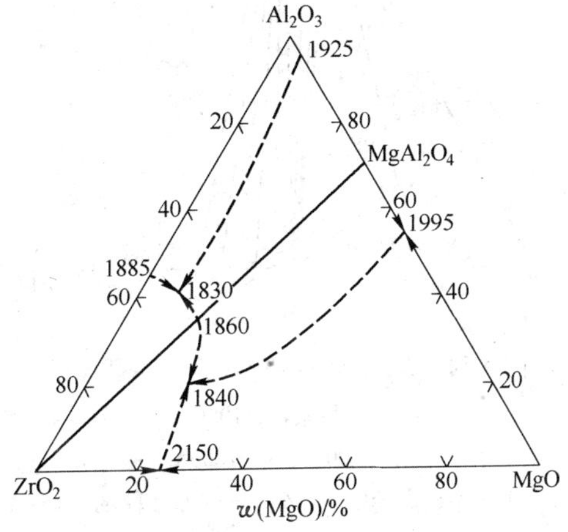

图 4-50 MgO-Al_2O_3-ZrO_2 三元系相图

为 1840℃和 1830℃。说明由纯净的 $MgO-Al_2O_3-ZrO_2$ 组分构成的耐火材料均为高熔点复相氧化物耐火材料。

图 4-51 分别示出了 1600℃(a)和 1800℃(b)两个等温截面图。该

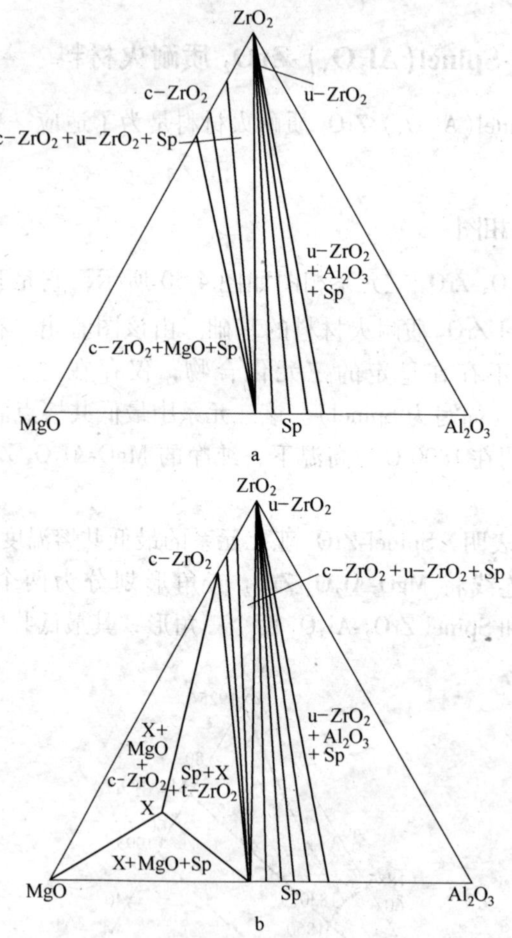

图 4-51　$MgO-Al_2O_3-ZrO_2$ 系等温截面图

（P · 塔索特，1986）

a—1600℃；b—1800℃

$u-ZrO_2$—不稳定 ZrO_2；$c-ZrO_2$—立方（稳定）ZrO_2；

Sp—镁铝尖晶石；X—Mg-Al-Zr 三元氧化物

图表明，ZrO_2 在 Spinel 中的溶解度较大。图 4-51a 表明，MgO-Al_2O_3-ZrO_2 三元系在 1600℃时没有三元化合物。当 MgO/Al_2O_3 = 1(摩尔比) 时，u-ZrO_2 和接近化学计量的 Spinel 共存，在 ZrO_2 的摩尔分数为 26.6%，1 < MgO/Al_2O_3 < 1.14 时，c-ZrO_2 + u-ZrO_2 + Spinel 的组合是有限的。在该三元系中，c-ZrO_2 只有在 MgO 超过 Al_2O_3 时才形成。

在 1600 ~ 1700℃ 的温度范围内，MgO-Al_2O_3-ZrO_2 三元系中的富 MgO 的三元化合物即为稳定的化合物（图 4-51b），并与少量残余 c-ZrO_2、MgO 和 Spinel 共存，其化学组成为 $Mg_{5+x}Al_{2.4-x}Zr_{1.7+0.25x}O_{12}$（$-0.4 \leqslant x \leqslant 0.4$）。当温度超过 1700℃之后，即导致两相区（c-ZrO_2 + Spinel 和 u-ZrO_2 + Spinel 相区）扩大（由图 4-51a 和图 4-51b 对比看出）。为简便起见，相图中省略了由 u-ZrO_2、MgO、X 和 Al_2O_3 组成的固溶度很小的二元相区。由图 4-50 和图 4-51 都看出，MgO-Al_2O_3-ZrO_2 三元系中的固相线温度都高于 1900℃，所以均可用作耐火材料。其中，MgO-Spinel-ZrO_2 亚三元系是以 MgO 为主要组成的相分布区域。

4.6.2 MgO-Spinel(Al_2O_3)-ZrO_2 质耐火材料的配方构思

图 4-50 和图 4-51 是作者设计 MgO-Spinel-ZrO_2 质耐火材料的依据。如大家所了解的那样，MgO-Spinel-ZrO_2 质耐火材料可以与原来同样的 MgO-Spinel(Al_2O_3)质耐火材料为基础。改进这类耐火材料性能的办法之一是向 MgO-Spinel(Al_2O_3)质耐火材料中添加少量 ZrO_2 成分，生产含 ZrO_2 的 MgO-Spinel(Al_2O_3)质耐火材料。在这种情况下，通常的做法是向配料中直接添加 ZrO_2。此时，需要考虑 ZrO_2 晶型转化对材料性能的影响问题，因为 ZrO_2 的相转变伴随有非正常的体积膨胀（图 4-52），在长期的炉役期间，这种膨胀会引起材料的组织破坏。

根据使用要求，当需要配入多量 ZrO_2 成分，则需要将 MgO、Al_2O_3 和 ZrO_2 进行预先合成为 MgO-Spinel-ZrO_2 砂，然后根据配方设计，可采用镁砂和 MgO-Spinel-ZrO_2 砂搭配或者全部采用 MgO-Spinel-ZrO_2 砂生产 MgO-Spinel-ZrO_2 质耐火材料。

采用何种技术路线则取决于产品性能和使用要求。全合成

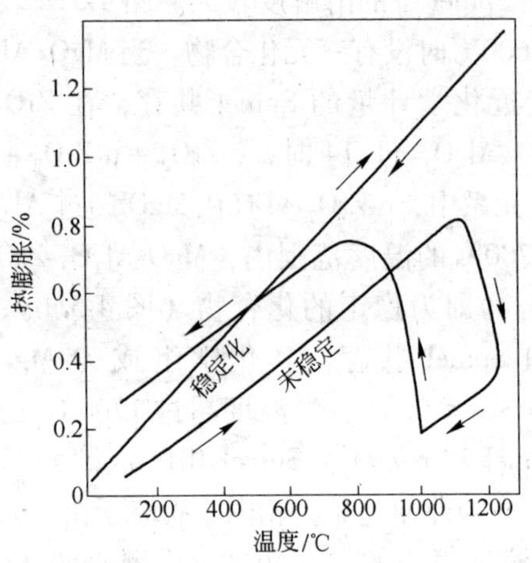

图 4-52 ZrO_2 的热膨胀曲线

MgO-Spinel-ZrO_2砂可以采用烧结法进行合成，也可以采用电熔法进行合成。通过显微结构研究后得出，电熔 MgO-Spinel-ZrO_2 合成砂具有高的致密度，完善的复相结构，优良的抗蚀性能和抗渗透性能，表明它几乎具备了钢包渣线使用条件所要求的各种优良性能。

图 4-53 示出了一种以电熔 MgO-Spinel-ZrO_2 合成料为原料的耐火浇注料中 MgO-Spinel-ZrO_2 骨料的显微结构，其化学分析结果见表4-16。

表 4-16 电熔 MgO-Spinel-ZrO_2 砂的性质

化学成分						物理性质	
MgO	Al_2O_3	ZrO_2	SiO_2	CaO	Fe_2O_3	AP	B. D
89.31%	5.32%	3.82%	1.10%	1.12%	0.30%	3.8%	3.54g/cm^3

图 4-53 表明，电熔 MgO-Spinel-ZrO_2 质耐火材料的显微特征为方镁石呈浑圆状及多角边形状，部分方镁石晶体表面有解理，直接结合程度较高，晶体直径在 60 ~ 240μm 之间。约有 6% Spinel 以多角状存在于方镁石之间，约有 3.5% ZrO_2 以星点状或不规则形状分布于方镁石晶体之间。硅酸盐相和气孔都较少，气孔孔径约 30 ~ 120μm。这表明 MgO-Spinel-ZrO_2 合成料属于 MgO-Spinel-ZrO_2-硅酸盐相系统。主

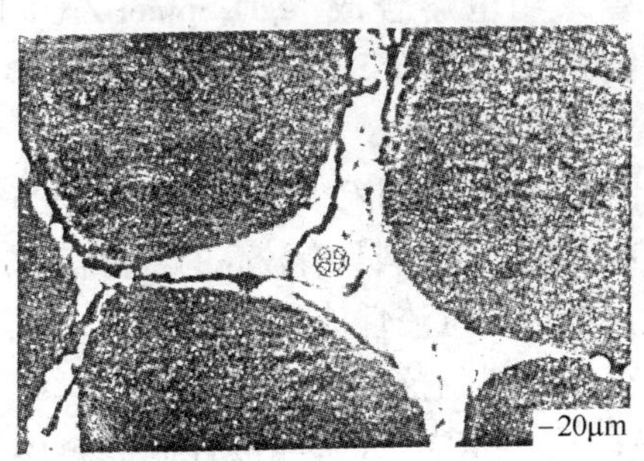

图 4-53 镁铝锆浇注料的显微结构
(SEM 照片和 EPMA 分析结果)

晶相方镁石呈灰色浑圆或多边形，次晶相 Spinel 呈灰白色多边形粒状存在于方镁石之间（晶间 Spinel 多形成桥接结构）。ZrO_2 通常被 CaO 和 MgO 所稳定，呈亮白色以星点状或不规则形状分布于方镁石晶体之间，使 MgO-Spinel 的结构趋于完善化，ZrO_2 已扩散进入方镁石晶界内，将硅酸盐相有效地断开，同时与方镁石形成桥接结构。硅酸盐相呈浅灰色团块状或长条状不连续地存在于封闭气孔或显微裂纹一侧以及高熔点矿物三晶交接处，这说明硅酸盐相对 MgO-Spinel-ZrO_2 质耐火材料的高温性能和热震稳定性能的危害相对变得十分微小了。所有这些与作者及孙加林的研究结果是一致的。

显然，用这种合成 MgO-Spinel-ZrO_2 砂生产耐火材料具有较佳的使用性能。

4.6.3 MgO-Spinel(Al_2O_3)-ZrO_2 质耐火材料的应用

MgO-Spinel-ZrO_2 质耐火材料主要应用于以下三个领域：

(1) 用作钢包内衬耐火材料。

(2) 代替 MgO-Cr_2O_3 砖用于水泥回转窑烧成带里衬耐火材料。

(3) 取代 MgO-Cr_2O_3 砖用作垃圾熔融炉里衬耐火材料。

用作钢包里衬耐火材料的 MgO-Spinel-ZrO_2 质耐火材料，一般选用全合成 MgO-Spinel-ZrO_2 原料进行生产，这可提高材料的耐用性能。

彭德江等人曾采用电熔合成 MgO-Spinel-ZrO_2 原料，复合微粉（4%）为结合系统制成的 MgO-Spinel-ZrO_2 质耐火浇注料，在钢包上进行了实际试用。其结果表明：

（1）以电熔合成 MgO-Spinel 砂为原料，采用复合微粉作为结合系统的 MgO-Spinel-ZrO_2 质耐火浇注料具有较高的致密度和完善的复相结构。

（2）这种耐火浇注料抗渣性能高。

（3）这种耐火浇注料的抗熔渣渗透机理是：

1）熔渣中 Al_2O_3、Fe_2O_3/FeO 等被合成原料中 Spinel 和 MgO 相所吸收；

2）CaO 被 ZrO_2 吸收形成高熔点相，并伴有两倍的体积膨胀，使渣渗透通道变窄，起到阻塞熔渣渗透的作用；

3）与此同时，熔渣的黏度上升了，从而降低了熔渣向内衬结构内的气孔中渗透。

4.6.3.1 在水泥回转窑烧成带上的应用

众所周知，MgO-Spinel（Al_2O_3）质耐火材料由于存在强度不高和水泥挂窑皮性低的缺点，因而难以由冷却带和过渡带使用扩大到烧成带使用。

如果要将 MgO-Spinel（Al_2O_3）质耐火材料推广到烧成带上使用的话，那就必须使之兼备耐蚀性、抗结构剥落性以及良好的挂窑皮性能。根据国外经验可以得出，通过向 MgO-Spinel（Al_2O_3）质耐火材料中添加 ZrO_2 便可达到目的。含 ZrO_2 的 MgO-Spinel（Al_2O_3）砖可以获得组织致密、高温强度大、体积稳定性好，而且对水泥原料的侵蚀性也有提高。研究结果表明，通过将 MgO-Spinel（Al_2O_3）砖中的烧结镁砂用电熔镁砂替换一部分，并添加少量的 ZrO_2 所获得 MgO-Spinel-ZrO_2 砖，比未加 ZrO_2 的 MgO-Spinel-ZrO_2 砖更容易在高温区域形成水泥窑皮，从而使之满足在烧成带上使用的要求。

在高温下，水泥同窑衬砖反应，这将促进初期的水泥附着。但随着反应的进行同时也会带来衬砖组织的劣化。其中，MgO-Spinel（Al_2O_3）砖中 Spinel 颗粒由于过热反应，则生成过多的熔融物质而导致浸透加剧，而且还会妨碍窑皮的形成。为了形成长期稳定的窑皮，就必须抑制由于反应继续进行所导致的组织劣化现象。图 4-54 所示为挂层稳定性的比较。

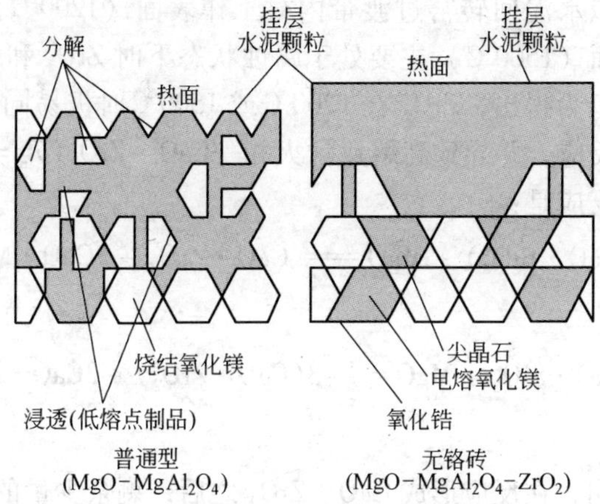

图 4-54 挂层稳定性的比较示意图

试验研究结果表明，通过选用高纯 MgO（含 97% MgO）包括烧结镁砂和 ZrO_2（也包括斜锆石和各种立方晶体 ZrO_2 等）的任何一种都能提高烧成带高温部位所必需的挂窑皮附着性，如图 4-55 所示。然而，只有这两种措施同时采用时，才能形成长期稳定的窑皮（图

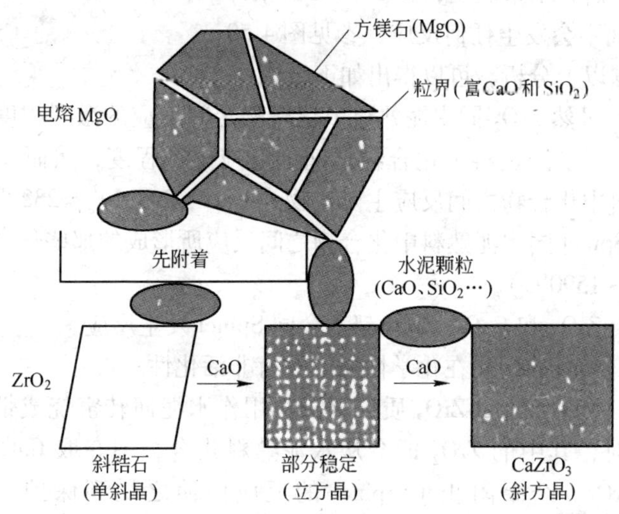

图 4-55 水泥附着机理

4-54）。

通过模拟水泥回转窑过渡带内衬工作表面（1200℃）和烧成带内衬工作表面（1500℃）主要处于腐蚀状态下时 ZrO_2 和水泥化合物之间的反应行为得出，ZrO_2 在 1200℃或 1500℃时极易同所有的主要水泥化合物反应，并导致高熔点耐火相—$CaO \cdot ZrO_2$（T_e = 2320℃）的形成。这些反应是：

$$ZrO_2 + 2(2CaO \cdot SiO_2) + MgO = CaO \cdot ZrO_2 + 3CaO \cdot MgO \cdot 2SiO_2 \tag{4-21}$$

$$3ZrO_2 + 2(3CaO \cdot SiO_2) + MgO = 3(CaO \cdot ZrO_2) + 3CaO \cdot MgO \cdot 2SiO_2 \tag{4-22}$$

由此说明，在反应形成 $CaO \cdot ZrO_2$ 之后，剩余少量的 $CaO \cdot SiO_2$（硅灰石）开始同 MgO 反应生成了 $3CaO \cdot MgO \cdot 2SiO_2$。试验研究结果还表明，在 ZrO_2 同 $3CaO \cdot Al_2O_3$ 之间反应形成 $CaO \cdot ZrO_2$ 后，剩余少量 $3CaO \cdot Al_2O_3$；ZrO_2 同 $4CaO \cdot Al_2O_3 \cdot Fe_2O_3$ 反应则剩下的氧化物为 Al_2O_3 和 Fe_2O_3，它们同 MgO 结合形成少量的 Spinel 和 $MgO \cdot Fe_2O_3$。

试验研究结果表明，在 1500℃的条件下，Spinel + ZrO_2 和 $CaO \cdot ZrO_2$ 之间不会发生任何反应，参见图 4-50。

根据以上分析，可以得出如下结论：

（1）虽然 ZrO_2 同水泥熟料中化合物之间反应的激烈程度远远高于 Spinel 同水泥熟料中化合物之间的反应激烈程度，然而，ZrO_2 同水泥熟料中化合物之间反应主要产物为 $CaO \cdot ZrO_2$（T_e = 2320℃），远远高于 Spinel 同水泥熟料中化合物之间反应所形成的那些化合物（T_e 为 1332 ~ 1590℃）。

（2）ZrO_2 和 $CaO \cdot ZrO_2$ 都不会同 Spinel 发生反应。

（3）$CaO \cdot ZrO_2$ 在化学性质上具有非活化性。

（4）MgO-Spinel-ZrO_2 质耐火材料用作水泥回转窑烧成带内衬耐火材料时，其中的 ZrO_2 即会从水泥熟料化合物中夺取 CaO 并形成 $CaO \cdot ZrO_2$。结果阻止了 Spinel 的反应而使之受到保护。这说明 MgO-Spinel-ZrO_2质耐火材料不会受到水泥熟料化合物的化学侵蚀。

上面已经指出，镁砂类型也是影响 MgO-Spinel-ZrO_2 砖挂窑皮的重要原因。因为镁砂颗粒同水泥反应时，也将导致晶界的侵蚀，分解成单晶粒，降低强度导致窑皮脱落。因此，对镁砂类型（表 4-17）影响挂窑皮的情况进行了研究，采用转鼓式内衬侵蚀试验法评价了 MgO-Spinel 质试样（表 4-18）的水泥挂窑皮性和耐磨性，得出一般性的认识：

表 4-17 镁砂的特性

MgO 原料的种类		①	②	③	④	⑤	⑥
		烧结 MgO	菱镁石	电熔 MgO	电熔 MgO	电熔 MgO	电熔 MgO
化学成分/%	MgO	99.0	95.3	96.2	97.0	98.6	99.4
	CaO	0.7	1.1	1.5	1.4	0.6	0.5
	SiO_2	0.2	2	1.4	0.6	0.3	0.01
	Fe_2O_3	0.1	0.9	0.7	0.5	0.3	0.03
	Al_2O_3	0.1	0.7	0.2	0.2	痕量	0.04
	B_2O_3	0.02	痕量	痕量	痕量	痕量	痕量
平均晶体直径/μm		80	70	200	400	1500	3000
平均晶界厚度/μm		1	40	20	15	2	1
体积密度/$g \cdot cm^{-3}$		3.37	3.24	3.46	3.42	3.50	3.51
显气孔率/%		2.0	5.8	2.9	3.5	2.1	2.1

表 4-18 MgO-Spinel 质试样的特性

砖		①	②	③	④	⑤	⑥
原料	镁砂	⊙（①）	⊙（②）	⊙（③）	⊙（④）	⊙（⑤）	⊙（⑥）
	镁粉	⊙（①）	⊙（①）	⊙（①）	⊙（①）	⊙（①）	⊙（①）
	尖晶石砂	⊙	⊙	⊙	⊙	⊙	⊙
体积密度/$g \cdot cm^{-3}$		3.02	3.00	3.06	3.05	3.07	3.07
显气孔率/%		13.6	15.3	14.0	14.6	13.7	13.6
常温耐压强度/MPa		63.5	88.3	72.9	79.3	85.5	82.3
抗折强度/MPa	室温	6.8	6.9	7.4	7.8	8.3	8.1
	1400℃	8.0	5.8	6.4	7.4	8.3	8.4
弹性模量/GPa		22.5	28.8	32.6	35.2	38.2	38.8

（1）高纯度、大晶粒、小晶界厚度镁砂的耐磨性趋于良好，如图 4-56 ~ 图 4-58 所示。

（2）含有多种杂质成分（特别是 CaO 和 SiO_2 成分）镁砂的水泥挂窑皮趋于良好，如图 4-56 所示。

（3）高纯度、大晶粒镁砂抗热震性趋于良好，如图 4-58 ~ 图 4-62所示。

（4）纯度稍低，晶界厚度大的镁砂在荷重下产生应力趋于较低，如图 4-63 所示。

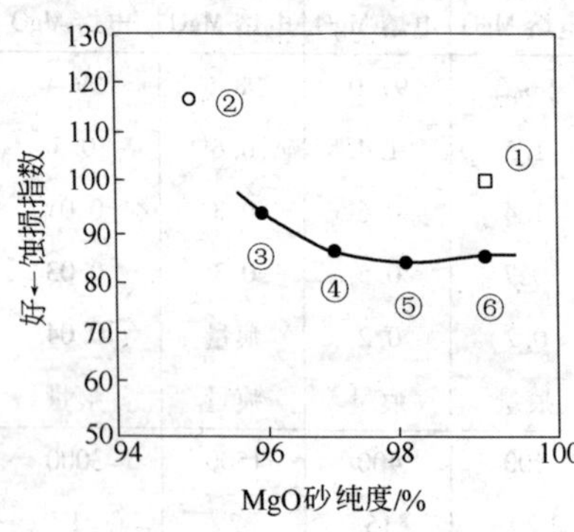

图 4-56　镁砂的纯度与耐蚀性的关系

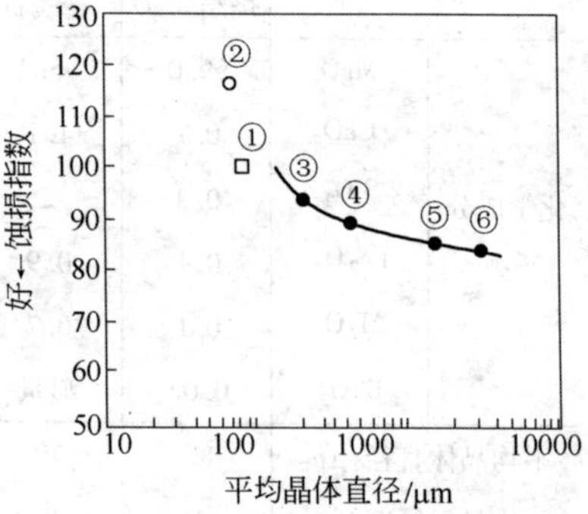

图 4-57　镁砂的平均晶体直径与耐蚀性的关系

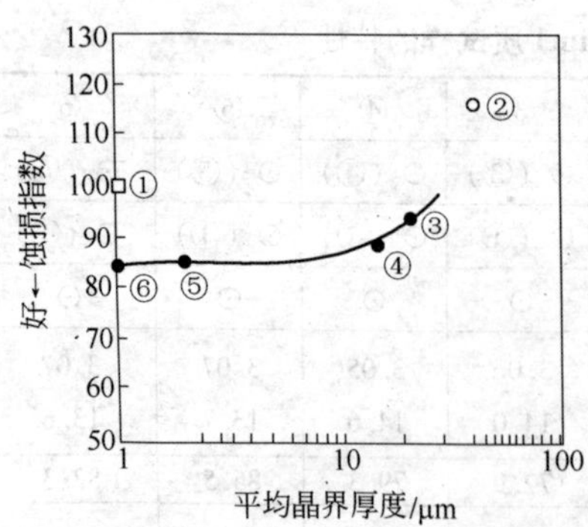

图 4-58　镁砂的平均晶界厚度与耐蚀性的关系

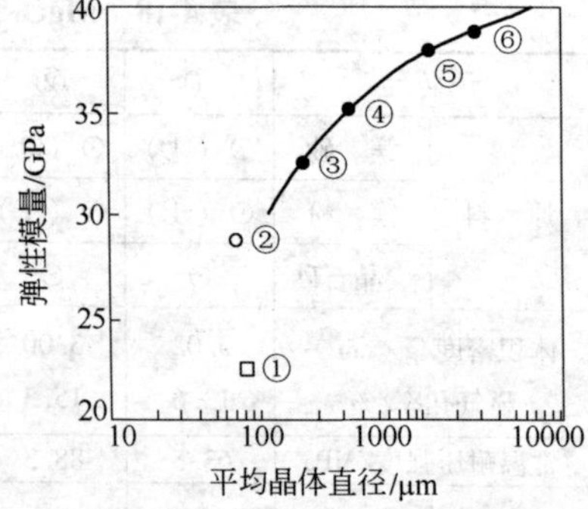

图 4-59　镁砂的平均晶体直径与弹性模量之间的关系

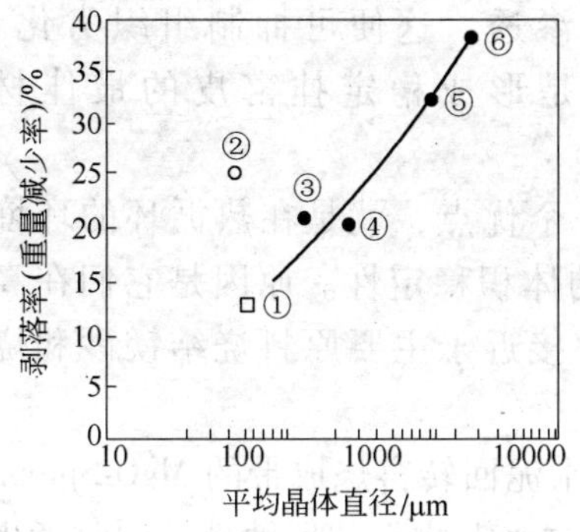

图 4-60 镁砂的平均晶体直径与抗热震性之间的关系

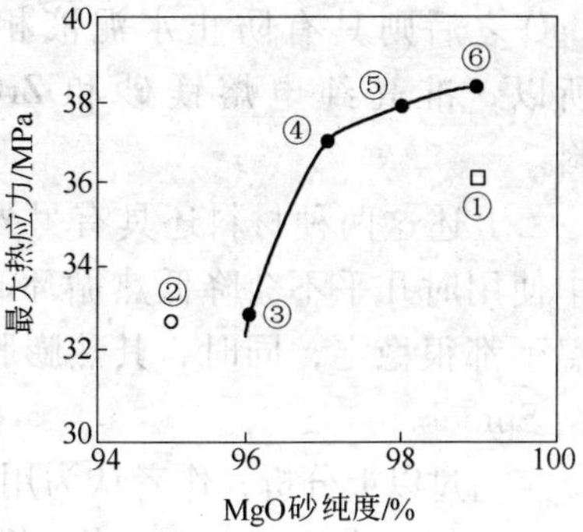

图 4-61 镁砂的纯度与最大热应力的关系

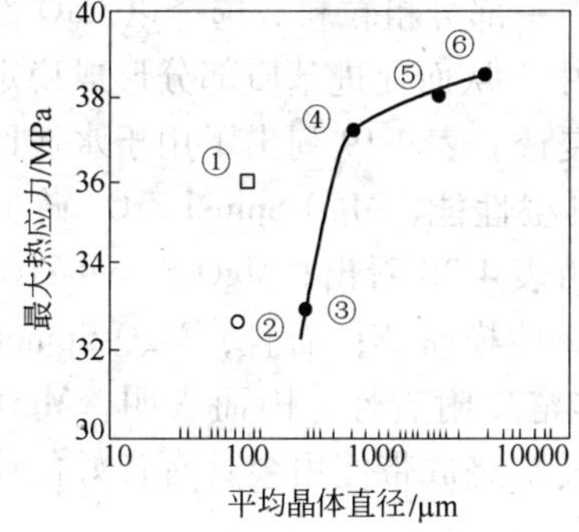

图 4-62 镁砂的平均晶体直径与最大热应力的关系

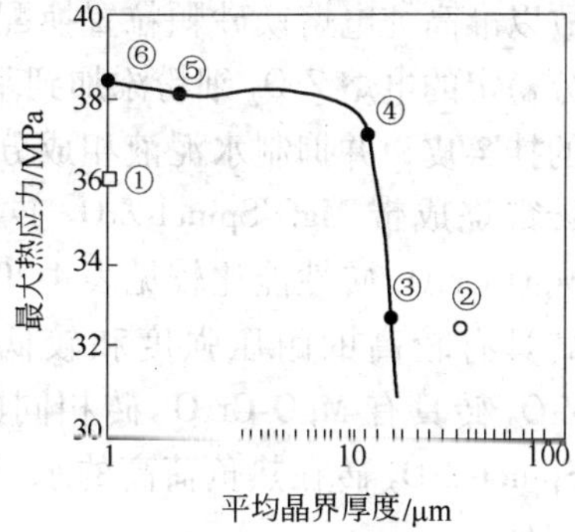

图 4-63 镁砂的平均晶界厚度与最大热应力的关系

以上这些结果可作为我们设计水泥回转窑烧成带用 MgO-Spinel-ZrO_2 砖时选择镁砂的依据。也就是说，选择准高纯电熔镁砂（MgO 97%），且具有适量的晶界杂质、组织致密的原料是给予 MgO-Spinel-ZrO_2 砖能形成稳定的挂窑皮的一个重要原因。

如果 MgO-Spinel-ZrO_2 砖中 ZrO_2 选择斜锆石时，它可吸收 CaO 形成稳定的 c-ZrO_2，通过进一步吸收 CaO 后即转变为 CaO ·

ZrO_2。不仅因为 c-ZrO_2 和 CaO · ZrO_2 为高熔点相，而且由于吸收 CaO 之后则具有防止水泥液相的渗透，这便可抑制组织劣化。所以，准高纯电熔镁砂和 ZrO_2 是形成稳定挂窑皮的最佳材料。

上述这两种材料还具有另外一个优点，就是在热循环的环境中使用时几乎不会降低热循环时的体积稳定性。原因是它们在高温下都很稳定，同时，其热膨胀率接近于主要原料烧结镁砂和烧结 Spinel。

通过以上分析，作者认为用于水泥回转窑烧成带的 MgO-Spinel-ZrO_2 砖配方设计应当是：为了提高抗水泥物料的侵蚀性，同时考虑到大量使用高纯电熔镁砂会导致抗热震性能降低的这一情况，所以选择高纯电熔镁砂和高纯烧结镁砂并用的原则，而 Spinel 以粗颗粒配入。由于准高纯电熔镁砂能够形成水泥挂层，而且不降低抗热震性，故以准高纯电熔镁砂颗粒置换配料中一部分粗粒料。选择以 CaO 部分稳定的电熔 ZrO_2 细粉添加到基质中，从而促进基质部分形成稳定的挂窑皮，并抑制水泥液相成分的浸透。表 4-19 列出了用于水泥回转窑烧成带 MgO-Spinel-ZrO_2 砖的典型性能，MgO-Spinel-ZrO_2 砖同 MgO-Cr_2O_3 砖性能比较见表 4-20。由表 4-20 看出，MgO-Spinel-ZrO_2 砖具有较高的耐压强度和较低的弹性模量 E；而且，MgO-Spinel-ZrO_2 砖具有 MgO-Cr_2O_3 砖相同的挂窑皮附着性，因而表明，MgO-Spinel-ZrO_2 砖在热负荷高的水泥回转窑烧成带使用会具有良好的耐用性。

用于水泥回转窑烧成带 MgO-Spinel-ZrO_2 砖的技术发展是降低 Al_2O_3 的含量，达到提高 MgO 的含量，以抑制 MgO-Spinel-ZrO_2 砖同水泥成分的过量反应，从而达到提高耐侵蚀性的目的。与此同时，则通过添加多量 ZrO_2 成分以及采用微量 Fe_2O_3 稳定固溶的电熔镁砂（即高纯电熔镁砂）来提高挂窑皮的附着性。此外，通过对各种原料粒度的调整而使 MgO-Spinel-ZrO_2 砖更具有适应应力缓解性，见表 4-19和表 4-20。

表 4-21 和表 4-22 分别示出了用于水泥窑烧成带典型 MgO-Spinel-ZrO_2 砖的化学组成、特性和晶相。

表 4-19 MgO-Spinel-ZrO_2 砖典型性能

项目		数值
化学成分/%	MgO	85
	Al_2O_3	12
	ZrO_2	1
矿物组成/%	方镁石（烧结和电熔 MgO）	80
	镁铝尖晶石（$MgAl_2O_4$）	17
	立方晶氧化锆（部分稳定）	1
显气孔率/%		14.4
体积密度/g·cm^{-3}		3.03
常温耐压强度/MPa		59
高温抗折强度(1500℃)/MPa		4.0

表 4-20 MgO-Spinel-ZrO_2 砖和传统耐火砖的技术参数

性能		新开发耐火砖	传统耐火砖	
		MgO-Spinel-ZrO_2 砖	MgO-Spinel 砖	MgO-Cr_2O_3 砖
显气孔率/%		14.5	15.0	15.5
体积密度/g·cm^{-3}		3.08	3.02	3.08
常温耐压强度/MPa		60	55	52
高温抗折强度(1400℃)/MPa		7	6.5	12
弹性模量/GPa		26	28	25
化学组成/%	Al_2O_3	3	10	8
	MgO	90	88	76
	Cr_2O_3			10
	ZrO_2	5		
附着强度/kPa		630	450	650

表 4-21 砖的化学组成

编号		No. 1	No. 2	No. 3	No. 4	No. 5	No. 6	No. 7
化学成分 /%	MgO	79.5	79.5	79.6	79.6	82.2	82.2	73.9
	Al_2O_3	13.9	13.9	13.9	13.9	14.1	15.1	7.2
	SiO_2	2.3	2.3	2.5	2.5	2.3	0.5	1.4
	CaO	0.9	0.9	0.8	0.8	1.1	0.8	0.9
	Fe_2O_3	0.4	0.4	0.1	0.1	0.1	0.2	5.5
	ZrO_2	2.7	2.7	2.7	2.7	—	1.1	—
备注		电熔氧化镁		烧结氧化镁			电熔和烧结 MgO	$MgO-Cr_2O_3$ 砖

表 4-22 砖的特性和晶相

编号		No. 1	No. 2	No. 3	No. 4	No. 5	No. 6
体积密度/$g \cdot cm^{-3}$		3.10	3.06	3.08	3.04	2.97	3.08
显气孔率/%		13.3	14.7	13.2	14.3	15.4	13.4
弹性模量/GPa		16	19	21	17	14	14
耐压强度/MPa		50	85	74	81	66	67
抗折强度①/MPa		5.4	7.4	7.8	7.3	5.2	5.4
周围温度	1200℃	7.8	8.4	7.0	5.6	3.6	8.5
	1400℃	4.1	3.0	5.0	2.8	1.6	5.9
晶相②		MgO 尖晶石 CMS CSZ $c-ZrO_2$	MgO 尖晶石 CMS CSZ $c-ZrO_2$	MgO 尖晶石 CMS CSZ $c-ZrO_2$	MgO 尖晶石 CMS CSZ $c-ZrO_2$	MgO 尖晶石 CMS	MgO 尖晶石 CSZ CZ $c-ZrO_2$

①JIS 方法。

②CMS—钙镁橄榄石（$CaMgSiO_4$）；CSZ—CaO 稳定的 ZrO_2；CZ—$CaZrO_3$。

4.6.3.2 在废弃物熔融炉上的应用

由于 $Al_2O_3-Cr_2O_3$ 质耐火材料是垃圾熔融炉上应用的标准耐火材料，但 Cr^{6+} 对环境有危害，故期望无铬的耐蚀性高的耐火材料来替代含铬耐火材料，以适应熔融炉本体的使用条件。

基于这种认识，则认为：

（1）用 MgO 和 ZrO_2 作主要骨料，因为选用比 Al_2O_3 更难熔于熔融炉渣中的骨料相当重要。

（2）选用 Spinel 代替 Cr_2O_3 抑制熔渣渗透。期望原位 Spinel 形成时所伴随的体积膨胀，导致结构致密化，从而抑制熔渣的渗透。

（3）期望 ZrO_2 能溶解到熔渣，以提高其黏度。

按照这一思路，认为 MgO-Spinel-ZrO_2 质耐火材料对于垃圾熔融炉的熔渣具有极好的抗蚀性能。

图 4-64 示出了 Spinel 含量与 MgO-Spinel-ZrO_2 质耐火材料耐蚀性之间的关系。图中表明，随着 Spinel 含量的增加，MgO-Spinel-ZrO_2 质耐火材料抗熔融炉渣的能力增强。当 Spinel（预合成 Spinel + 原位 Spinel）含量为 35% ~45% 时，耐蚀性最好。

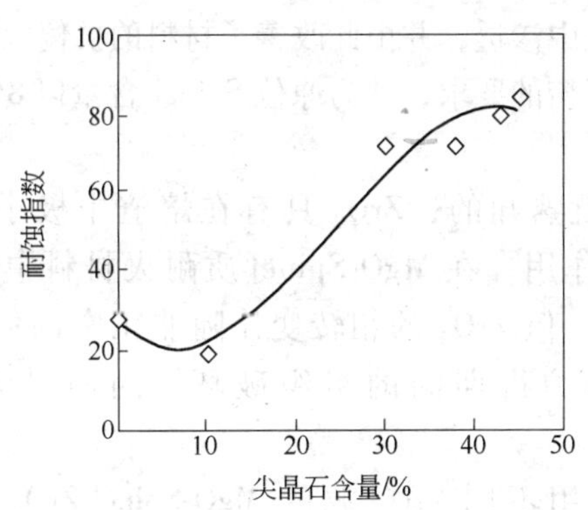

图 4-64 MgO-MgO · Al_2O_3-ZrO_2 中尖晶石含量与耐蚀性之间的关系

如果 MgO-Spinel-ZrO_2 质耐火材料中既含预合成 Spinel 又通过 MgO 和 Al_2O_3 反应形成原位 Spinel 的话，当原位 Spinel 为 5% ~12% 时，耐蚀性最高，而抗渗透性则随原位 Spinel 含量的增加而提高，如图 4-65 所示。

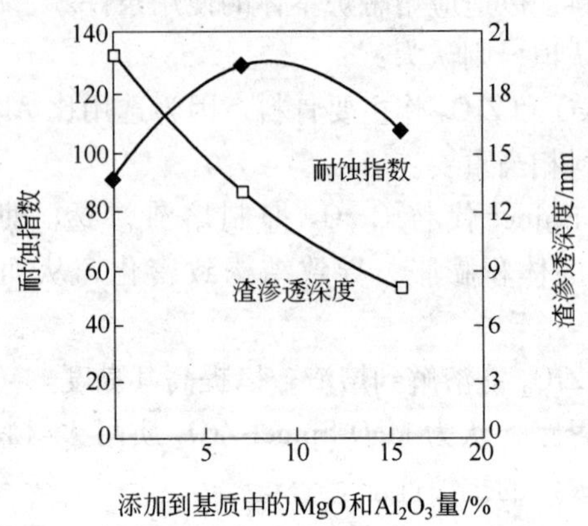

图 4-65 基质中的 MgO 和 Al_2O_3 量对抗渣性的作用

因为随着原位 Spinel 的形成伴有体积增加，结果则导致 MgO-Spinel-ZrO_2质耐火材料结构的致密化。这可有效地阻止熔渣向耐火材料结构内的气孔中渗透，并由此改善了材料的抗侵蚀性。根据抗侵蚀性与抗渗透性平衡的要求，认为原位 Spinel 含量以 8% 的综合性能最佳（图 4-65）。

如大家早就熟知的，ZrO_2 具有在熔渣中极小的溶解度和提高熔渣黏度的作用，在 MgO-Spinel 质耐火材料中添加 ZrO_2 时可提高耐蚀性能。但 ZrO_2 的相转变伴随非正常的体积膨胀会导致材料在长期的炉役期间的组织破坏，因而对 ZrO_2 源应仔细选择。

图 4-66 采用不同 ZrO_2 源的 MgO-Spinel-ZrO_2 质耐火材料在 1300℃的永久线变化（PLC）与保温时间的关系。图中 ZrO_2(A)是非稳定 ZrO_2，ZrO_2(B)则是经过特殊处理过的 ZrO_2。该图表明，含 ZrO_2(A)的材料重复进行热处理时，其 PLC 连续增加，而 ZrO_2(B)的材料，其 PLC 能够保持稳定。

图 4-67 示出了采用 EMPA 对含 5% ZrO_2(B)和不含 ZrO_2 的 MgO-Spinel-ZrO_2 质耐火材料试样的熔渣渗透区包含 Fe_2O_3 的分析结果。该图表明，在含 ZrO_2(B)的试样中，作为渣线成分之一的 Fe_2O_3 的渗透

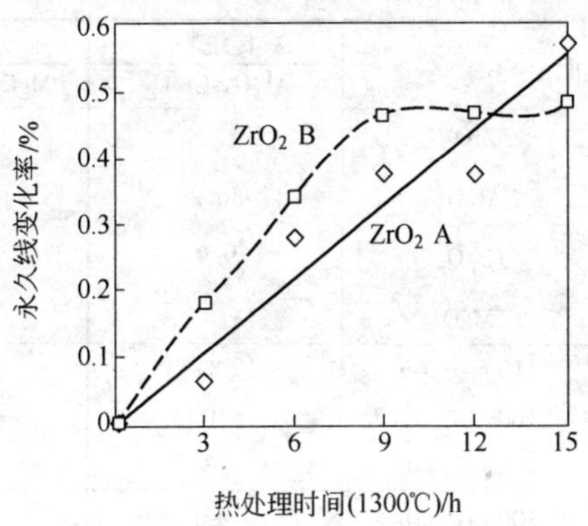

图 4-66 热处理时间和永久线变化之间的关系

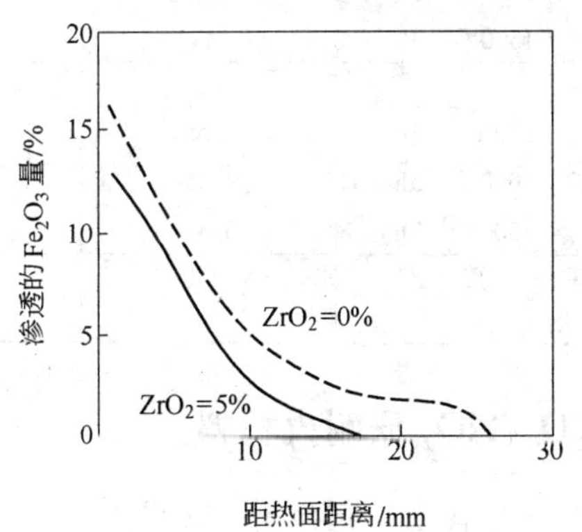

图 4-67 距 EMPA 检测的渗透深度

已被抑制了。说明添加 ZrO_2 的 MgO-Spinel-ZrO_2 质耐火材料对控制熔渣渗透是有效的。

根据以上研究的结果，设计了 MgO-Spinel-ZrO_2 质耐火材料，见表 4-23，通过对比试验后得出，这种耐火材料在抗熔融炉渣侵蚀方面，比传统的 Al_2O_3-Cr_2O_3 质耐火浇注料好，表 4-23 对这两种耐火浇注料的性能和渣试验结果作了比较。因而认为 MgO-Spinel-ZrO_2 质耐火材料能够与废弃物熔融炉的操作条件相适应。

表 4-23 传统浇注料与改进浇注料的典型性能

性 能		传统料 Al_2O_3-Cr_2O_3	改进料 MgO-MgO · Al_2O_3-ZrO_2
化学成分/%	ZrO_2		5
	Al_2O_3	86.2	32
	Cr_2O_3	9.9	
	MgO		61
显气孔率/%	110℃, 24h	8	16
	1000℃, 3h	10	20
	1500℃, 3h	13	19
永久线变化率/%	1000℃, 3h	±0	+0.4
	1500℃, 3h	+0.2	+0.1
常温耐压强度/MPa	110℃, 24h	69	39
	1000℃, 3h	78	25
	1500℃, 3h	147	34
加水量/%		4.5	5.7
体积密度 /g · cm^{-3}	110℃, 24h	3.55	2.99
	1000℃, 3h	3.45	2.91
	1500℃, 3h	3.45	2.85
耐蚀指数(C/S = 1)		100	129
耐剥落性(JIS 方法)		7	9

4.7 MgO-Al_2O_3-TiO_2 质耐火材料

早在 20 世纪 80 年代末，元井操一郎采用 49% MgO，51% Al_2O_3 和 4% Al_2O_3 · TiO_2（约为 1.8% TiO_2）制成了 MgO-Spinel-2MgO · TiO_2 质耐火材料。它先在 1800℃，1h 的条件下合成 MgO-Spinel 砂，然后再将合成砂与 Al_2O_3 · TiO_2 细粉搭配制成砖坯于 1600℃，1h 烧成获得 MgO-Spinel-2MgO · TiO_2 砖。其 B. D = 2.98g/cm^3，AP = 15.8%，1400℃时的抗折强度(HMOR) = 10.6MPa，1400℃⇌空冷 50 次无裂纹。相反，未加 Al_2O_3 · TiO_2 的同材质的 B. D = 2.97g/cm^3，AP = 15.1%，1400℃时的抗折强度(HMOR) = 8.2MPa，1400℃⇌空冷 25 次产生裂纹。

这种 MgO-Al_2O_3-TiO_2 砖的组成处于图 4-68 中方镁石 + 尖晶石固溶体相区内，因而表明 Al_2O_3 · TiO_2 同 MgO 形成了中间固溶体，使材料在烧成后的冷却过程中所产生的应力降低到晶界强度以下，从而提高了该材料的强度。此外，生成的 $2MgO \cdot TiO_2$ 在 Spinel 颗粒之间的接触部位先期固溶，由此导致其热膨胀率的降低。这就是添加 $Al_2O_3 \cdot TiO_2$ 的 MgO-Spinel 质耐火材料比未加 $Al_2O_3 \cdot TiO_2$ 的 MgO-Spinel 质耐火材料抗热震性能高的原因。

由 MgO、Al_2O_3、TiO_2 三成分所构成的耐火材料的发展是添加 TiO_2 改进 MgO-Spinel(Al_2O_3)质耐火材料的性能和 TiO_2 作为重要成分之一的 $MgO-Al_2O_3-TiO_2$ 质耐火材料。它们是随着无铬碱性耐火材料的研究和开发而受到重视和关注的。由于 $MgO-Al_2O_3-TiO_2$ 质耐火材料呈现出优良的抗热震性能和抗渣性能而成为 $MgO-Cr_2O_3$ 质耐火材料的代替材料，在精炼钢包和水泥回转窑等领域被推广应用，并取得令人满意的结果。

4.7.1 相关相图

$MgO-Al_2O_3-TiO_2$ 三元系相图如图 4-68 所示，而该三元系固面图

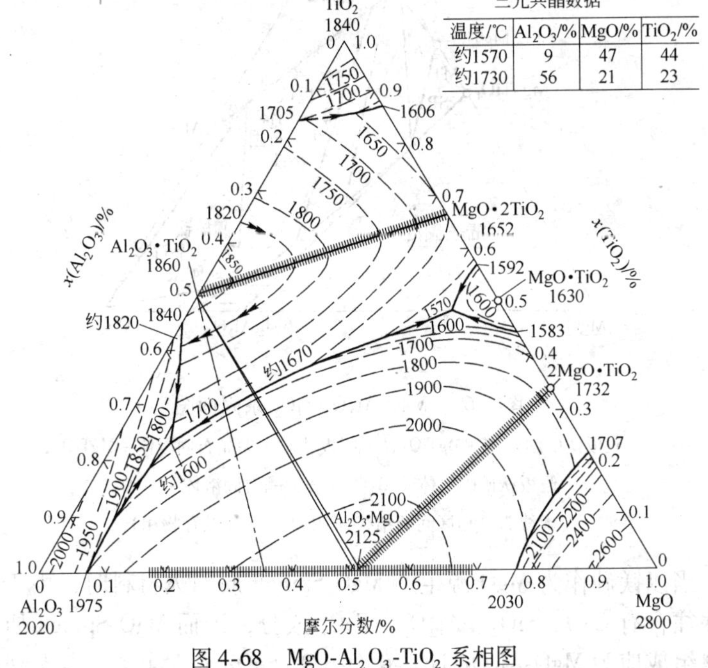

三元共晶数据

温度/℃	Al_2O_3/%	MgO/%	TiO_2/%
约1570	9	47	44
约1730	56	21	23

图 4-68 $MgO-Al_2O_3-TiO_2$ 系相图

则如图 4-69 所示。由这两幅图看出，$MgO-MgO \cdot Al_2O_3-2MgO \cdot TiO_2$ 亚三元系属于 MgO 基的 $MgO-MgO \cdot Al_2O_3-2MgO \cdot TiO_2$ 质耐火材料的物相分布区域。图 4-68 表明，$MgO \cdot Al_2O_3$（简写为 Spinel）与 $2MgO \cdot TiO_2$ 可形成连续固体（$MgO \cdot Al_2O_3-2MgO \cdot TiO_2$）$_{ss}$（为讨论方便起见，该系固溶体用 Spinelt 表示），其熔融温度由 Spinel（$T_e=2135℃$）连续下降到 $2MgO \cdot TiO_2$（$T_e=1732℃$）。谷线由 MgO（2800℃）-Spinel 亚二元系共熔点（2030℃）连续下降到 $MgO-2MgO \cdot TiO_2$ 亚二元系共熔点（1707℃），并将 $MgO-Spinel-2MgO \cdot TiO_2$ 亚三元系相区划分为两个部分。该亚三元系相图还表明，在 1700℃以下，纯净 $MgO-Spinel-2MgO \cdot TiO_2$ 混合物不会出现液相，表明 MgO-Spinelt 质耐火材料属于高性能复相氧化物耐火材料范畴。

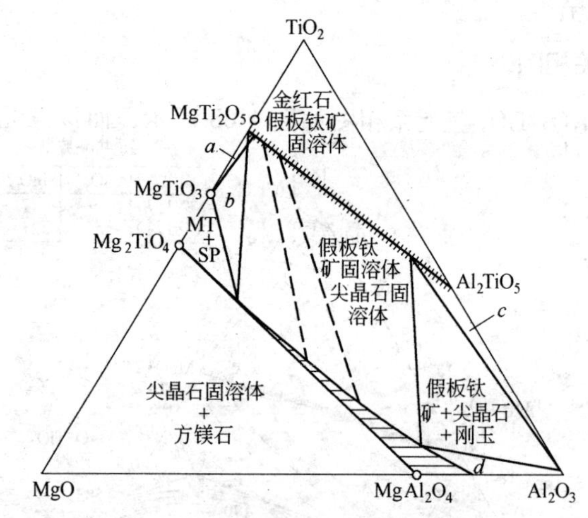

图 4-69 $MgO-Al_2O_3-TiO_2$ 系固面图

a—假板钛矿固溶体 + $MgTiO_3$；*b*—假板钛矿 + 尖晶石固溶体 + $MgTiO_3$；

c—假板钛矿固溶体 + Al_2O_3；*d*—尖晶石固溶体 + Al_2O_3

（虚线为二相区间的结线，图中小区未注共存物相）

当以镁砂作为 MgO 源生产 MgO-Spinelt 质耐火材料时，由于镁砂中往往含有 CaO、SiO_2、Al_2O_3、FeO_n 成分，因而 MgO-Spinelt 质耐火材料组成应为 $MgO-Al_2O_3-TiO_2-CaO-SiO_2-FeO_n$ 成六元系，考虑到在所

研究的耐火材料中，少量 FeO_n 成分会溶入方镁石和 Spinelt 中，所以 MgO-Spinelt 质耐火材料可以近似地认为其组成为 $MgO-Al_2O_3-TiO_2-CaO-SiO_2$ 系统，在平衡条件下，其矿物相主要为方镁石（MgO）和尖晶石固溶体（Spinelt），同时含有少量的 $CaO \cdot TiO_2$ 和硅酸盐相。

在这种情况下，可以简单视为 MgO-Spinelt 质耐火材料是由 Al_2O_3 添加到 $MgO-2MgO \cdot TiO_2$ 质耐火材料而获得的，后者（未添加 Al_2O_3 之前）则属于 $MgO-TiO_2-CaO-SiO_2$ 四元系，如图 4-70 所示。该图表明，处于 $MgO-TiO_2-CaO-SiO_2$ 四面体结构内 MgO 顶角中的组成物相在 $CaO/SiO_2 \leqslant 1.0$ 时由 CaO/SiO_2 决定，而在 $CaO/SiO_2 > 1.0$ 时则由 $(CaO-TiO_2)/SiO_2$ 比值决定。由于 MgO-Spinelt 质耐火材料 CaO/SiO_2 通常大于 1.0，而且 CaO 和 SiO_2 含量甚少，但 TiO_2 含量却较高，这说明该耐火材料中的少量硅酸盐相应为 $CaO \cdot MgO \cdot SiO_2$（$T_e = 1492℃$）或者为 $2MgO \cdot SiO_2 + CaO \cdot MgO \cdot SiO_2$，它们对 MgO-Spinel 质耐火材料的高温性能的负面影响不会很大，因为 $CaO \cdot MgO \cdot SiO_2$ 或 $2MgO \cdot SiO_2 + CaO \cdot MgO \cdot SiO_2$ 含量通常都很低。

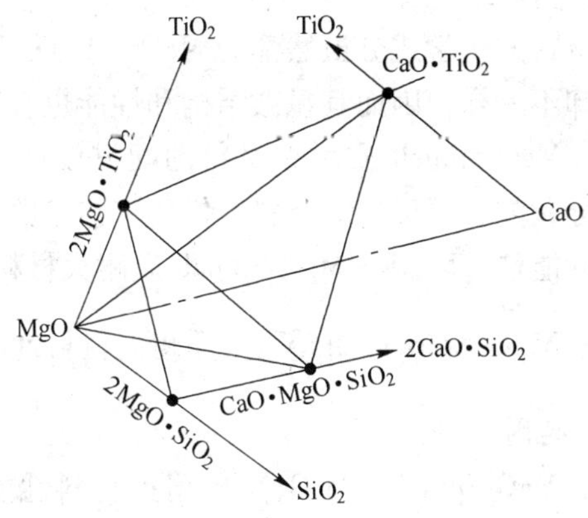

图 4-70 $MgO-CaO-SiO_2-TiO_2$ 四元系中 MgO 顶角内固相关系

另外，MgO-Spinelt 质耐火材料也可以视为是采用将一定数量的 Al_2O_3 配入 $MgO-2MgO \cdot TiO_2$ 质耐火材料所获得的。这种混合料通过高温加热，Al_2O_3 将同 MgO 反应形成 Spinel：

$$MgO + Al_2O_3 = Spinel \quad (4\text{-}23)$$

而 Spinel 又会同 $2MgO \cdot TiO_2$ 反应形成固溶体：

$$m\,Spinel + (1-m)(2MgO \cdot TiO_2) = Spinelt \quad (4\text{-}24)$$

结果，MgO-$(Spinel\text{-}2MgO \cdot TiO_2)_{ss}$ 即 MgO-Spinelt 质耐火材料的物相组成为：方镁石（MgO），尖晶石固溶体（Spinelt）和含量极低的 $CaO \cdot TiO_2$ 及 $CaO \cdot MgO \cdot SiO_2$。而组成位于 Spinel-$2MgO \cdot TiO_2$ 连线上的耐火材料的物相仅为 Spinelt 和少量 $CaO \cdot TiO_2$ 及 $2MgO \cdot SiO_2$。

由以上讨论可以看出，MgO-Al_2O_3-TiO_2 质耐火材料的物相分布在 MgO-Al_2O_3-TiO_2 三元系相图中整个 MgO-Spinel-$2MgO \cdot TiO_2$ 亚三元系结构中（图 4-68），其物相为 MgO 和 Spinel。按物相划分可分为：

（1）由 MgO-谷线包围的物相分布区域为以方镁石为主而以 Spinelt 为次要物相的方镁石-尖晶石（含有 TiO_2）质耐火材料。

（2）谷线-Spinel-$2MgO \cdot TiO_2$ 连线包围物相分布区域为尖晶石（含有 TiO_2）-方镁石质耐火材料。

（3）在 Spinel-$2MgO \cdot TiO_2$ 连线附近区域内的尖晶石（含有 TiO_2）质耐火材料。

上述耐火材料的化学成分虽然都为 MgO、Al_2O_3 和 TiO_2，但相对含量和矿物相却不一样，因而其显微结构和性能也有很大差别。

由此可见，MgO-Spinelt 质耐火材料的配方设计，需要根据使用要求，通过成分调整，正确选择原料，优化工艺参数以及显微结构控制，才能获得性能佳、耐用的 MgO-Spinelt 质耐火材料品种。

4.7.2 TiO_2 对 MgO-Spinel（Al_2O_3）质耐火材料性能的改进

4.7.2.1 起因

众所周知，MgO-Spinel（Al_2O_3）质耐火材料性能不仅取决于生产方法，而且也受到所用各原料类型和用量的影响。当配料中 CaO 成分的 CaO/SiO_2 比例达到临界值时，材料中 Al_2O_3 和 CaO 就会反应生成低熔相（主要是 $12CaO \cdot 7Al_2O_3$，$T_e = 1380℃$）而导致劣质材料的产生。此外，有时还发现即使 CaO 含量很低也有可能在温度等于或者高于1400℃时，MgO-Spinel(Al_2O_3)质耐火材料的高温性能下降。

在采用高纯烧结镁砂生产 MgO-Spinel(Al_2O_3)质耐火材料时，镁砂粗颗粒中的CaO浓度通常都比其基质中的CaO浓度高，在烧成时由于镁砂细粉质量不相等，CaO则从镁砂粗颗粒中渗出到边界处。同样，Al_2O_3 的浓度差别出现在基质和镁砂颗粒之间，这会导致基质中的 Al_2O_3 扩散到颗粒交界处。结果则会在1360℃时形成具有共晶体的 $CaO \cdot Al_2O_3$ 相(大概是 $12CaO \cdot 7Al_2O_3$)。当这些低熔相富集在镁砂颗粒表面（或三晶交界处)，在1360℃以上的温度下就会明显降低材料的高温强度，产生 $12CaO \cdot 7Al_2O_3$ 的反应为：

$$12CaO + 7Al_2O_3 = 12CaO \cdot 7Al_2O_3 \quad (4\text{-}25)$$

另外，由于 MgO-Spinel(Al_2O_3)质耐火材料自身的高温强度较低，在使用环境中，当受气流、金属流磨损时容易引起损坏。而当这种耐火材料同高碱度熔渣接触时，材料中 Al_2O_3 成分容易与熔渣成分反应生成低熔相 $12CaO \cdot 7Al_2O_3$，引起熔损。

为了改进 MgO-Spinel(Al_2O_3)质耐火材料存在的上述缺陷，可通过添加 TiO_2 对其性能进行改进。

4.7.2.2 TiO_2 对 MgO-Spinel(Al_2O_3)质耐火材料性能的影响

以镁砂和铝氧（工业氧化铝和铝矾土）细粉搭配，同时通过向配料中添加 TiO_2 微粉生产的含 TiO_2 的 $MgO-Al_2O_3$ 质耐火材料，其性能优良，高温强度大，生产工艺简单，经济效益好。

例如，采用海水镁砂（98.6% MgO，0.65% CaO，0.15% SiO_2，0.48% Fe_2O_3，0.07% Al_2O_3 和 0.02% B_2O_3）与 α-Al_2O_3（98.73% Al_2O_3,小于44μm）搭配，同时添加2% TiO_2（99.28% TiO_2，d_{50} = 0.4μm）生产的含 TiO_2 的 $MgO-Al_2O_3$ 质耐火材料。由于少量 TiO_2 促进了材料的烧结，结果提高了其体积密度（图4-71)，明显地降低了显气孔率（图4-72)。

由这两幅图看出，在1700℃烧成的含2% TiO_2 和未含 TiO_2 的 $MgO-Al_2O_3$ 质耐火材料，前者的显气孔率比后者低，而体积密度则比后者大。含2% TiO_2 的 $MgO-Al_2O_3$ 质耐火材料中，TiO_2 促进 Al_2O_3 为2%的材料的烧结的作用最大，高于或低于2% Al_2O_3 的材料的显

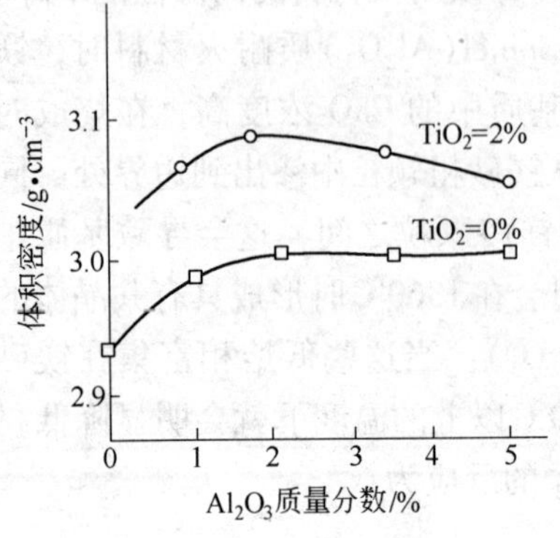

图4-71 Al_2O_3 含量与体积密度的关系

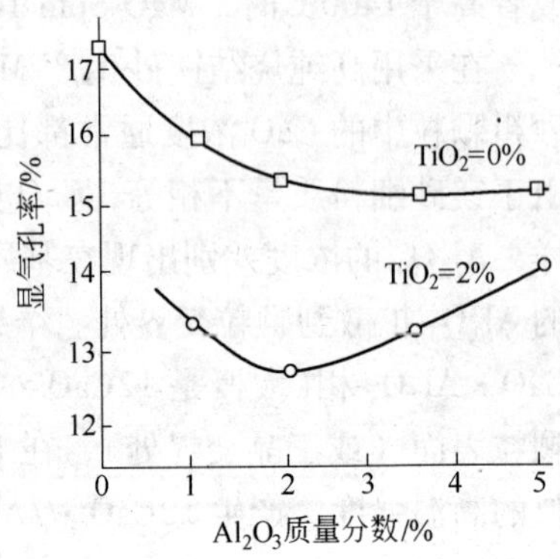

图4-72 Al_2O_3 含量与显气孔率的关系

气孔率都相应增加，体积密度则相应下降。当 Al_2O_3 含量高于2%时，由于MgO和Spinel基质之间的热膨胀不同，结构中便出现了很高的热应力，结果则导致结构疏松，显气孔率增加，体积密度下降。含 TiO_2（约2%）的 $MgO\text{-}Al_2O_3$ 质耐火材料，由于 TiO_2 分布于基质中，1400℃以上的高温强度明显改善，如图4-73所示。图中同时表明，以 Al_2O_3 含量为2%的高温强度最大，这应归结于在方镁石晶粒上生成了含钛的高熔相：

$$C_{12}A_7 + 12TiO_2 \longrightarrow 12(CaO \cdot TiO_2) + 7Al_2O_3 \tag{4-26}$$

$$C_{12}A_7 + 12(2MgO \cdot TiO_2) \longrightarrow 12(CaO \cdot TiO_2) + 7Spinel + 7Al_2O_3 \tag{4-27}$$

这两式可以简化为：

$$CaO + TiO_2 \longrightarrow CaO \cdot TiO_2 \tag{4-28}$$

$$2MgO + TiO_2 \longrightarrow 2MgO \cdot TiO_2 \tag{4-29}$$

由表4-24看出，在热力学方面，反应（4-28）和反应（4-29）是可能的。形成的 $CaO \cdot TiO_2$ 和 $2MgO \cdot TiO_2$ 可导致材料高温强度的改进，因为它们是高耐火相，见表4-25。

表 4-24 形成 CT 和 M_2T 所计算的反应摩尔吉布斯自由能（kJ/mol）

化合物	反应式	$\Delta G^{\ominus}_{298}$	$\Delta G^{\ominus}_{1673}$	$\Delta G^{\ominus}_{1800}$
$CaO \cdot TiO_2$	(4-26)	−80.6	−86.7	−85.4($\Delta G^{\ominus}_{1973}$)
	(4-28)	−72.5	−37.8	−55.5
$2MgO \cdot TiO_2$	(4-27)	−19.5	−66.3	−85.2($\Delta G^{\ominus}$1973)
	(4-29)	−73.3	−32.7	−99.9

表 4-25 镁钙钛酸盐的熔融温度

相	温度/℃	相	温度/℃
钛酸镁 $2MgO \cdot TiO_2$	1960	钛酸钙 $CaO \cdot TiO_2$	1915

这样看来，由于 TiO_2 和铝酸钙反应在粗晶粒界面上形成了耐火的钛化合物，见表 4-26，含钛的 $MgO-Al_2O_3$ 质耐火材料比未含 TiO_2 的 $MgO-Al_2O_3$ 质耐火材料的1400℃高温抗折强度明显高，见图 4-73。

表 4-26 含 2%TiO_2 的 $MgO-Al_2O_3$ 质试样中 X 射线测定结果

相位	测定范围		
	MgO 颗粒(边缘)	交界处	基 质
测定的相	方镁石(多)	方镁石(多)	方镁石(多)
	尖晶石(少)	尖晶石(多)	尖晶石(多)
		$CaO \cdot TiO_2$(少)	$CaO \cdot TiO_2$(多)

图 4-74 则表明，含钛的 $MgO-Al_2O_3$ 质耐火材料与未含 TiO_2 的 $MgO-Al_2O_3$ 质耐火材料相比，其热震稳定性没有明显下降。但 Al_2O_3

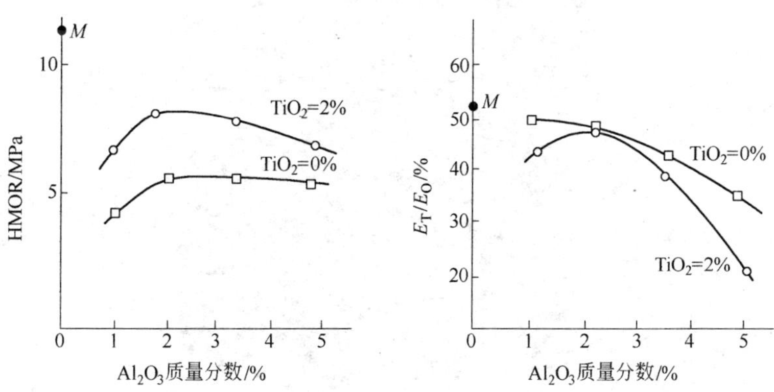

图 4-73 Al_2O_3 含量对高温抗折强度的影响　图 4-74 Al_2O_3 含量对热震稳定性的影响

含量高于2%时，由于结构受损，其热震稳定性通常都会明显降低。

向以镁砂和预合成 Spinel 搭配所生产的 MgO-Spinel 质耐火材料中添加 TiO_2 时可以进一步改进其性能。

采用表4-27 中含1% TiO_2 的 MgO-Spinel 砖同用于 RH 炉的直接结合 MgO-Cr_2O_3 砖进行了对比。图4-75 示出了材质 B 的基质组织。图中表明，Spinel（S）分布于方镁石（P）的晶界，基质中几乎没有硅酸盐相存在，方镁石和 Spinel 直接结合程度十分显著。与 Spinel 共同分布在晶界的还有少量的钙钛矿（CaO · TiO_2）。

表4-27　试样的性质

项　目		MgO-Spinel 砖			MgO-Cr_2O_3 砖
		A	B	C	
化学成分/%	MgO	92.0	87.4	82.3	69.3
	Al_2O_3	5.0	9.9	14.5	5.6
	Cr_2O_3	0	0	0	17.4
	Fe_2O_3	0.5	0.6	0.6	6.1
	TiO_2	1.0	1.0	1.0	0.2
显气孔率/%		13.3	13.3	13.8	13.5
体积密度/g · cm^{-3}		3.11	3.11	3.08	3.30
常温耐压强度/MPa		60.0	55.0	55.0	65.0
HMOR(1400℃)/MPa		9.0	8.0	8.0	13.0

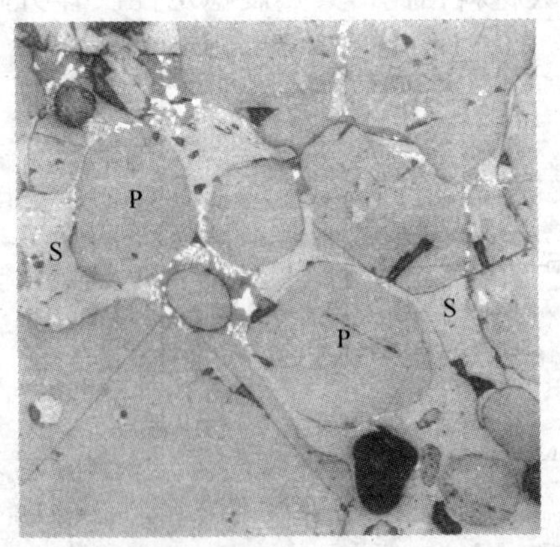

图4-75　MgO-Spinel 砖（B）的显微图像

各矿物相的电子探针定量分析结果见表4-28。它表明，方镁石中固溶了 Fe_2O_3 和 CaO，Spinel 固溶了 Fe_2O_3 和 TiO_2。由于材料中 CaO 含量小于1%（表4-27），而且部分还固溶到 MgO 中，所以形成 CaO · TiO_2 的量很少。这就是说，添加 TiO_2（1%）即大部分固溶到方镁石中，因此，CaO · TiO_2 的生成量很少。但它导致微裂纹增加（试验方法见表4-29），结果是明显地提高了热震稳定性，如图4-76所示。它是根据表4-29所示出的试验方法获得的结果绘制出来的。这是因为 MgO 与预合成 Spinel 之间的间隙小（图4-75），因为反复水冷会影响龟裂的伸展性，故获得了良好的抗热震性能。

表4-28 镁-尖晶石砖的电子探针分析结果

类别		方镁石	尖晶石	钙钛矿
化学成分/%	MgO	98.03	29.16	0.35
	Al_2O_3	0.24	67.56	2.46
	CaO	0.40	0.04	41.53
	TiO_2	0.04	1.63	53.28
	Fe_2O_3	0.52	0.74	0.55

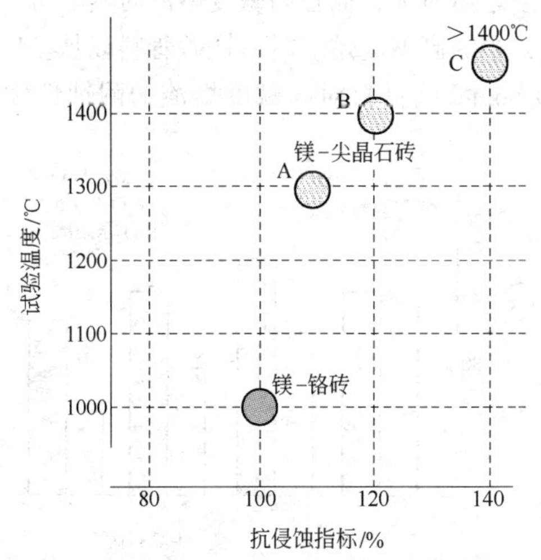

图4-76 方法2热剥落试验结果（抗侵蚀指标）

表 4-29 热剥落的试验方法

	方法 1		方法 2
试样	65mm × 114mm × 230mm	试样	40mm × 40mm × 40mm
加热	将试样的一端放到炉内快速加热到规定温度	加热	将试样放到炉内快速加热到 1000℃（15min）
冷却	在炉中慢慢冷却	冷却	水冷（15min）
循环	不循环	循环	反复加热冷却直到试样破裂为止
评价	截面产生龟裂为极限温度	评价	循环时间直到试样破裂为止

在研究添加 TiO_2（1%）的 MgO-Spinel 质耐火材料抗渣性时，获得了如图 4-77 所示的结果。图中表明，无论是 $CaO/SiO_2 = 1.0$ 或者是 $CaO/SiO_2 = 3.0$ 的 $CaO\text{-}SiO_2$ 系渣，Al_2O_3 含量越低（即 Spinel 含量越低），含 1% TiO_2 的 MgO-Spinel 质耐火材料的耐蚀性就越高。当与 $MgO\text{-}Cr_2O_3$ 砖（B. D）对比时则发现，其耐低碱度熔渣的侵蚀性稍差一些，相反，对于高碱度熔渣，其耐蚀性则显示出同等甚至高于 $MgO\text{-}Cr_2O_3$ 砖，见图 4-76。众所周知，MgO 向 $CaO\text{-}SiO_2$ 系熔渣中的溶解度在低碱度熔渣时大，而在高碱度熔渣时则非常小。在侵蚀试验后的工作面上，当为高碱度熔渣时，镁砂骨料以从基质中突出的形式残留。而 MgO-Spinel 质材料对高碱度熔渣的耐蚀性优良，是主成分

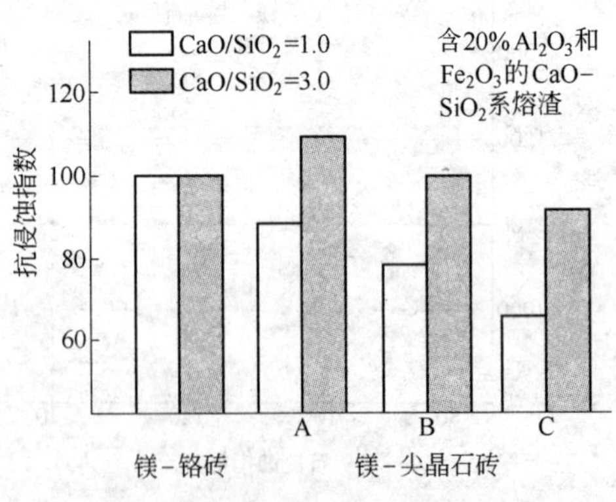

图 4-77 炉渣侵蚀试验的结果

MgO 难以溶解到熔渣中的缘故。

进一步研究 TiO_2 添加量对 MgO-Spinel 质耐火材料性能的影响时则发现，当 TiO_2 添加量为 2% 时，显气孔率最低，1400℃时抗折强度最大，如图 4-78 所示。该图还表明，高于 2% TiO_2 或者低于 2% TiO_2 时，显气孔率增加，1400℃时抗折强度下降。

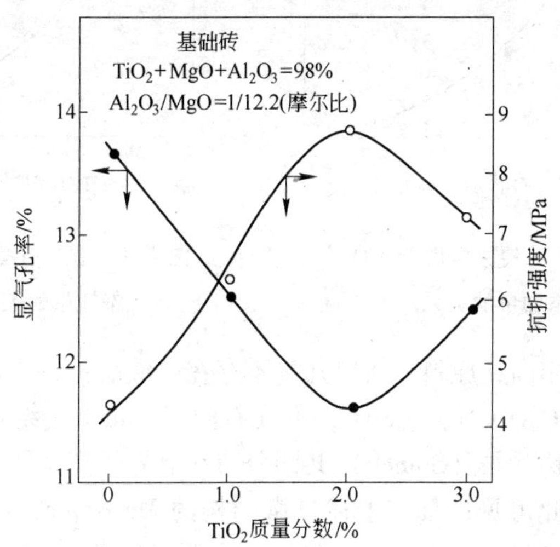

图 4-78 TiO_2 对 $MgO-MgO \cdot Al_2O_3$ 砖显气孔率和 1400℃时的抗折强度的影响

抗渗透试验（以 RH 渣为侵蚀剂）则表明，随着 MgO-Spinel 质耐火材料中 TiO_2 添加量提高到 2%，其抗渗透性不断下降，如图 4-79 所示。这一结果应归结为随着 TiO_2 添加量增加到 2%，其气孔率不断提高这一事实，如图 4-80 所示。这两幅图形成了鲜明的对应性。

这类耐火材料的显微结构类似于图 4-75 所示的情况。即主要由方镁石（灰色）、$(Spinelt)_{ss}$（灰白）以及少量的 $CaO \cdot TiO_2$（白色）组成。显然，数量甚少的 $CaO \cdot TiO_2$ 是由于原料中 CaO 杂质成分同 TiO_2 反应所产生的物相。基质中各相间结合紧密，$(Spinelt)_{ss}$ 发育良好，基质同镁砂颗粒结合较好，环绕颗粒表面的壳状气孔宽度相当

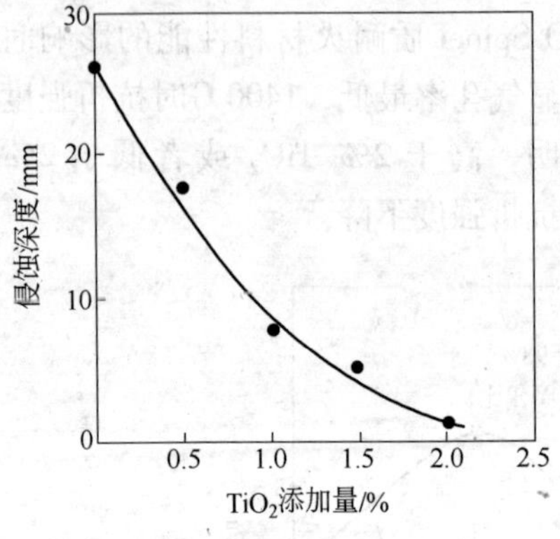

图 4-79　渣侵蚀深度与 TiO_2 添加量的关系

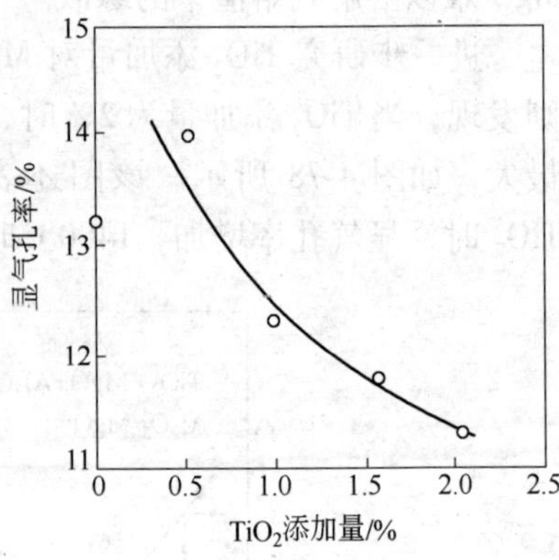

图 4-80　显气孔率与 TiO_2 添加量的关系

窄。由于使用高纯原料，所以几乎不存在硅酸盐相，非常有限的硅酸盐相主要为 $CaO \cdot MgO \cdot SiO_2$，方镁石同 $(Spinelt)_{ss}$ 结合牢固，直接结合组织发达。与 $(Spinelt)_{ss}$ 共同分布在晶界的高亮度 $CaO \cdot TiO_2$ 结晶细小。由此可见，具有上述显微结构的 MgO-Spinel 质耐火材料的高温特性（耐蚀性、高温强度等）不会明显下降。

另外的原因是由于 TiO_2 和熔渣中的主要成分形成的 $CaO \cdot TiO_2$ 化合物，熔融温度高达 1700℃ 以上，使熔渣变成高黏度化，从而抑制了熔渣向含 TiO_2 的 MgO-Spinel 质耐火材料气孔中渗透。

由此可见，不论在物理性能方面（促进材料烧结、显气孔率降低，见图 4-80），还是熔渣高黏度化（生成高耐火相 $CaO \cdot TiO_2$），都抑制了熔渣向含 TiO_2 的 MgO-Spinel 质耐火材料气孔中渗透，提高耐蚀性。

由上面的讨论可以认为，含 TiO_2 的 MgO-Spinel 质耐火材料，随着 TiO_2 添加量的增加，气孔率上升，强度下降（图 4-78）。回转抗渣试验结果则表明，随着 TiO_2 添加量的增加，抑制了熔渣渗透，但 TiO_2 添加量超过 3% 以上时，工作面发生剥落。因此认为，在添加 TiO_2 对 MgO-Spinel 质耐火材料性能的改进时，其最佳 TiO_2 添加量为 2%。

4.7.3 $MgO-Al_2O_3-TiO_2$ 质耐火材料的组成、结构和应用

从理论上说，当向 MgO-Spinel(Al_2O_3)质耐火材料中配入多量 TiO_2 时，TiO_2 便成为这类耐火材料的一种主要成分。在平衡条件下，其相组成分布在 $MgO-Al_2O_3-TiO_2$ 三元系中 MgO-Spinel-2MgO · TiO_2 组成三角形内（图 4-68 及图 4-69），因而这类耐火材料由方镁石和（Spinel-2MgO · TiO_2）固溶体组成（图 4-69）。

通常，采用镁砂、Al_2O_3 和 Spinel 以及纯净 TiO_2 为原料生产 $MgO-Al_2O_3-TiO_2$ 质耐火材料时，其组成属于 $MgO-Al_2O_3-TiO_2-CaO-SiO_2$（考虑到 Fe_2O_3 杂质成分固溶于 MgO 和 Spinel 中）五元系。因而在 $MgO-Al_2O_3-TiO_2$ 质耐火材料中，其矿物相除了方镁石、Spinelt 之外，尚有为数甚少的硅酸盐相。根据图 4-68、图 4-69 和图 3-76 可以得出，能同 2MgO · TiO_2-CaO · TiO_2 平衡的硅酸盐相为 CaO · MgO · SiO_2；能同 2MgO · TiO_2 平衡的硅酸盐相则为 CaO · MgO · SiO_2 + 2MgO · SiO_2。由于 CaO · MgO · SiO_2 熔化温度仅为 1492℃，在硅酸盐中为最低这一事实，说明选用高纯原料是设计 $MgO-Al_2O_3-TiO_2$ 质耐火材料的重要原则。

4.7.3.1 相组成和显微结构

由纯净的 MgO、Al_2O_3 和 TiO_2 构成的镁基耐火材料的组成位于 $MgO-Al_2O_3-TiO_2$ 三角形结构中的 MgO-Spinel-2MgO · TiO_2 亚三角形内，其相组成为方镁石和（Spinel-2MgO · TiO_2）固溶体（简写为 Spinelt）。而由镁砂、Al_2O_3 + TiO_2 细粉构成的 MgO-Spinelt 质耐火材料，其相组成除了 MgO + Spinelt 外，尚有为数甚少的硅酸盐相和可能存在的 CaO · TiO_2。根据图 4-70 以及 Spinel 不会同硅酸盐反应的事实，可以推知：

当 $CaO/SiO_2 = 0$ 时，对应的物相为 MgO-2MgO · TiO_2-2MgO · SiO_2

当 $0 < CaO/SiO_2 < 1.0$ 时，对应的物相为 MgO-2MgO · TiO_2-2MgO · SiO_2-CaO · MgO · SiO_2

当 $CaO/SiO_2 = 1.0$ 时，对应的物相为 MgO-2MgO · TiO_2-CaO · MgO · SiO_2

当 $CaO/SiO_2 > 1.0$ 或 $(CaO-TiO_2)/SiO_2 < 1.0$ 时，对应的物相为

$MgO\text{-}2MgO \cdot TiO_2\text{-}CaO \cdot TiO_2\text{-}CaO \cdot MgO \cdot SiO_2$

通过 X 射线对 Spinel 和 $2MgO \cdot TiO_2$ 检测的结果表明，Spinel-$2MgO \cdot TiO_2$ 的衍射峰值的位置发生了偏移，而与纯 Spinel［400］hkl 不一致：Spinel-$2MgO \cdot TiO_2$（$2\theta = 42.82$），表明其 X 射线衍射峰值从 Spinel-$2MgO \cdot TiO_2$ 侧向 $2MgO \cdot TiO_2$ 侧偏移了。这说明 Spinel 和 $2MgO \cdot TiO_2$ 形成了固溶体，用（Spinelt）$_{ss}$表示。（Spinelt）$_{ss}$的组成则可由图 4-70 相图上 Spinel-$2MgO \cdot TiO_2$ 固溶线的组成来确定。

4.7.3.2　MgO-Spinelt 材料的合成

在以高纯 MgO、Al_2O_3 和 TiO_2 为原料合成 MgO-Spinelt 材料时，通常采用烧结法或者电熔法进行合成。采用烧结法合成 MgO-Spinelt 材料时，材料的组成成分均匀，结构致密，直接结合组织发达。在这种合成材料中，主晶相为方镁石，次晶相为（Spinelt）$_{ss}$，其 $MgO \cdot Al_2O_3/2MgO \cdot TiO_2$ 取决于配料中的 A/T 的比例，几乎不含硅酸盐相，少量 $CaO \cdot TiO_2$ 细小晶粒与（Spinelt）$_{ss}$共同分布在晶界内。

牧野浩和尾花豊康等人曾经详细地研究了烧结合成 MgO-Spinelt 材料的相关问题以及 TiO_2/Al_2O_3 比例对材料性能的影响。他们使用 99 级 MgO（80%）和 $Al_2O_3 + TiO_2$（20%）混合粉体经高压压块，于 1700℃，2h 合成了 MgO-Spinelt 材料，其配方组合如图 4-81 所示。图 4-82 则示出了 $TiO_2/(Al_2O_3 + TiO_2)$ 比例对材料烧结性能的影响。该图表明，MgO-Spinelt 材料的显气孔率随配料中 $TiO_2/(Al_2O_3 + TiO_2)$ 比例的增加连续下降，这说明 $MgO\text{-}Al_2O_3\text{-}TiO_2$ 混合料的烧结性能随配料中 TiO_2 含量的增加而提高，表明 TiO_2 具有促进 $MgO\text{-}Al_2O_3$ 物料烧结的作用，同时还有提高 MgO-Spinel 材料假密度的作用，但后者却与 TiO_2 添加量没有明显的关系。因为在各种 $TiO_2/(Al_2O_3 + TiO_2)$ 比值下，对应材料的假密度的波动范围很小。

4.7.3.3　MgO-Spinelt 质耐火材料

以 MgO 为基础的 $MgO\text{-}Al_2O_3\text{-}TiO_2$ 质耐火材料的组方通常采用全合成 MgO-Spinelt 材料，或者采用镁砂同 MgO-Spinelt 材料搭配，或者采用镁砂、Al_2O_3 和 TiO_2 微粉为原料，根据使用要求和经济、技术

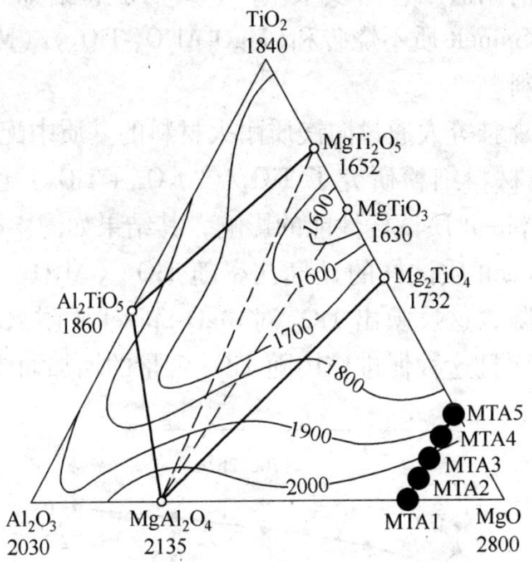

图 4-81 $MgO-TiO_2-Al_2O_3$ 组成

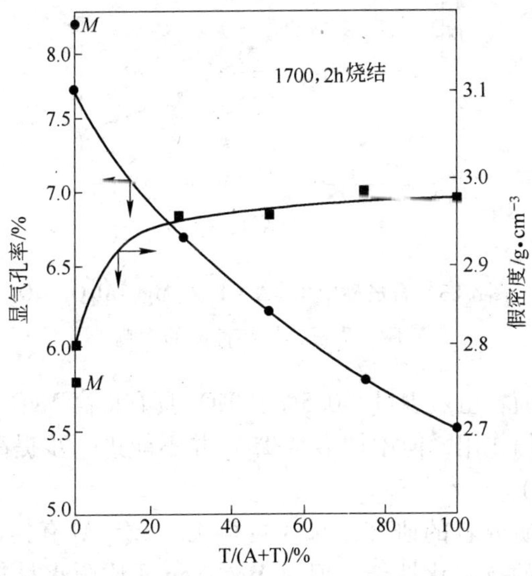

图 4-82 T/(A+T)对 $MgO-Al_2O_3-TiO_2$ 砂烧结性的影响

性，选择相应的制造工艺路线来生产，即可获得诸如 MgO-Spinelt 质烧成砖，MgO-Spinelt 质不烧砖和($MgO-Al_2O_3-TiO_2$)/(MgO-Spinelt)质不定形耐火材料。

牧野浩和森雅等人通过向镁质耐火材料的基质中配入20%(MgO-Spinelt)质合成材料细粉研究了 $TiO_2/(Al_2O_3+TiO_2)$ 比例对1700℃，2h 烧成 MgO-Spinelt 质试样性能的影响，其结果如图4-83所示。图中表明，MgO-Spinelt 质试样的显气孔率随 $TiO_2/(Al_2O_3+TiO_2)$ 比例的增加而连续下降，这反映出 TiO_2 对 MgO-Spinel 质耐火材料的烧结具有促进作用，而且这种促进作用随 TiO_2 含量的增加而提高。

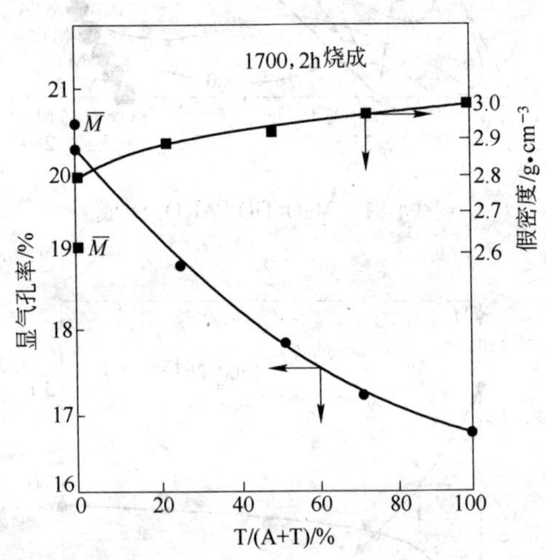

图4-83 合成砂中 T/(A+T)对 $MgO-Al_2O_3-TiO_2$ 质耐火试样烧结性能的影响

另一方面，虽然少量（0.5%）TiO_2 具有提高 MgO-Spinel 质耐火材料假密度的作用，但添加多量 TiO_2 并不能进一步提高材料的假密度（图4-83）。

由上述研究者的研究结果还可得出，TiO_2 具有提高 MgO-Spinel 质耐火材料的抗水化性能，但对 MgO-Spinel 质耐火材料的抗热震性能却存在 $TiO_2/(Al_2O_3+TiO_2)$比例的提高而有下降的倾向，而且抗渣（20% T_{Fe}，60% CaO 和 20% SiO_2）浸润性也几乎不比同类材质的

MgO-Spincl 质耐火材料高。

当使用镁砂混合料和（$Al_2O_3 + TiO_2$）粉料生产 $MgO-Al_2O_3-TiO_2$ 质不定形耐火材料时，通常 Al_2O_3 含量不超过 8%，而 TiO_2 的配入量则取决于材料性能要求。

当这类不定形耐火材料按耐火浇注料设计时，TiO_2 含量对 $MgO-Al_2O_3$ 质耐火材料常温性能的影响列入图 4-84 中。图中表明。随着基质中 TiO_2 含量的增加，经 1600℃，3h 热处理后，该耐火浇注料线收缩率（PLC）增大，显气孔率降低，耐压强度明显增加。图 4-84 同时表明，以 2% TiO_2 为界，继续增加 TiO_2 的配入量，却不能使强度继续增加，显气孔率继续明显下降，但却能使线收缩率继续下降到 8% TiO_2 为止，然后再随着 TiO_2 增加，其收缩率略有减少的倾向。

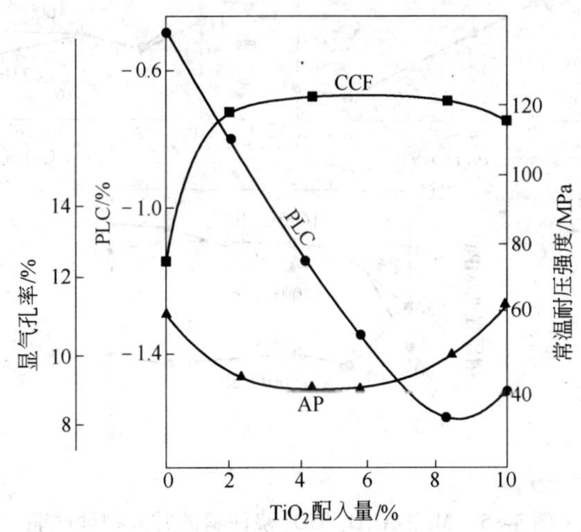

图 4-84 TiO_2 配入量对 $MgO-Al_2O_3-TiO_2$ 质耐火材料性能的影响

图 4-83 的结果以及通过显微结构分析都表明，TiO_2 能极大地促进 $MgO-Al_2O_3$ 质耐火浇注料的烧结，其主要机理在于：TiO_2 易同 Spinelt 反应形成$(Spinel)_{ss}$($MgO \cdot Al_2O_3$-2$MgO \cdot TiO_2$)固溶体，使材料中原位生成的 Spinel 发生晶格畸变，增大晶体结构缺陷浓度，降低反应烧结活化能，从而促进了 $MgO-Al_2O_3$ 质耐火浇注料的烧结过程，强化了镁砂骨料同 Spinelt 之间的结合。

当以 MgO、Al_2O_3 和 TiO_2 三成分为原料，采用浇注成型方法，研究 TiO_2 对 MgO-Al_2O_3-TiO_2 质耐火浇注料性能的影响时发现，随着 TiO_2 的添加量增加到 2% 时，1000℃处理后的耐压强度趋于下降（图 4-85）；而 1400℃ 和 1600℃ 烧成后，其耐压强度都明显增加（图 4-85）。线变化率（PLC）变化呈负值且不断增加（图 4-85）。图 4-85 同时表明，当 TiO_2 含量增加到 2% 时，该材料的诸性能都比较好，表明 TiO_2 可改善 MgO-Spinel(Al_2O_3)质耐火材料的各项性能。原因显然是通过液相促进烧结而后液相又被吸收转化为高熔点物相的结果。

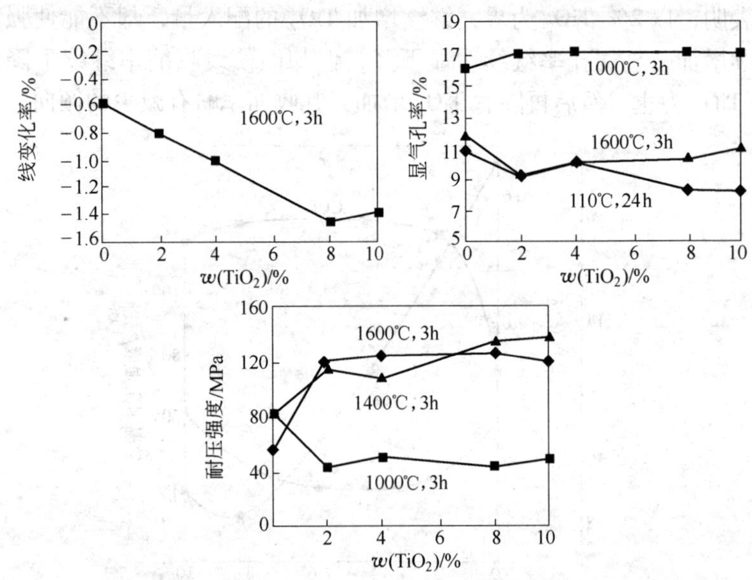

图 4-85　MgO-Al_2O_3-TiO_2 浇注料的常温物理性能

图 4-85 还表明，随基质中 TiO_2 的加入，经 1600℃，3h 烧成的 MgO-Al_2O_3-TiO_2 质耐火浇注试样收缩率（PLC）增大，显气孔率（AP）下降，强度显著增加。加入 2% TiO_2 的试样经 1600℃，3h 后的冷态耐压强度提高 122%，继续增加 TiO_2 后，冷态耐压强度变化相对平缓。这可解释为 TiO_2 对 MgO-Al_2O_3 质耐火浇注料的烧结具有较强的促进作用。

当以镁砂、Spinel 砂和 TiO_2 微粉为原料，采用烧成工艺，研究

TiO_2 对 MgO-Spinelt 质耐火试样（1700℃，2h 烧成）性能的影响时发现，TiO_2 有提高材料抗热震性能的作用，如图 4-86 所示。该图表明，不含 TiO_2 的 MTA1 和不含 Al_2O_3 的 MTA5 抗热震性都较低，而同时含 Al_2O_3 和 TiO_2 的 MTA2 ~ MTA4 即由于 Al_2O_3 和 TiO_2 共存，形成尖晶石固溶体而使抗热震性能得到提高（见图 4-86），但随材料中 TiO_2/Al_2O_3 比值提高，抗热震性能下降。这说明生成尖晶石固溶体接

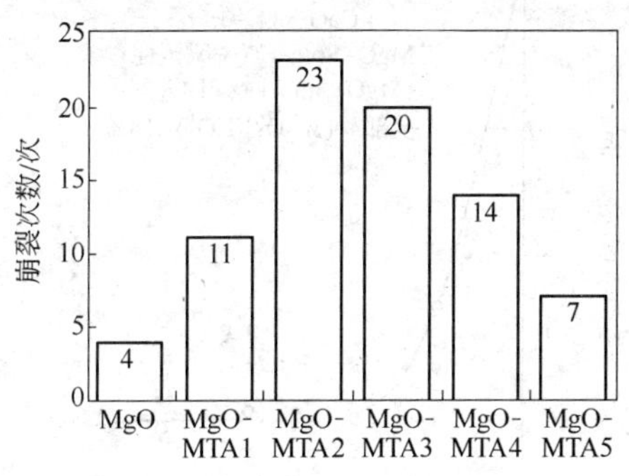

图 4-86　耐剥落性试验结果

近尖晶石的理论组成时对提高材料的抗热震性能是十分有利的。这种情况可作如下解释：

尖晶石 $MgAl_2O_4$ 和 $TiMg_2O_4$ 在 1350℃以上，可以完全互溶形成复合尖晶石 Spinelt，当温度下降时其互溶度低。这种脱溶作用则赐予 MgO-Spinelt 质耐火材料非线形性能，提高抗热震性能，当后者数量增加，由于脱溶作用而导致过度的结构损坏，因而材料的抗热震性能下降了。

将上述材料进行抗渣试验（坩埚法，1600℃，2h；侵蚀剂为 Fe : CaO : SiO_2 = 1 : 3 : 1(摩尔比)）得出表 4-30 的结果。它表明，添加 TiO_2 的 MgO-Spinelt 质耐火材料并不能改善其抗侵蚀性，而且与 TiO_2 添加量几乎无关。

表 4-30　样品渣渗透厚度

T/A(摩尔比)	样　品	渣渗透厚度/mm	T/A(摩尔比)	样　品	渣渗透厚度/mm
0/0	MgO	13(100)	5/15	MgO-MTA3	9(69.2)
0/20	MgO-MTA1	9(69.2)	10/10	MgO-MTA4	9(69.2)
13/7	MgO-MTA2	10(76.9)	20/0	MgO-MTA5	10(76.9)

进一步研究则发现，TiO_2 加进 MgO-Spinel 质耐火材料中时却可提高它们的抗渗透性，如图 4-87 所示。该图表明，当该类耐火材料中添加 2% TiO_2 时，其抗渗透性达到最大，进一步增加 TiO_2 含量则不能进一步改进其抗渗透性。

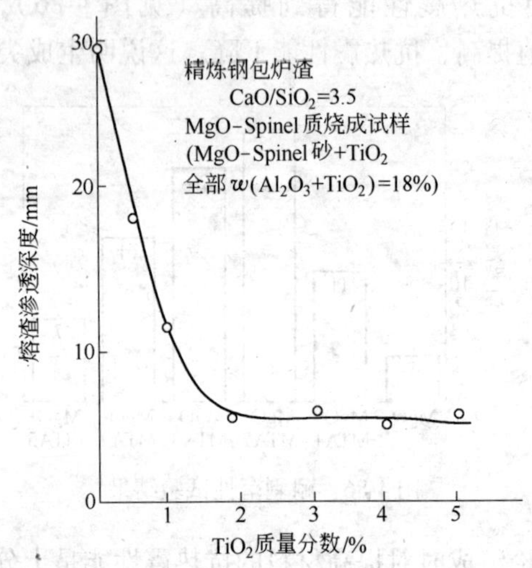

图 4-87　熔渣渗透深度与 TiO_2 含量的关系

4.7.3.4　MgO-Spinel 质耐火材料在熔融炉上的应用

如前所述，废弃物熔融炉熔渣的 CaO/SiO_2 为 0.5～1.2，对耐火材料具有极强的侵蚀性。正如图 4-88 和图 4-89 所表明的，只有溶解大量的纯净 MgO、Al_2O_3 和 Spinel 以及它们的混合物等才能达到饱和。而且，像 MgO 之类的耐火氧化物熔解进入 CaO/SiO_2 为 0.5～1.0 的熔渣之中后，其液相温度和熔流温度都低，如图 4-89 所示。这就说明，单纯 MgO 质、Spinel 质、Spinel 质和 Al_2O_3 质以及由它们组合的耐火材料都难以同废弃物熔融炉的操作条件相适应。因此，应对它们进行改进，以提高其抗蚀能力。

作为改进方案之一是向 MgO-Spinel 质耐火材料中配入 TiO_2，制造 MgO-Spinelt 质耐火材料以适应熔融炉的操作条件，表 4-31 列出了 MgO-Spinelt 质耐火材料在熔融炉上应用的重要例子，图 4-90 则示出

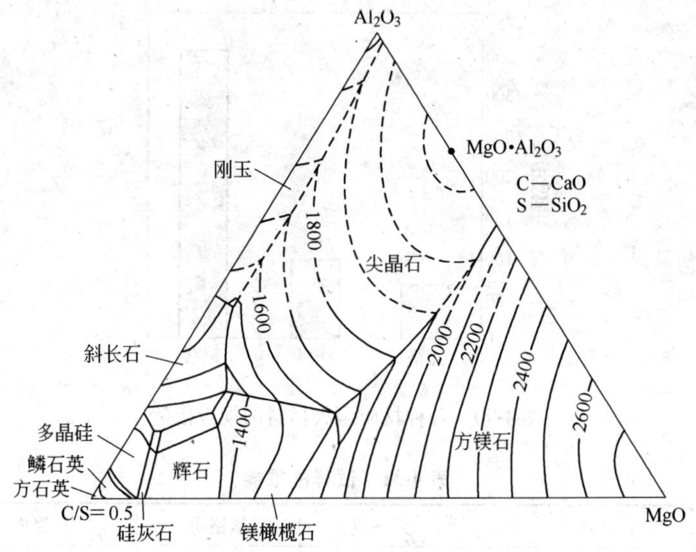

图 4-88 MgO-Al_2O_3-C/S = 0.5 系相图

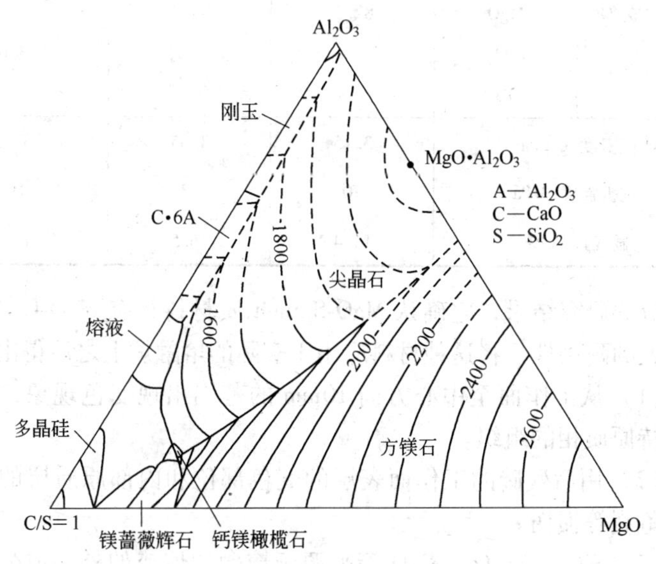

图 4-89 MgO-Al_2O_3-C/S = 1 系相图

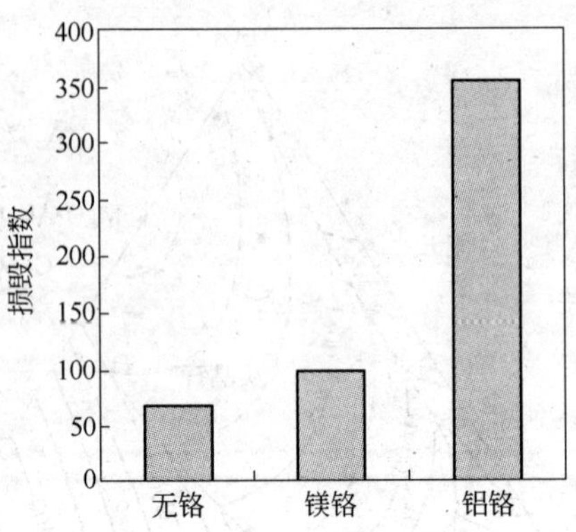

图 4-90 各种材质耐火材料的损毁指数

表 4-31 试样的性能

性 能		无铬质	镁铬质	铝铬质
化学组成/%	Al_2O_3	8.2	8.9	82.1
	Cr_2O_3		12.2	9.9
	MgO	82.3	72.3	
	ZrO_2			3.6
	TiO_2	7.5		
体积密度/$g \cdot cm^{-3}$		3.15	3.05	3.43
抗折强度/MPa		70	53	196
显气孔率/%		11.4	16.5	13.2

了对应的研究结果，它确认 MgO-Spinelt 质材料具有 MgO-Cr_2O_3 质材料以上的耐用性。将这种材料应用于实际的熔融炉上之后得出：

（1）从工作面至中心方向 10mm 的范围出现变色现象，内部仍然保持原质相的组织。

（2）用后残砖的工作面表层的变色部位和内部原质层的分界处没有龟裂等损伤。

（3）SiO_2、Fe_2O_3、CaO 等来源于熔融炉熔渣的外来成分的浓度高，但是 Fe_2O_3 只侵入到表面变色部位，而没有侵入到残砖的内部。

从而证实其耐用性能较高。

根据作者曾经建立的耐火材料向熔渣中的熔解侵蚀速度（dn/dt）动力学方程（它包含耐火材料结构以及熔渣渗透进入耐火材料内部的实际深度 L_{cp} 对耐火材料向熔渣中的纯熔解蚀损速度（v）的影响因素）为：

$$dn/dt = \frac{DS_0}{\beta\delta}(1 + P_a + 2L_{cd}P_a/r)(n_s - n) \qquad (4\text{-}30)$$

式中，D、δ 分别为耐火材料熔解成分的扩散系数和扩散层厚度；P_a、r 分别为耐火材料的显气孔率和平均开口气孔半径（$r \propto P_a^{1/2}$）；n_s、n 分别为耐火材料熔解成分在熔渣中的饱和浓度和 t 时的浓度；S_0 为耐火材料与熔渣接触的表观表面积；δ 为耐火材料向渣中实际熔解蚀损速度对理论熔解蚀损速度的修正值。

由式（4-30）可知，耐火材料向熔渣中的熔解蚀损速度随其显气孔率 P_a 增大和熔渣渗透进入其内部的深度变深（L_{cd}）呈线性增加。由于 TiO_2 配入 MgO-Spinel 质耐火材料中可降低熔渣的渗透深度（图 4-82），并具有促进材料烧结从而获得低显气孔率结构（同 $MgO-Cr_2O_3$ 材料相比，见表 4-31），这就降低了熔解蚀损速度（由式(4-30)看出），结果则表现出等于甚至高于 $MgO-Cr_2O_3$ 材料的耐蚀性能。

此外，TiO_2 对 CaO/SiO_2 比低的熔渣中 SiO_2 成分有明显的过滤作用，这便提高了 MgO-Spinelt 质耐火材料对熔融炉熔渣侵蚀的抵抗能力。

由此可见，选择 MgO-Spinelt 质耐火材料取代含 Cr_2O_3 质耐火材料在废弃物熔融炉中应用的一个可选方案。

不过，这种耐火材料的配方设计需要对 MgO、Al_2O_3 和 TiO_2 三成分以及各自颗粒组成进行仔细权衡。在这种情况下，认为以镁砂为骨料颗粒而以镁砂细粉、Spinel 砂细粉以及 TiO_2 微粉和/或 Al_2O_3 微粉为基质生产尖晶石固溶体结合的方镁石质耐火材料具有较佳的技术/经济指标。这种耐火材料中的镁砂骨料颗粒可受到保护而使之不会被熔融炉熔渣所侵蚀。

用于废弃物熔融炉上的 MgO-Spinelt 质耐火材料的配方设计关键

是基质的材质设计。其基质应由预合成 Spinelt 和原位形成的 Spinelt 的适当比例组成才能获得致密组织，并通过增强技术（原位形成 Spinelt）以强化结合，从而获得高强度。从化学组成上看，其成分应处于 MgO-Al_2O_3-TiO_2 结构三角形中的 MgO-$MgO \cdot Al_2O_3$-$2MgO \cdot TiO_2$ 亚三角形内靠近 $MgO \cdot Al_2O_3$-$2MgO \cdot TiO_2$ 连线范围中。在复合尖晶石 Spinelt[$m MgAl_2O_4 \cdot (1-m) TiMg_2O_4 (0 \leqslant m \leqslant 1)$] 的组成中，认为 $TiMg_2O_4$ 含量高有利于提高抗侵蚀性能。因为 TiO_2 熔于熔融炉熔渣却会导致熔渣熔点温度升高，如图 4-91 所示。

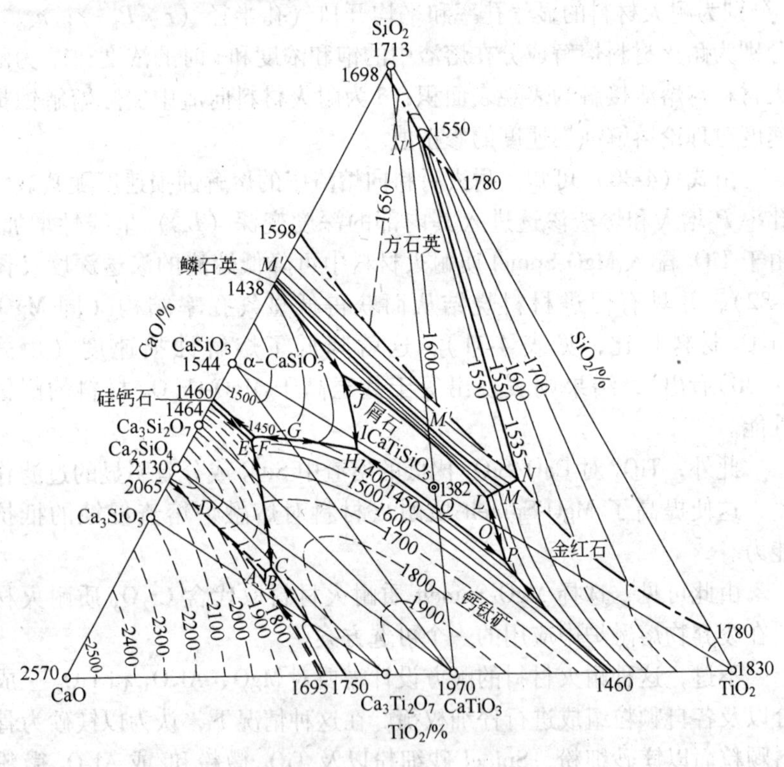

图 4-91 CaO-SiO_2-TiO_2 系相图

4.8 MgO-Al_2O_3-Cr_2O_3 质耐火材料简介

最早，铬矿作为一种中性耐火材料而被使用，但应用范围受到其荷重软化和溃裂温度的限制。后来发现，将镁砂细粉加入铬矿中获得一种性能优于铬砖同时也优于镁砖的铬镁砖，从而导致了平炉炉顶用铬镁砖代替硅砖的全碱性平炉的发展。

铬镁砖经过若干发展阶段，一直到直接结合铬镁砖（也包括 $MgO-Cr_2O_3$ 整个系统），随之涌现出大量的高水平的 $MgO-Cr_2O_3$ 质耐火材料品种，在钢铁冶炼、建材、水泥、有色等许多部门得到广泛应用。

但是，后来却发现含铬耐火材料在使用过程中有可能发生 Cr^{3+} 转化为 Cr^{6+}，对环境有污染，危害人们健康。因而含铬耐火材料的应用受到严格的限制。现在，含铬耐火材料只有在熔融还原炉、不锈钢（含铬不锈钢）冶炼、废弃物熔融炉和炭黑生产装置及铜熔炼炉等为数甚少的使用条件特别严酷的情况下才选用。

4.8.1 相关相图

图 4-92 示出了 $MgO-Al_2O_3-Cr_2O_3$ 三元系相图。该三元系 1700℃ 高温截面图如图 4-93 所示，这两幅图都表明，$MgO-Al_2O_3-Cr_2O_3$ 三元系中不存在三元化合物，仅存在两个二元化合物：$MgO \cdot Al_2O_3$ 和

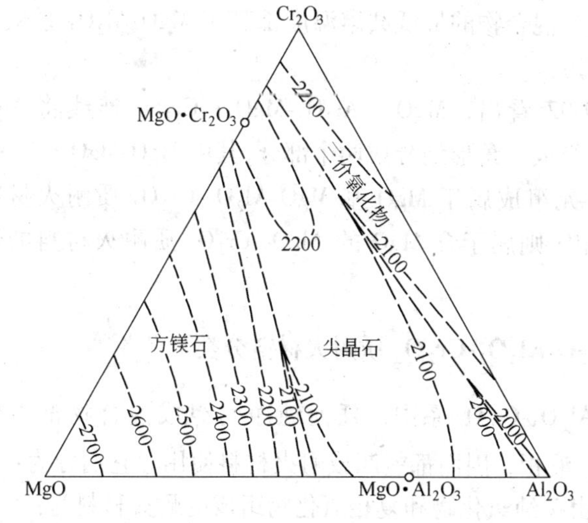

图 4-92 $MgO-Al_2O_3-Cr_2O_3$ 三元系相图

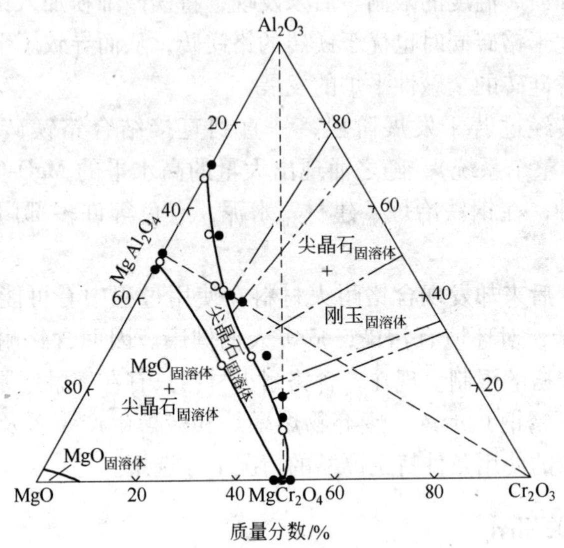

图 4-93 1700℃的 $MgO-Al_2O_3-Cr_2O_3$ 系高温截面图

$MgO \cdot Cr_2O_3$，二者为连续固溶体。图 4-92 表明，将 Cr_2O_3 加进 $MgO-Al_2O_3$ 质耐火材料中可以提高耐火度，而且任何组成的 $MgO-Al_2O_3-Cr_2O_3$ 三成分混合物的最低共熔温度都高于 $MgO-Al_2O_3$ 系最低共熔温度（1925℃）。

由图 4-92 看出，$MgO \cdot Al_2O_3-MgO \cdot Cr_2O_3$ 连线将 $MgO-Al_2O_3-Cr_2O_3$ 三元组成三角形划分成两个部分，其中 $MgO-MgO \cdot Al_2O_3-MgO \cdot Cr_2O_3$ 亚三元组成属于 MgO 基 $MgO-Al_2O_3-Cr_2O_3$ 质耐火材料物相区域，其余相区则属于含 MgO 的 $Al_2O_3-Cr_2O_3$ 质耐火材料的物相分布区域。

4.8.2 $MgO-Al_2O_3-Cr_2O_3$ 质耐火材料分类

$MgO-Al_2O_3-Cr_2O_3$ 系中，任何纯净的组成混合物都不会在低于 1925℃产生液相，因而都能制成耐火材料使用。它们分为：

（1）由单纯氧化物和复相氧化物组成的耐火材料为：

1）镁质耐火材料（MgO 质耐火材料）；

2）铝（刚玉）质耐火材料；

3）铬（氧化铬）质耐火材料；

4）镁铝尖晶石（Spinel）质耐火材料；

5）镁铬尖晶石（Cpinel）质耐火材料；

6）$(Al_xCr_{1-x})_2O_3(0<x<1)$质耐火材料。

（2）由二元化合物组成的耐火材料为：

1）MgO-Spinel(Al_2O_3)质耐火材料；

2）Al_2O_3-Spinel(MgO)质耐火材料；

3）MgO-Cpinel 质耐火材料；

4）Cpinel-Cr_2O_3 质耐火材料；

5）$MgO\cdot(Al_xCr_{1-x})_2O_3(0<x<1)$质耐火材料。

（3）由三元化合物组成的耐火材料为：$MgO-Al_2O_3-Cr_2O_3$ 质耐火材料。当以 MgO 为主成分时，属于 MgO 基复相耐火材料（其矿物相为方镁石和铬铝复合尖晶石）；当以（$(Al_xCr_{1-x})_2O_3$）为主成分时，属于贫 MgO（即含 MgO）的复相 $Al_2O_3-Cr_2O_3$ 质耐火材料。

4.8.3 MgO 基 $MgO-Al_2O_3-Cr_2O_3$ 质耐火材料

MgO 基三元复相耐火材料的物相分布在 $MgO-MgO\cdot Al_2O_3-MgO\cdot Cr_2O_3$ 亚组成三角形内，其最低共熔温度高于 1925℃。

研究结果表明，对于 $MgO-(Al_xCr_{1-x})_2O_3$ 质耐火材料起决定作用的是复合尖晶石中 Al_2O_3/Cr_2O_3 比例。通常，Al_2O_3/Cr_2O_3 比值越低，材料的高温性能就越高，抗蚀性就越强。

$MgO-MgO(Al_xCr_{1-x})_2O_3$ 质耐火材料配料中 Al_2O_3/Cr_2O_3 比例决定材料中方镁石基体内固溶体的分解产物在冷却后的分布状态，即当 Al_2O_3/Cr_2O_3 的比值相当大时，固溶体冷却时析出的尖晶石以 $MgO\cdot Al_2O_3$ 为主，主要在方镁石晶体周围呈晶间夹层存在，在机械负荷和温度波动的情况下不会导致该类耐火材料内部产生超应力。相反，当 Al_2O_3/Cr_2O_3 比值很小时，在类似的情况下，方镁石内部析出的尖晶石由于方镁石和 $MgO\cdot Cr_2O_3$ 之间的性能（膨胀系数 α、弹性模量 E）差异，可导致在材料内产生附加应力，结果就降低了材料的机械强度和抗热震性。显然，在 $MgO-MgO(Al_xCr_{1-x})_2O_3$ 质耐火材料之间必定会存在既具有易于烧结，强度也不低，而又不失去其抗热震性的耐火材料。

不过，决定耐火材料使用条件要求的首先是，选择其适应性，同时兼顾对环境的危害程度。

正是基于这种情况，MgO-MgO(Al_xCr_{1-x})$_2O_3$ 质耐火材料的应用范围有一定的限度，它们可以作为碱度为 1.0～2.0 的处理焚烧灰熔融炉内衬耐火材料，也可用作熔融还原炉、不锈钢（铬系）冶炼炉和有色铜、镍冶炼炉内衬耐火材料。因为这些熔炼装置的操作条件极为严酷，炉渣侵蚀能力极强，只有含铬耐火材料才能与之相适应。

5 镁基四元复相耐火材料

MgO 同三元耐火氧化物组成的复相耐火材料属于镁基四元复相耐火材料。这类耐火材料不是很多，而且应用范围也有限，所以仅举出 $MgO-CaO-ZrO_2-SiO_2$ 质耐火材料和 $MgO-Al_2O_3-ZrO_2-SiO_2$ 质耐火材料的例子简单说明如下。

5.1 $MgO-CaO-ZrO_2-SiO_2$ 质耐火材料

以 $ZrO_2 \cdot SiO_2$ 作为 ZrO_2 源配入 MgO-CaO 质耐火材料中生产碱性耐火材料时，在增加 ZrO_2 组元的同时也带入了多量的 SiO_2，因而这类耐火材料属于 $MgO-CaO-ZrO_2-SiO_2$ 质耐火材料。

5.1.1 相关相图

此处所讨论的耐火材料的主要组成属于 $MgO-CaO-ZrO_2-SiO_2$ 四元系，故可用图 4-38 来分析其相间关系。

(MgO-CaO)-($ZrO_2 \cdot SiO_2$)系的组成位于 $MgO-CaO-ZrO_2-SiO_2$ 组成四面体结构中的 $MgO-CaO \cdot ZrO_2-2CaO \cdot SiO_2-3CaO \cdot SiO_2$ 亚四面体中接近 $MgO-CaO-ZrO_2$ 质耐火材料的组成相区。二者的区别在于：前者的 $2CaO \cdot SiO_2/3CaO \cdot SiO_2$ 含量较高，属于材料内的主要相之一，而后者则为材料的次要相。

在这类耐火材料中，当组成中的$(CaO \cdot ZrO_2)/SiO_2 = 3$ 时，其相组成为 $MgO-CaO-CaO \cdot ZrO_2-3CaO \cdot SiO_2$；当组成中的 $2 < (CaO \cdot ZrO_2)/SiO_2 < 3$ 时，其相组成为 $MgO-CaO \cdot ZrO_2-2CaO \cdot SiO_2-3CaO \cdot SiO_2$；当组成中$(CaO \cdot ZrO_2)/SiO_2 = 3$ 时，其相组成为 $MgO-CaO \cdot ZrO_2-3CaO \cdot SiO_2$；当组成中$(CaO \cdot ZrO_2)/SiO_2 = 2$ 时，其相组成为 $MgO-CaO \cdot ZrO_2-2CaO \cdot SiO_2$。由表 3-17 看出，当组成中$(CaO \cdot ZrO_2)/SiO_2 > 3$ 时，其固化温度为 1740℃；而当 $2 < (CaO \cdot ZrO_2)/SiO_2 < 3$ 时，其固化温度为 1710℃；表明(MgO-CaO)-($ZrO_2 \cdot SiO_2$)

质耐火材料属于高熔点的复相氧化物耐火材料系列。

图 5-1 为 MgO-CaO-ZrO_2-SiO_2 四元系中 MgO-$CaZrO_3$-Ca_2SiO_4 的等组成截面图，其转熔点温度为 1750℃（$MgO + 2CaO \cdot SiO_2 + CaO \cdot ZrO_2$ 在 1750℃ ±10℃时转熔为 $MgO + 2CaO \cdot SiO_2 + CaO \cdot ZrO_2 + L$）。图 5-1 中 MgO-E 和 MgO-F（$E = CaO \cdot ZrO_2/2CaO \cdot SiO_2 = 5.61$ 和 $F = CaO \cdot ZrO_2/2CaO \cdot SiO_2 = 1.04$）两个等组成截面如图 5-2 和图 5-3 所示。

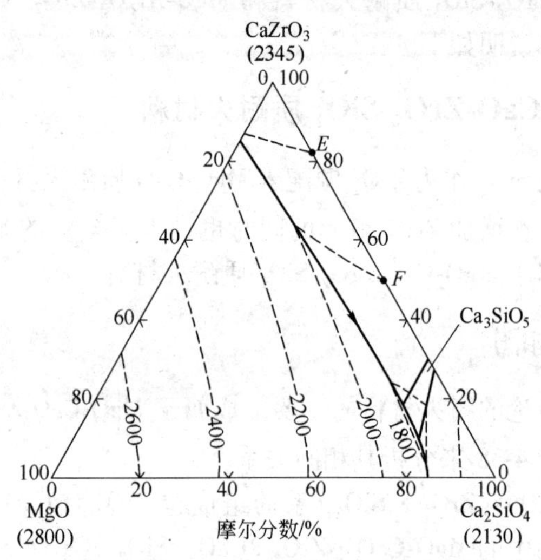

图 5-1 MgO-$CaZrO_3$-Ca_2SiO_4 系等组成截面图
（图中示出了相界和液相表面的等温线）

图 5-1 表明，在 MgO-$CaO \cdot ZrO_2$-$2CaO \cdot SiO_2$ 三元系中，随着 $CaO \cdot ZrO_2/2CaO \cdot SiO_2$ 由∞降低到 0 时，亚液相线温度由 2050℃逐渐降低到 1750℃ ±10℃，然后再上升到约 1815℃。说明虽然亚液相线温度都高于 1750℃，但 $2CaO \cdot SiO_2$ 添加到 MgO-$CaO \cdot ZrO_2$ 质耐火材料中却会降低 MgO-$CaO \cdot ZrO_2$ 质耐火材料的耐火性能。比较图 5-2 和图 5-3 就更看清楚了这种趋势。也就是说，以 $CaO \cdot ZrO_2$ 取代 $2CaO \cdot SiO_2$ 可提高（MgO-CaO）-（$ZrO_2 \cdot SiO_2$）-$2CaO \cdot SiO_2$ 质耐火材料的高温性能。

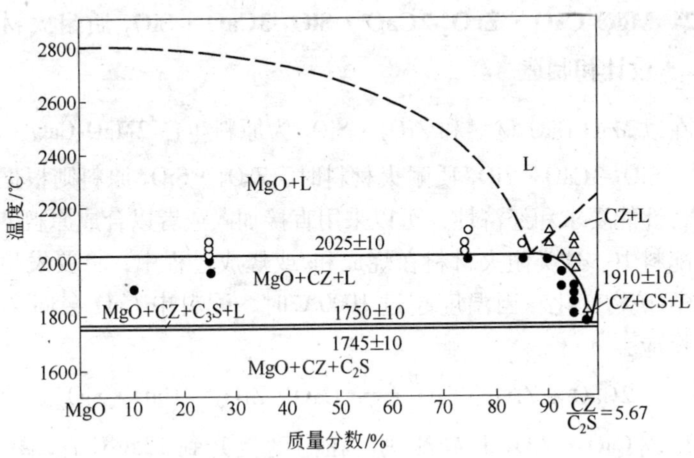

图 5-2 $MgO-CaO-SiO_2-ZrO_2$ 系中

$$MgO-\frac{CaO\cdot ZrO_2}{2CaO\cdot SiO_2}=5.07$$ 的等组成截面图

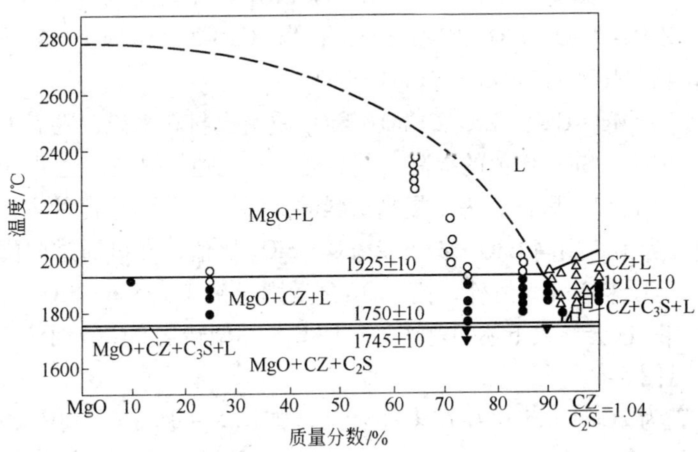

图 5-3 $MgO-ZrO_2-SiO_2-CaO$ 系中

$$MgO-\frac{CaO\cdot ZrO_2}{2CaO\cdot SiO_2}=1.04$$ 的等组成截面图

5.1.2 MgO-CaO · ZrO_2-2CaO · SiO_2-3CaO · SiO_2 质耐火材料的设计和制造

在以 MgO-CaO 材料和 ZrO_2 · SiO_2 为原料生产 2MgO-CaO · ZrO_2-2CaO · SiO_2-3CaO · SiO_2 质耐火材料时，ZrO_2 · SiO_2 原料则根据材料的综合性能要求和经济性，可以采用直接加入或者以合成原料的形式加入配料中。这类耐火材料在烧成和/或烧成过程中，将要发生一系列化学-矿物变化。当温度超过 1000℃ 时，配料中 CaO 会同 ZrO_2 · SiO_2 反应：

$$2CaO + ZrO_2 \cdot SiO_2 = CaO \cdot ZrO_2 + CaO \cdot SiO_2 \qquad (5\text{-}1)$$

生成 CaO · ZrO_2 和硅酸钙。在温度上升到 1550℃ 时，3CaO · SiO_2 出现。如果在该温度下长时间保温，系统可达到平衡，ZrO_2 · SiO_2 即被 CaO 消耗掉。如果还有 CaO 剩下，CaO 即以方钙石形式存在。这样，当$(CaO\text{-}ZrO_2)/SiO_2 > 3$ 时，其矿物相为 MgO-CaO-CaO · ZrO_2-3CaO · SiO_2；当$(CaO\text{-}ZrO_2)/SiO_2 = 3$ 时，其矿物相为 MgO-CaO · ZrO_2-3CaO · SiO_2；当$2 < (CaO\text{-}ZrO_2)/SiO_2 < 3$ 时，其矿物相为 MgO-CaO · ZrO_2-2CaO · SiO_2-3CaO · SiO_2；当$(CaO\text{-}ZrO_2)/SiO_2 = 2$ 时，其矿物相为 MgO-CaO · ZrO_2-2CaO · SiO_2。

对于 MgO-CaO · ZrO_2-2CaO · SiO_2 质耐火材料来说，随着 CaO · ZrO_2/2CaO · SiO_2 比值的提高，其高温性能也随之提高，这可由图5-1 ~ 图 5-3 推出。因此，为了提高材料的高温性能，SiO_2 含量应当严格限制。为了达到高 CaO · ZrO_2/2CaO · SiO_2 比值，即可通过向配料中添加fZrO_2 来实现。另外，高 SiO_2 含量则导致了高 CaO/SiO_2 比的硅酸盐相。这会导致下述问题产生：即 C_2S 晶型转化产生，而使制品毁坏，见图 5-4。

因为 2CaO · SiO_2 存在多晶转变，如图 5-4 所示。其中 α′-型或 β-型晶体转变为 γ-晶型时，由于结晶格子改组而产生大约 10% ~ 12% 的体积膨胀，常常会因此导致物料碎散。

而 3CaO · SiO_2 在 1250 ~ 1100℃ 之间不稳定，产生如下反应：

$$3CaO \cdot SiO_2 \rightleftharpoons 2CaO \cdot SiO_2 + CaO \qquad (5\text{-}2)$$

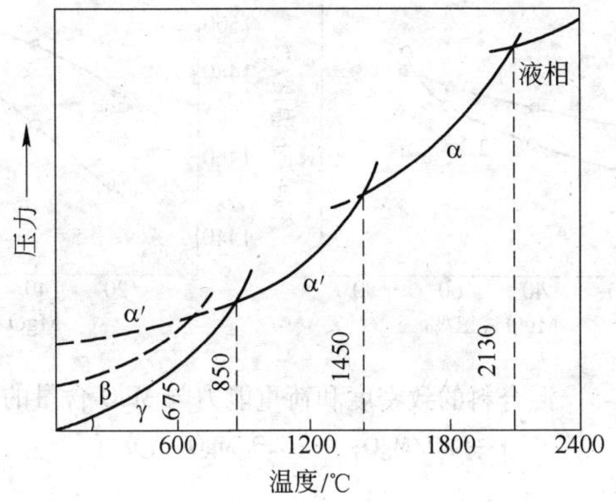

图 5-4 SiO_2 晶型转化图

$2CaO \cdot SiO_2$ 晶型	α-型	α′-型	β-型	γ-型
相应的晶系	六 方	斜 方	斜 方	单 斜
稳定范围/℃	>1450	1450 ~ 850	介稳状态	<850

对材料性能产生危害。

这些情况都说明，控制 MgO-CaO · ZrO_2-2CaO · SiO_2-3CaO · SiO_2 质耐火材料中 SiO_2 含量是完全必要的。

最后，MgO-CaO/CaO · ZrO_2-2CaO · SiO_2/3CaO · SiO_2 质耐火材料的其他杂质成分特别是 Al_2O_3 和 Fe_2O_3 等也需要严格控制，因为它们是导致高温液相的来源，高杂质含量难以获得高性能（特别是高温性能）的材料。

5.1.3 (MgO-CaO)-(ZrO_2 · SiO_2)质耐火材料结构和应用

在 MgO-CaO 质耐火材料中添加 0 ~ 5%（摩尔分数）ZrO_2 · SiO_2 时，发现最致密的 MgO-CaO-CaO · ZrO_2-3CaO · SiO_2 质耐火材料是 CaO/ZrO_2 · SiO_2 = 99/1（摩尔比）的材料。当这种材料经过 1600℃ 烧结后最致密，开始变形温度高，如图 5-5 所示。

比较了添加或不加 ZrO_2 · SiO_2 的 MgO-CaO 质耐火材料的抗水化性能（图 4-35），它表明，添加 ZrO_2 · SiO_2 的 MgO-CaO 质耐火材料

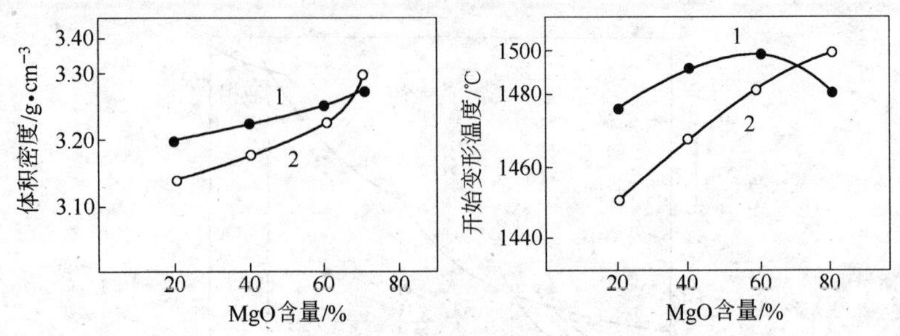

图 5-5 混合料的致密度和荷重能力与 MgO 含量的关系

1—CaO/MgO；2—CaO/MgO/锆英石

的抗水化性能明显改善了。图 5-5 所表明的加 $ZrO_2 \cdot SiO_2$ 的 MgO 含量少于 70% 的 MgO-CaO 质耐火材料的高温机械性能（特别是开始变形温度）的改善被认为是与它们的直接结合程度高度联系的（由于直接结合程度高而抑制了液相的副作用即改变了液相的分布状态）。相反，未加 $ZrO_2 \cdot SiO_2$ 的同类耐火材料却由于烧成温度较低（1600℃）、烧结程度不够、结构疏松导致其高温机械性能较差（间隙中的液相导致了材料开始变形的温度下降了）。

白云石-锆英石质耐火材料具有很高抗热震性能（大于 20 次），开始下沉温度高（大于 1400℃）。因为是这类耐火材料中存在大量的 MgO 和 $CaO \cdot ZrO_2$。这类耐火材料的优点是对于高铁熔渣（托马斯转炉渣）具有很高的抵抗能力。因而它们主要用于抗热震性和抗渣性均要求很高的连铸水口部件的材质。

5.2 $MgO-Al_2O_3-ZrO_2-SiO_2$ 质耐火材料

向 MgO-Spinel(MgO) 质耐火材料中配入 $ZrO_2 \cdot SiO_2$ 之后可获得 $MgO-Al_2O_3-ZrO_2-SiO_2$ 质耐火材料。当使用 MgO-Spinel(MgO) 混合料同 $ZrO_2 \cdot SiO_2$ 搭配生产 $MgO-Al_2O_3-ZrO_2 \cdot SiO_2$ 质耐火材料时，在高温下烧成（对于烧成耐火砖而言）或者经过高温处理（对于不定形耐火材料而言）之后，其物相构成为 $MgO-Spinel-ZrO_2-2MgO \cdot SiO_2$，而且 $2MgO \cdot SiO_2$ 比较高。例如，若 $ZrO_2 \cdot SiO_2$ 配入量为 $a\%$，在平衡条件下，可形成 $0.672a\%$ ZrO_2 和 $0.765a\%$ $2MgO \cdot SiO_2$。可见，

在 $ZrO_2 \cdot SiO_2$ 配入量较多时，$2MgO \cdot SiO_2$ 也是不能忽略的重要物相。说明使用 MgO-Spinel(MgO)混合料同 $ZrO_2 \cdot SiO_2$ 搭配所生产的耐火材料，实际属于 $MgO-Spinel-ZrO_2-2MgO \cdot SiO_2$ 质耐火材料。

由表 5-1 看出，$MgO-2MgO \cdot SiO_2$ 二元系最低共熔点温度为 1860℃，而由图 4-51 则看出，$MgO-Spinel-ZrO_2$ 三元系最低共熔点温度应低于 1840℃，估计约为 1800℃。这说明在 $MgO-Al_2O_3-ZrO_2-SiO_2$ 四面体结构位于 MgO 顶角附近的组成有可能用作优质耐火材料系列，其相组成为 $MgO-Spinel-ZrO_2-2MgO \cdot SiO_2$。

镁基 $Al_2O_3-ZrO_2-SiO_2$ 质耐火材料中，由于镁砂会带入 CaO、SiO_2、Fe_2O_3 和 Al_2O_3 等杂质成分，但 Al_2O_3 和 SiO_2 为材料主要成分之一，而 Fe_2O_3 又会同 Spinel 形成复合尖晶石，所以只有 CaO 才是 $MgO-Spinel-ZrO_2-2MgO \cdot SiO_2$ 质耐火材料中最有害的杂质成分，它对该类材料的高温性能影响极大，因为极少量 CaO 就会使液相出现的最低温度由约 1800℃迅速降低到 1380℃(降低 400℃)。根据图 3-2 估计，认为配料中 $CaO/SiO_2 < 0.2$ 才能使 CaO 对 $MgO-Spinel-ZrO_2-2MgO \cdot SiO_2$ 质耐火材料高温性能的危害降低到最低程度。然而，当以镁砂和锆英石为原料生产这类耐火材料时，这一条件可以得到满足，尽管如此，在原料选择上，仍应选择低 CaO/SiO_2 比镁砂较为合适。相反，如果一旦使用高 CaO/SiO_2 比镁砂，由于配入了 $ZrO_2 \cdot SiO_2$，结果则导致了 SiO_2 的增加，使镁砂中高 CaO/SiO_2 比硅酸盐相转化为低 CaO/SiO_2 比硅酸盐相，同时带来较大的体积增加。

$$3C_2S + 2MgO + SiO_2 = 2(C_3MS_2) \tag{5-3}$$

$$\Delta V/V_0 = +13\%$$

$$C_2S + 2MgO + SiO_2 = 2(CMS) \tag{5-4}$$

$$\Delta V/V_0 = +30\%$$

$$2MgO + SiO_2 = 2MgO \cdot SiO_2 \tag{5-5}$$

$$\Delta V/V_0 = +96\%$$

这说明，由于 SiO_2 的引入，结果会导致 C_3MS_2 和 CMS 等低熔相的产生，从而导致砖坯在烧成过程中变形倒垛的事故发生。而过量体积膨胀会导致材料开裂损坏。

由此看来：

（1）生产 MgO-Spinel-ZrO_2-2MgO · SiO_2 质耐火材料不应使用高 CaO/SiO_2 比值的镁砂。

（2）高硅低 CaO/SiO_2 镁砂是生产 MgO-Spinel-ZrO_2-2MgO · SiO_2 质耐火砖的重要选择，这也为高硅低 CaO/SiO_2 镁砂的应用提供了重要的应用途径。

（3）当采用直接法生产 MgO-Spinel-ZrO_2-2MgO · SiO_2 质耐火砖时，ZrO_2 · SiO_2 配入量需要加以限制，以控制材料体积的过量增加。

MgO-Spinel-ZrO_2-2MgO · SiO_2 质耐火材料的生产，通常有两种方法，即将 ZrO_2 · SiO_2 直接加入和预合成法。具体生产时，则要根据使用条件和产品的性能要求决定。当采用直接加入法时，主要以镁砂（烧结或/和电熔镁砂）和合成 Spinel（烧结或/和电熔 Spinel）砂为主原料，并配入一定数量 ZrO_2 · SiO_2，其生产工艺与生产 MgO-Spinel（Al_2O_3）质耐火材料相同。当生产 MgO-Spinel-ZrO_2-2MgO · SiO_2 质耐火砖时，由于 ZrO_2 · SiO_2 在烧成过程中分解为 ZrO_2 和 SiO_2，后者同 MgO 反应生成较多的硅酸盐，这会对烧成过程产生副作用，即会导致砖坯变形倒垛造成大量废品，所以应特别小心。

ZrO_2 · SiO_2 含量对 MgO-Spinel-ZrO_2 质耐火砖性能的影响如图 5-6

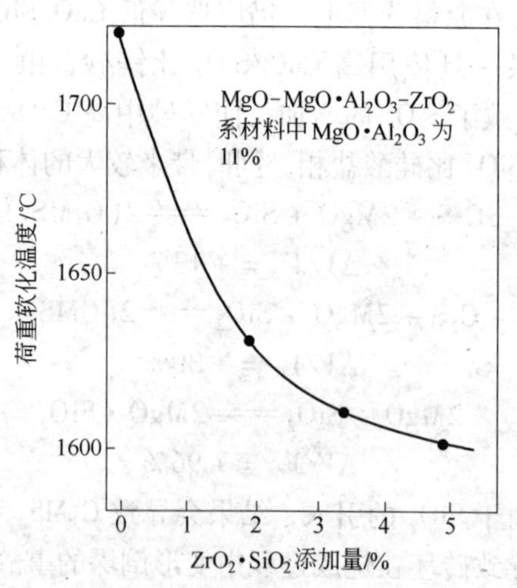

图 5-6 锆英石加入量对 MgO-MgO · Al_2O_3-ZrO_2 系耐火材料荷重软化温度的影响

和图5-7所示。这类耐火砖是以MS-96烧结合成镁砂和（MA-56）电熔Spinel为主要原料，并添加$ZrO_2 \cdot SiO_2$生产的。图5-6表明，随着$ZrO_2 \cdot SiO_2$添加量的增加，MgO-Spinel-ZrO_2-2MgO · SiO_2质耐火材料的荷重软化温度下降。而图5-7则表明，随着$ZrO_2 \cdot SiO_2$添加量的增加，MgO-Spinel-ZrO_2-2MgO · SiO_2质耐火材料的常温耐压强度也随之降低了。

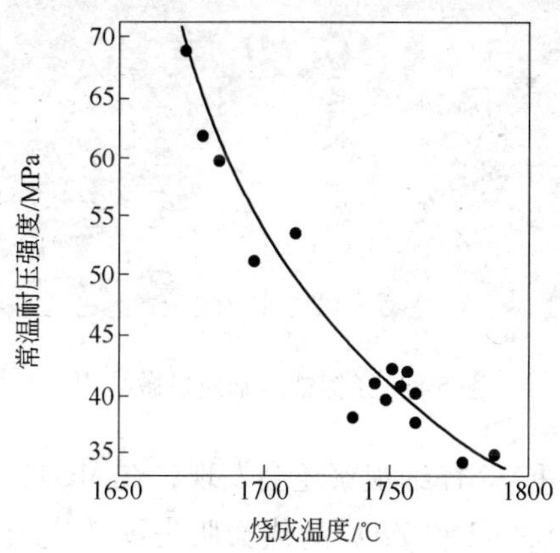

图5-7 烧成温度对MgO-MgO · Al_2O_3-ZrO_2-M_2S系耐火材料常温耐压强度的影响

通过显微结构研究表明，上述MgO-Spinel-ZrO_2-2MgO · SiO_2质耐火材料中，大部分ZrO_2存在于基质中，如图5-8所示。该图表明，基质的组成属于MgO-Spinel-ZrO_2-硅酸盐系统，方镁石（MgO）呈浅灰色浑圆形颗粒状，Spinel呈浅灰色带棱角的“河汊”状以连晶的形式存在于MgO之间（晶间Spinel多形成桥接结构）。ZrO_2呈亮白色，或以颗粒状单晶形式与Spinel形成共晶，或以“河汊”状连晶形式存在于MgO晶粒之间，使MgO-Spinel的结构完善化。硅酸盐相多为2MgO · SiO_2，呈深灰色团块状（由于ZrO_2不被硅酸盐相润湿改变了该材料内硅酸盐相的赋存状态，促使它们呈孤岛状）不连续地赋存于封闭气孔（裂纹）一侧和发育良好的高熔点物相的三晶交接处。

在这种情况下，硅酸盐相对材料高温性能和热稳定性的危害相对

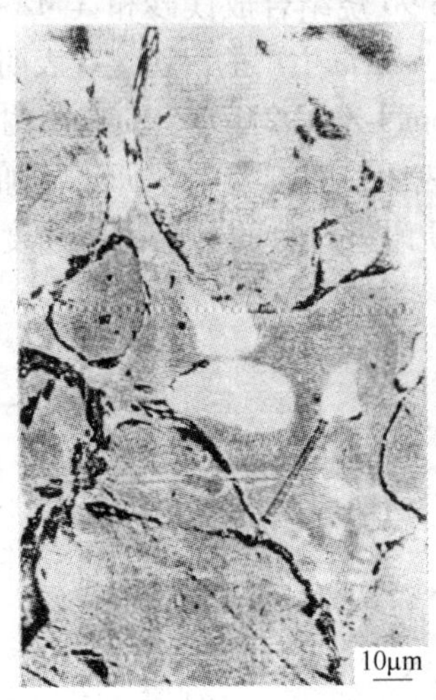

图 5-8　镁铝锆砖基质显微结构

地变得“无足轻重”。仔细观察还会发现，在 MgO、Spinel 和 ZrO_2 的混晶区内，由于 Spinel 和 ZrO_2 的热膨胀失配效应很小，不会导致显微裂纹。因此，MgO 与 ZrO_2（PSZ）形成高度的直接结合。而 MgO 与 ZrO_2 和 MgO 与 Spinel 之间以及 MgO 与 Spinel 和 ZrO_2 混晶之间的热膨胀失配效应严重，所以在烧成的冷却过程中，热膨胀大的 MgO 产生的体积收缩足以导致 MgO 周边产生细小裂纹。基质中这种显微裂纹的产生是该材料在烧成后的冷却过程中不可逆变形的结果。由于这种显微裂纹所产生的残余压应力低于裂纹尖端本身的压力，所以在裂纹扩展时，前者不会受到外部应力的作用，因而基质中产生的细小裂纹会促使这类耐火材料具有很高的阻止裂纹扩展的能力，即材料的热稳定性高。

显微结构研究同时还发现，少部分 ZrO_2 已扩散进入镁砂颗粒内部的晶界之间呈亮白色颗粒单晶形式和短柱状连晶形式存在于方镁石三晶交接处，并将硅酸盐相有效地断开，同时与 MgO 形成桥接结构，如图 5-9 所示。图 5-9b 示出了 ZrO_2 沿镁砂颗粒中的 MgO 晶界向内部扩散的全部过程的细节。

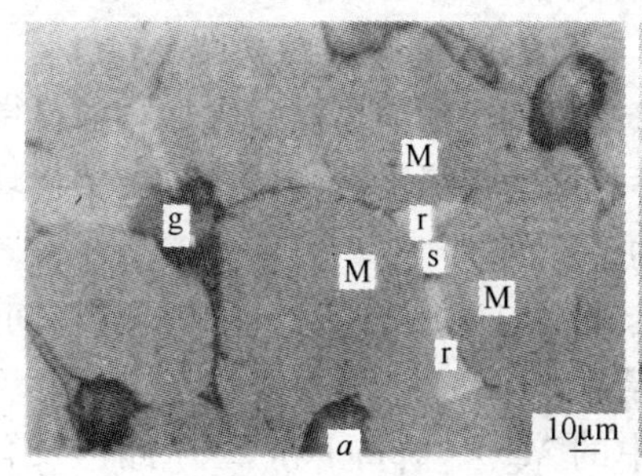

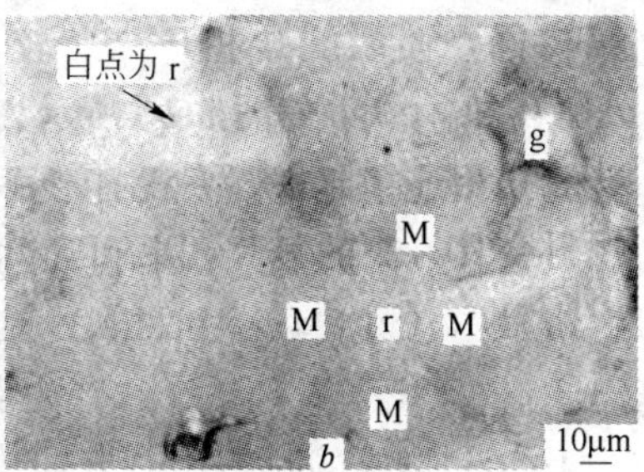

图 5-9 镁铝锆砖颗粒显微结构

M—浅灰色浑圆形状晶体为方镁石；r—方镁石晶间亮白色小颗粒状晶体为 ZrO_2；s—深灰色晶体为硅酸盐相；g—黑色的为气孔

$MgO-Spinel-ZrO_2-2MgO \cdot SiO_2$ 质耐火材料在烧成时其骨料颗粒已由 MgO-硅酸盐系统转化为 $MgO-ZrO_2$-硅酸盐系统，它与基质的 $MgO-Spinel-ZrO_2$-硅酸盐系统的热膨胀系数不同，故可导致材料中骨料颗粒和基质之间产生裂隙，如图 5-10 所示。如果颗粒周边形成的裂隙适中，那么，当材料具有这种“等轴化”的“宏观开裂”的显微裂

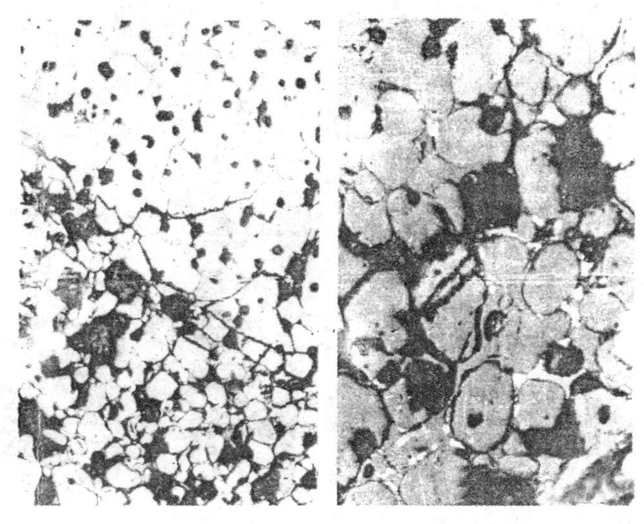

图 5-10 镁铝锆砖颗粒与基质结合情况

隙的应力-消除结构时，裂纹扩展即会被抑制，从而提高材料的抗热震性能。

不同温度烧成的 MgO-Spinel-ZrO_2-2MgO · SiO_2 质耐火材料的显微结构有差异，因而导致其性能也不相同。显微结构上的差异主要体现在基质部位，其次是颗粒与基质的结合处。

1680 ~ 1720℃烧成的材料，其颗粒与基质的结合情况基本相同，图 5-10 已示出了这种结合致密的情况。

1680℃烧成的材料中，基质中的 MgO、Spinel 和 ZrO_2 晶体发育均不理想，晶体尺寸普遍较小。其中，MgO 尚有一部分呈“鱼子”状、Spinel 主要以颗粒状单晶形式存在于 MgO 晶粒之间，ZrO_2 晶体形状不规则亦存在于 MgO 晶粒之间，硅酸盐相还以比较连续的厚膜形式包裹着 Spinel 和 ZrO_2，发育不理想的各高熔点固相通过硅酸盐相连接起来并没有形成直接结合的显微结构（图 5-11）。这些都决定了该材料会具有高的显气孔率和常温耐压强度以及相对比较低的荷重软化温度（图 5-6 和图 5-7）。

1720℃烧成的材料中，基质中的 MgO、Spinel 和 ZrO_2 晶体发育

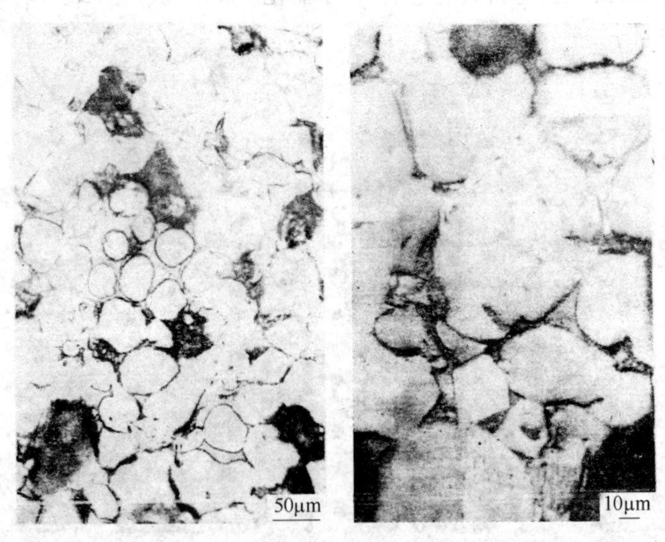

图 5-11 1680℃烧成的镁铝锆砖基质显微结构

都比较理想，晶体普遍长大，形状规则。Spinel 已呈“河汉”状连晶形式比较紧密地存在于 MgO 之间，ZrO_2 呈规则的小颗粒单晶形式存在于 MgO 之间或者 Spinel 内部。在 MgO、Spinel 和 ZrO_2 和硅酸盐相区域内，ZrO_2 与 Spinel 形成了高度的直接结合，而 ZrO_2、Spinel 与 MgO 之间已经开始出现显微裂纹，硅酸盐相则被排斥呈团块状存在于封闭气孔（裂纹）一侧和发育良好的高熔点矿物的三晶交接处（图 5-12）。这些显微结构特征是 MgO-Spinel-ZrO_2-2MgO · SiO_2 质耐火材料具有优良的常温和高温性能的主要原因（图 5-6 和图 5-7）。

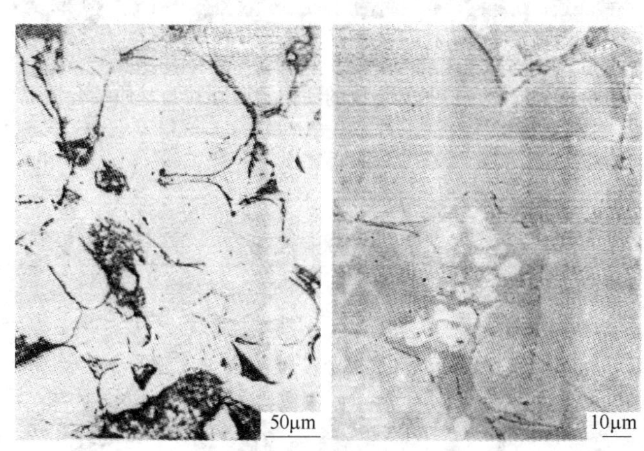

图 5-12　1720℃烧成的镁铝锆砖基质显微结构

1780～1790℃烧成的材料，其颗粒和基质之间的裂隙明显地加宽加长，如图 5-13、图 5-14 所示，基质中的 MgO、Spinel 和 ZrO_2 晶体比在 1720℃烧成的材料更加发育，晶粒尺寸更大，晶型更完整（图 5-14），而且基质中各高熔点矿物相之间或形成高度的直接结合，或以显微裂纹隔开，硅酸盐相更为孤立，因此材料荷重软化温度高（图 5-6）。但颗粒和基质之间却以较长较宽的“等轴化”的“宏观开裂”的裂隙隔断，所以材料常温耐压强度明显下降（图 5-7）。以上这些情况都表明该材料在此温度下已严重过烧。

不同温度烧成 MgO-Spinel-ZrO_2-2MgO · SiO_2 质耐火材料显微结构

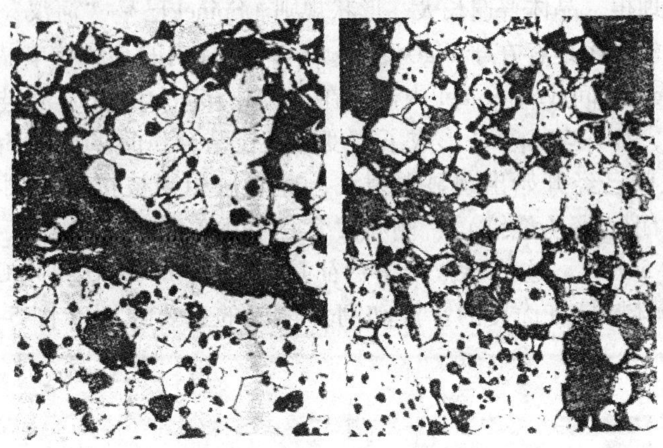

图 5-13 1780～1790℃烧成的镁铝锆砖颗粒与基质结合情况

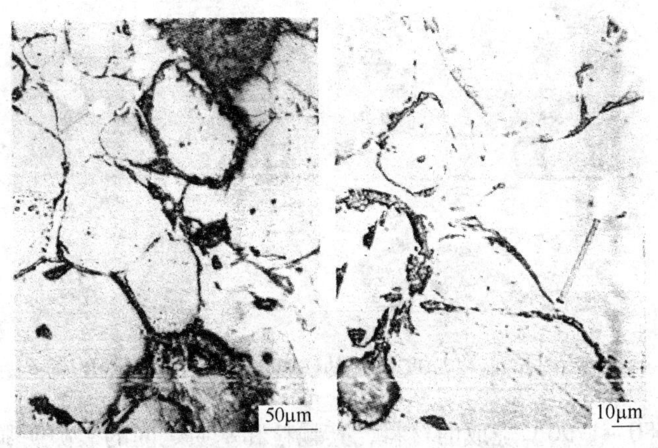

图 5-14 1780～1790℃烧成的镁铝锆砖基质显微结构

和性能的研究表明，只有选定适当的烧成温度才能获得良好的显微结构，进而得到综合性能俱佳的制品。

由于 MgO-Spinel 质耐火材料中的 $MgO \cdot Al_2O_3$ 易于在温度高于 1200℃的条件下，被高碱度熔渣中的 fCaO 所分解。为此，可在该材料中添加锆英石。因为 $ZrO_2 \cdot SiO_2$-MgO 系统在 1100℃以上即会按式（5-6）反应：

$$2MgO + ZrO_2 \cdot SiO_2 = 2MgO \cdot SiO_2 + ZrO_2 \qquad (5\text{-}6)$$

生成 $MgO \cdot SiO_2$ 和 ZrO_2，后者是一种弱酸性物质，它能抵抗酸性或中性熔渣的侵蚀并不被熔融金属和硅酸盐润湿。对于碱性（高碱度）熔渣，ZrO_2 会同熔渣中的 CaO 反应生成高熔点的 $CaO \cdot ZrO_2$（2345℃）形成桥架结构，并伴有较大的体积膨胀，这就会进一步提高该材料的致密度。与此同时，ZrO_2 还能迫使硅酸盐相呈孤岛状分布，阻止熔渣向内部渗透。提高材料的耐蚀能力。

正如表 5-1 所示的，$MgO\text{-}MgO \cdot Al_2O_3\text{-}ZrO_2 \cdot SiO_2$ 系耐火材料将 MgO 质，$MgO \cdot Al_2O_3$ 质，$ZrO_2 \cdot SiO_2$ 质材料的各自优点集中一体而获得抗渗透、抗侵蚀、抗结瘤和抗热震等性能都很高的材料。因而，估计这类耐火材料能很好地适应钢包的使用条件。

表 5-1 几种材料的性质

性 质	镁 质	铝尖晶石质	锆英石质
抗侵蚀性	极 好	极 好	一 般
抗渣渗透性	差	较 好	极 好
抗结瘤性	差	一 般	极 好
抗热震性	差	较 好	极 好
800℃时热导率/$W \cdot (m \cdot ℃)^{-1}$	4.4	2.9	1.2
800℃时比热容/$kJ \cdot (kg \cdot ℃)^{-1}$	1.21	1.13	0.67

后　记

镁质和镁基复相耐火材料的品种已非常多，应用极为广泛，已成为钢铁工业、水泥回转窑和玻璃窑炉和有色（特别是炼铜）等部门的一种重要基础材料。

从技术文献中可以明显看到，镁质和镁基复相耐火材料的研究已很透彻，成果相当多，技术也很完善。这是耐火材料生产厂和使用单位持续不断交流经验的结果，而有关大专院校和科研单位所进行的理论性研究工作也作出了重要贡献。

如早已了解到的，单纯镁质耐火材料存在熔渣容易渗透、混入少量杂质又会降低荷重软化温度、在固定张力负荷下的高温强度较差的问题。解决这些问题的最佳方法是向镁质耐火材料中配入 Cr_2O_3 或者铬铁矿，从而获得一种在高温荷重性能方面比原来镁质耐火材料优越的 MgO-Cr_2O_3 质耐火材料。这方面的突破性进展是 20 世纪 70 年代直接结合 MgO-Cr_2O_3 砖的问世。由于这种砖具有高温强度高、抗渣性好、在高达 1800℃ 的温度下体积稳定等优点，从而解决了当时冶金工业中的迫切问题，为钢铁工业发展作出了卓越的贡献。

然而，自从发现 MgO-Cr_2O_3 质耐火材料在使用中会形成在生态学上有害的 CrO_3，对人们健康危害大之后，则开始谨慎使用 Cr_2O_3，因而 MgO-Cr_2O_3 质和 Cr_2O_3-MgO 质等含 Cr_2O_3 的耐火材料的用量逐渐减少。在这种情况下，开发新型镁基复相耐火材料填补 MgO-Cr_2O_3 质耐火材料退去的领地便成了当务之急。

改进镁基耐火材料的一个有效途径仍然是减少低熔组元和使用时渗入的熔剂的影响。要做到这一点，主要有两种方法：

（1）控制镁基耐火材料的组成以避免形成低熔点的共熔物和减少使用前以及使用时在高温下形成的液相量。

（2）控制形成熔体的几何分布以减轻它们的影响。

至今，对代替 MgO-Cr_2O_3 质耐火材料的材质研制已进行了大量的工作，并取得了许多的研究成果。

早在1987年，広木伸好和户崎泰三等人对 Y_2O_3 作为耐火材料的可能性进行过研究，而中森羲已和管野司等人（1997）对 Y_2O_3 作为耐火材料作了进一步研究。21世纪初，清水公一和谷泽正夫等人制成了 $MgO-Y_2O_3$ 质耐火材料（砖），并与 $MgO-Cr_2O_3$ 砖和 $MgO-Zr_2O_3$ 砖作了对比抗渣试验。结果表明，$MgO-Y_2O_3$ 砖的耐蚀性比 $MgO-Cr_2O_3$ 砖高9%，而与 $MgO-Zr_2O_3$ 砖持平。在RH真空脱气炉下部槽衬中的镶板的实炉试验的结果表明，$MgO-Y_2O_3$ 砖的耐用性与 $MgO-Cr_2O_3$ 砖相同，而结构剥落却比 $MgO-Cr_2O_3$ 砖轻，如图1所示。

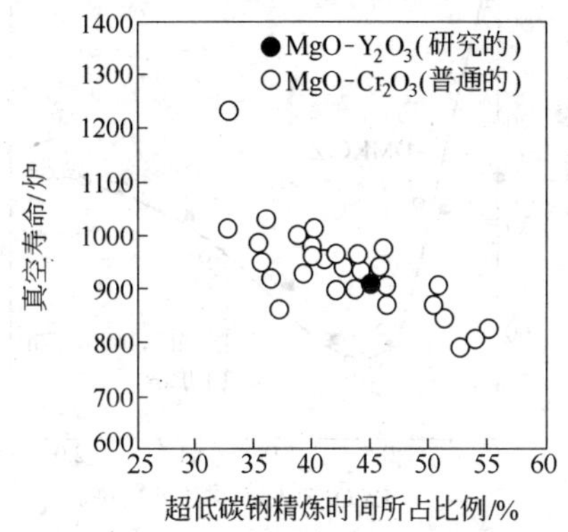

图1 真空寿命与超低碳钢精炼时间所占比例的关系

由用后残砖的工作面和附近砖内的物相分析表明，除了原来砖中的物相之外，还增加 $Ca_4Y_6(SiO_4)_6$，估计这是由于原来砖中的 Y_2O_3 吸收已渗入砖的CaO和 SiO_2 所生成的：

$$4CaO + 6SiO_2 + 3Y_2O_3 = 4CaO \cdot 3Y_2O_3 \cdot 6SiO_2$$

结果则抑制了熔渣继续向砖内结构中渗透。

但 Y_2O_3 价格昂贵，因而 $MgO-Y_2O_3$ 质耐火材料只有在极特殊的应用环境中才有可能选用。

近期，王成训等人研究过 $MgO-La_2O_3$ 质耐火材料，发现 $MgO-La_2O_3$ 质耐火材料在1600～1760℃烧成中，La_2O_3 有选择性地从镁砂中吸收 SiO_2 和一部分CaO生成高熔点相 $Ca_2La_8(SiO_4)_6O_2$ 即2CaO·

$4La_2O_3 \cdot 6SiO_2$，其反应方程式可以表示为：

$$6(mCaO \cdot SiO_2) + 4La_2O_3 = 2CaO \cdot 4La_2O_3 \cdot 6SiO_2 + 2(3m-1)CaO$$

因此，烧成 $MgO\text{-}La_2O_3$ 试样的矿物相仅为方镁石和 $2CaO \cdot 4La_2O_3 \cdot 6SiO_2$，几乎没有发现其他硅酸盐相存在，方镁石和 $2CaO \cdot 4La_2O_3 \cdot 6SiO_2$ 形成高度的直接结合，结构致密。因此，$MgO\text{-}La_2O_3$ 试样抗熔渣渗透的能力强，如图 2 所示。

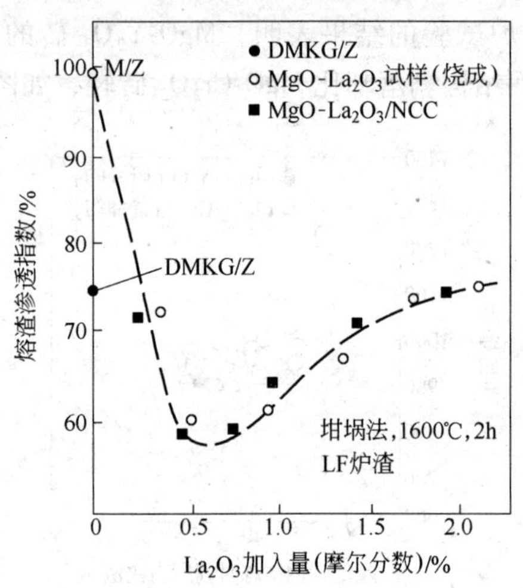

图 2　La_2O_3 含量对 $MgO\text{-}La_2O_3$ 质耐火材料抗渣渗透性的影响

我国 La_2O_3 储存量较大，而且从混合稀土中分离单一稀土氧化物（包括 La_2O_3）也早已实用化了。La_2O_3 相对于 Y_2O_3 便宜得多，这就具备作为耐火材料改质剂的条件。

今后，需要对 $MgO\text{-}La_2O_3$ 质耐火材料进行实炉试验以确立其代替 $MgO\text{-}Cr_2O_3$ 质耐火材料应用的可能性，评估其经济/技术指标。

这样看来，在镁基复相耐火材料（MgO 与其他氧化物组成的耐火材料）中，研制新型镁基复相耐火材料替代 $MgO\text{-}Cr_2O_3$ 质耐火材料应用仍然是耐火材料行业重要的科研课题。

参 考 文 献

[1] 水泥窑用碱性耐火砖[J]. 国外耐火材料，1994(4)：20~23. 陈旭峰译自《Keramische Zeit Schrift》，1993(10)，620~624.

[2] 镁锆砖在玻璃工业中的使用和进一步开发[J]. 国外耐火材料，1995(6)：20~22. 马炳初，张银亮译自《1994 Didier Information》，1994，1~4.

[3] 添加 TiO_2 改进镁尖晶石砖的性能[J]. 国外耐火材料，1996(2)：46~49. 吕杏春译自《Veitschradex-Runds》，1995(1/2)：563~567.

[4] 钢包渣线耐火材料整体内衬的研制[J]. 国外耐火材料，1993(10)：15~20. 俞淦平译自《Stahl u. Eisen Special》，1992(10)：110~117.

[5] 水泥窑和石灰窑使用碱性耐火材料的现状和未来趋势[J]. 国外耐火材料，1996(5)：2~7. 莫自鸣译自《UNITECR'97》，1997：248~255.

[6] 水泥回转窑烧成带用 MgO-CaO 砖的开发[J]. 国外耐火材料，1996(5)：19~21. 周云麟，隋富山译自《耐火物》，1995(7)：361~366.

[7] 高炉热风炉用含镁橄榄石制品[J]. 国外耐火材料，1996(5)：8~10. 汪培初译自《Огнеупоры》，1995(8)：29~31.

[8] 无铬耐火制品是玻璃工业的基本选择[J]. 国外耐火材料，1996(1)：36~38. 刘凤霞译自《British Ceramic Transactions》，1995(2)：85~86.

[9] 氧化镁的水化特性[J]. 国外耐火材料，1996(11)：55~60. 崔学政译自《耐火物》，1996(3)：112~122.

[10] 水泥回转窑用 MgO-CaO-ZrO_2 砖的改进[J]. 国外耐火材料，1996(8)：25~28. 李鑫译自《UNITECR'95》，1995，1：256 263.

[11] 氧化铝-石墨质耐火材料的热冲击试验[J]. 国外耐火材料，1997(4)：9~14. 李志彪译自《1996 Steelmaking Conference Proceedings》，1996：409~418.

[12] 钢包用铝尖晶石砖的蚀损机理[J]. 国外耐火材料，1997(4)：53~56. 王亮译自《UNITECR'95》，1995，2：219~225.

[13] 钢包二次精炼用氧化镁-尖晶石-碳砖的开发[J]. 国外耐火材料，1997(1)：59~60. 范振纯译自《UNITECR'95》，1995，3：278~285.

[14] 精炼钢包用富镁尖晶石砖[J]. 国外耐火材料，1997(6)：9~14. 吴秋玲译自《UNITECR'95》，1995，3：257~164.

[15] 铝质与铝尖晶石质耐火材料[J]. 国外耐火材料，1997(6)：25~27. 刘爱云译自《I-ron and Steelmaker》，1996(4)：51~53.

[16] 添加 CaO 的 MgO 砂抗水化性的研究[J]. 国外耐火材料，1999(6)：44~49. 崔学政译自《耐火物》，1998(9)：475~481.

[17] 抗水化性好的含白云石碱性浇注料[J]. 国外耐火材料，1997(5)：60~61. 崔学政译

自《耐火物》，1996(9)：492～493.

[18] 钢包用尖晶石砖的蚀损机理[J]. 国外耐火材料，1997(4)：53～56. 王亮译自《UNITECR'95》，1995，2：219～225.

[19] 高耐水化性 MgO 砂[J]. 国外耐火材料，1997(6)：14～18. 杨素莲译自《耐火物》，1996(9)：474～484.

[20] 抑制钢水渗透的钢包衬砖及钢包寿命的延长[J]. 国外耐火材料，1997(2)：34～36. 王杰译自《Steelmaking Conference Proceedings》，1996：389～392.

[21] 添加 TiO_2 的尖晶石烧结性状[J]. 国外耐火材料，1997(9)：57. 王守权译自《耐火物》，1996(11)：565.

[22] 水泥回转窑烧成带用镁尖晶石砖[J]. 国外耐火材料，1997(10)：53～55. 庞善洋译自《耐火物》，1997(2)：85～86.

[23] 新一代无铬镁白云石砖的使用经验[J]. 国外耐火材料，1998(6)：15～18. 刘素健译自《UNITECR'97》，1997，3：1605～1611.

[24] 不锈钢炼制过程中耐火材料的选择[J]. 国外耐火材料，1998(1)：17～22. 王晓阳译自《1996Proceedings of the International Symposium Refractories》，1996：235～242.

[25] 通过炉衬设计和工艺控制优化 AOD 炉用耐火材料性能[J]. 国外耐火材料，1998(9)：12～18. 李志彪译自《ELECTRIC FURNACE CONFERENCE PROCEEDINGS》，1996：443～451.

[26] 水泥窑过渡带高蚀损部位用的耐火材料[J]. 国外耐火材料，1998(9)：38～41. 张银亮，姚全灵译自《UNITECR'97》，1997，3：1625～1631.

[27] Al_2O_3-MgO-C 系耐火材料的应用[J]. 国外耐火材料，1998(6)：18～20. 霍素真译自《Огнеупоры и Техничесюая Керамнка》，1997(10)：35～37.

[28] 钢包和二次精炼工艺用耐火材料与造渣系统[J]. 国外耐火材料，1998(6)：29～31. 王守权译自《I&M》，1997(4)：59～60.

[29] 钢包渣线用富 MgO 的 MgO-Al_2O_3-C 砖研究[J]. 国外耐火材料，1998(8)：52～55. 鲍克成译自《UNITECR'97》，1997：175～181.

[30] 尖晶石-碳质材料在 Ca 处理钢浇铸用塞棒上的应用[J]. 国外耐火材料，1998(3)：7～11. 廖建国译自《耐火物》，1997(6)：342～348.

[31] 二次精炼用镁尖晶石砖的开发[J]. 国外耐火材料，1998(9)：41～44. 崔学政译自《耐火物》，1998(1)：17～20.

[32] 盛钢桶渣线用 Mg-CaO- Al_2O_3 浇注料的研制[J]. 国外耐火材料，1998(11)：15～19. 张健译自《ELECTRIC FURNACE CONFERENCE PROCEEDINGS》，1997：475～480.

[33] 蓄热室镁锆格子砖的使用经验[J]. 国外耐火材料，1998(10)：37～40. 张明华译自《DIDIER Technical Report》，1997(6)：1～4.

[34] TiO_2 涂层改进 MgO 和 CaO 粉体质量[J]. 国外耐火材料，1998(2)：55～57. 王庆贤译自《耐火物》，1997(8)：460～461.

[35] 尖晶石、氧化锆和锆酸一钙在水泥窑工作状态下的反应情况[J]. 国外耐火材料，

1999(5)：47~52. 柳长青译自《UNITECR'1997》，1997：1613~1623.

[36] 电炉用碱性耐火材料[J]. 国外耐火材料，1999(8)：16~22. 柳长青译自《ELECTRIC FURNACE CONFERENCE PROCEEDINGS》，1998：229~235.

[37] 水泥窑用无铬砖的现状及其未来[J]. 国外耐火材料，1999(8)：3~8. 桂明玺译自《耐火物》，1999(1)：2~9.

[38] 国外耐火材料，1999(1)：29~34. 李存弼译自《Shinagawa Technical Report》，1998，41：81~90.

[39] 镁碳质耐火材料的发展状况[J]. 国外耐火材料，1999(1).7~12. 张国栋，尤丽芬译自《UNITECR'97》，1997：821~829.

[40] 钢厂用尖晶石成形浇注料的近期研究[J]. 国外耐火材料，1999(10)：50~54. 王晓阳译自《ELECTRIC FURNACE CONFERENCE PROCEEDINGS》，1998：221~228.

[41] 孙光．高纯烧结镁锆砂及含 ZrO_2 镁质制品的应用与开发[J]. 国外耐火材料，2001(4)：35~37.

[42] 水泥回转窑用碱性耐火材料的无铬化[J]. 国外耐火材料，2000(6)：44~49. 桂明玺译自《耐火物》，1999(10)：542~549.

[43] 国外耐火材料，2003(5)：17~22. 缪春波译自《I&M》，2003(4)：33~39.

[44] 白云石与白云石-氧化锆复合材料的比较研究[J]. 国外耐火材料，2002(4)：30，38~43. 徐庆斌编译自《Interceram》，2002(1)：42~48.

[45] 国外耐火材料，2003(4)：29~33. 廖建国编译自《耐火物》，2003(2)：68~73.

[46] 国外耐火材料，2003(3)：9~12. 孙荣海等译自《Joumal of the Technical Associartion of Refractories》，2002(3)：250~252.

[47] 国外耐火材料，2005(1)：59~60. 高宏适编译自《耐火物》，2004(7)，332~333.

[48] LF 炉熔池部位用 Al_2O_3-MgO-C 砖的损毁[J]. 国外耐火材料，2002(1)：40~45. 廖建国译自《耐火物》，2001(4)．191~197.

[49] 各种 MgO 原料对镁尖晶石砖的高温性能之影响[J]. 国外耐火材料，2001(5)：39~44. 桂明玺译自《耐火物》，2000(10)：542~550.

[50] 国外耐火材料，2004(2)：17~20. 任向阳等编译自《I&SM》，2003(5)：15~19.

[51] 添加氧化钛的尖晶石烧结性状[J]. 国外耐火材料，2000(3)：55~59. 王守权译自《耐火物》，1999(1)：10~15.

[52] 钢包衬用耐火材料技术的发展[J]. 国外耐火材料，2000(6)：3~9. 刘爱云译自《Steelmaking Conference Proceedings》，2000：49~56.

[53] 王成训，张义先．ZrO_2 复合耐火材料（第 2 版）[M]. 北京：冶金工业出版社，2003：15~42，180~214.

[54] 吴万安．含锆质耐火材料的发展[M]. 王泽田，储岩．耐火材料技术与发展，第二集. 北京：冶金工业出版社，1995：32~41.

[55] 吴秋玲等．白云石质耐火材料在水泥窑上的使用概况[C]//第七届全国耐火材料青年学术报告会论文集，1999，167~172.

[56] 陈荣荣等．镁锆质钢包渣线浇注料抗侵蚀性能试验研究[C]//'99 全国不定形耐火材料学术会议论文集，1999：168～173.

[57] 孙加林，等．$MgO-Al_2O_3-ZrO_2$ 质耐火材料的显微结构分析[J]．耐火材料，1996，30(5):255～258.

[58] 冈田保正等．耐火物，1991(2)：92～93.

[59] 铃木弘茂．工程陶瓷[M]．北京：科学出版社，1989.

[60] 杉田清．耐火物，1998，50(8)：410～420.

[61] 甲斐哲郎，岛康，等．耐火物，2001，53(2)：90～91.

[62] Zongqi Guo Taikabutsu. 2004，56(5)：215～223.

[63] 星山泰宏等．TAIKABUTSU. 2001，53(4)：185～190.

[64] 熊安隆等：耐火物，2001，53(2)：96～97.

[65] 三崎正腾等：耐火物，1997，49(11)：622.

[66] 兼安彰等：耐火物，1998，50(9)：475～481.

[67] 藤谷信吾等，耐火物，1998，50(1)：17～20.

[68] Guo Z Q，Rigaud M. On the Measurement of Clinker's Adherence on Refractories，China's Refractories，2001，10(4)：10～20.

[69] Guo Z Q，Rigaud M. Adherence characteristics of Cement Clinker on basic Refractories，China's Refractories，2002，11(4)：9～16.

[70] Radovanovic S V. Reaction Behavior of Spinel，Zirconia and Monocalcium Zirconate under Working Conditions of Cement Kilns，Proceedings of 5th UNITECR'97，Nov. 4～7，1997，New Orleans，USA，1613～1623.

[71] Bartha P，Klischat H J. Classification of Magnesia Brickss in Rotary Cement Kilns According to Spinelecification and Serviceability，ZKG International，1994，47(10)：E277～280.

[72] Partridge T J. Cement Kiln Refractories The Chrome-free Solutions，The Refractories Engineer，July 1997，2～6.

[73] Griffin D J，Miller T G. The Effect of Zirconia on Dolomite Refractories Co.，York，Pa. USA，October 1996.

[74] Rigaud M，Guo Z Q. He H，Kovac V. Coatability，Adherence and Refractories Evaluation：CARE，Proceedings of 6th UNITECR'99，Sept. 6～9，1999，Berlin，Germany，216～218.

[75] 钟香崇．耐火材料，2003，37(1)：1～10.

[76] 侯谨，张义先，等．新型耐火材料[M]．北京：冶金工业出版社，2007.

[77] 清水公一，古泽正夫，等．耐火物，2001，53(2)：84～87.